Günther Bourier

Statistik-Übungen

Günther Bourier

Statistik-Übungen

Beschreibende Statistik
Wahrscheinlichkeitsrechnung
Schließende Statistik

3., überarbeitete Auflage

Bibliografische Information der Deutschen Nationalbibliothek
Die Deutsche Nationalbibliothek verzeichnet diese Publikation in der
Deutschen Nationalbibliografie; detaillierte bibliografische Daten sind im Internet über
<http://dnb.d-nb.de> abrufbar.

Professor Dr. Günther Bourier lehrt Statistik an der Hochschule Regensburg.

Die ersten beiden Auflagen des Werkes sind im Verlag Neue Wirtschafts-Briefe, Herne/Berlin, erschienen.

3., überarbeitete Auflage 2010

Alle Rechte vorbehalten
© Gabler Verlag | Springer Fachmedien Wiesbaden GmbH 2010

Lektorat: Jutta Hauser-Fahr | Renate Schilling

Gabler Verlag ist eine Marke von Springer Fachmedien.
Springer Fachmedien ist Teil der Fachverlagsgruppe Springer Science+Business Media.
www.gabler.de

Das Werk einschließlich aller seiner Teile ist urheberrechtlich geschützt. Jede Verwertung außerhalb der engen Grenzen des Urheberrechtsgesetzes ist ohne Zustimmung des Verlags unzulässig und strafbar. Das gilt insbesondere für Vervielfältigungen, Übersetzungen, Mikroverfilmungen und die Einspeicherung und Verarbeitung in elektronischen Systemen.

Die Wiedergabe von Gebrauchsnamen, Handelsnamen, Warenbezeichnungen usw. in diesem Werk berechtigt auch ohne besondere Kennzeichnung nicht zu der Annahme, dass solche Namen im Sinne der Warenzeichen- und Markenschutz-Gesetzgebung als frei zu betrachten wären und daher von jedermann benutzt werden dürften.

Umschlaggestaltung: KünkelLopka Medienentwicklung, Heidelberg
Druck und buchbinderische Verarbeitung: MercedesDruck, Berlin
Gedruckt auf säurefreiem und chlorfrei gebleichtem Papier
Printed in Germany

ISBN 978-3-8349-2389-9

Vorwort

Für die Aneignung statistischen Wissens und für die Fähigkeit, dieses Wissen in der Praxis anzuwenden, ist neben den beiden Bausteinen
- Besuch statistischer Vorlesungen
- Studium statistischer Lehrbücher

der dritte Baustein
- Bearbeiten von Übungsaufgaben

erforderlich.

Das intensive Bearbeiten von Übungsaufgaben hilft ganz wesentlich dabei, sich die statistischen Methoden anzueignen und zu verinnerlichen sowie praktisch umzusetzen. Die beiden Bausteine "Statistische Vorlesungen" und "Statistische Lehrbücher" müssen schwerpunktmäßig die theoretische Vermittlung der Methoden zum Gegenstand haben, d.h. sie können der Nachfrage bzw. dem Erfordernis nach Übungsaufgaben nur in begrenztem Maße entsprechen.

Dieses Buch befasst sich als Übungsbuch gezielt mit dem dritten Baustein. Es soll den Studierenden eine ausreichende Möglichkeit geben, die angeeigneten statistischen Methoden auf Übungsaufgaben anzuwenden.

Zusammen mit den von mir verfassten Lehrbüchern "Beschreibende Statistik" und "Wahrscheinlichkeitsrechnung und schließende Statistik", die beide ebenfalls im Gabler Verlag erschienen sind, bildet es eine Einheit, die den Studierenden die Aneignung und Umsetzung statistischer Methoden ermöglicht. Als hilfreiches Zusatzmaterial gibt es zu diesem Übungsbuch die Lernsoftware "PC-Statistik-trainer", die unter www.gabler.de (siehe dazu S. 3) heruntergeladen werden kann.

Das Übungsbuch wurde für die dritte Auflage kritisch durchgesehen und überarbeitet. Zahlreiche Aufgaben wurden dabei aktualisiert.

Günther Bourier

Inhaltsverzeichnis

Vorwort V

1 Einführung 1

2 Beschreibende Statistik 5
   2.1 Parameter von Häufigkeitsverteilungen 5
   2.2 Verhältniszahlen 30
   2.3 Indexzahlen 37
   2.4 Zeitreihenanalyse 56
   2.5 Regressions- und Korrelationsanalyse 78

3 Wahrscheinlichkeitsrechnung 101
   3.1 Sätze der Wahrscheinlichkeitsrechnung 101
   3.2 Kombinatorik 117
   3.3 Diskrete Verteilungen 127
   3.4 Stetige Verteilungen 149

4 Schließende Statistik 165
   4.1 Schätzverfahren 165
   4.2 Testverfahren 187

Tabellenanhang 209

1 Einführung

Gegenstand und Zielsetzung des Buches

Das Gebiet der Statistik kann in die drei Teilgebiete
- beschreibende Statistik
- Wahrscheinlichkeitsrechnung
- schließende Statistik

gegliedert werden.

Zielsetzung des Buches ist es, die Studierenden zu befähigen, praktische Problemstellungen aus diesen drei Teilgebieten selbstständig lösen zu können. Dazu dienen die zahlreichen Übungsaufgaben, die ausführlich Schritt um Schritt gelöst werden und abschließend interpretiert werden. Die ausführliche schrittweise Darstellung der Lösung soll den Studierenden helfen, sich die Lösungstechniken zu erarbeiten, zu verinnerlichen und diese praktisch anwenden zu können.

Wie im Vorwort ausgeführt, kann es nicht Gegenstand eines Übungsbuches sein, die statistischen Methoden theoretisch zu vermitteln, d.h. die Methoden herzuleiten und deren Sinn und Zweck zu erklären. Dies ist vielmehr der zentrale Gegenstand von Statistikvorlesungen und Statistiklehrbüchern. Die Arbeit mit diesem Buch setzt also voraus, dass die Studierenden entsprechende Vorlesungen besucht und/oder entsprechende Lehrbücher durchgearbeitet haben.

Inhalte

Das Übungsbuch umfasst Stoffbereiche, die sich Studierende der Wirtschaftswissenschaften an Universitäten und Fachhochschulen im Grundstudium zu erarbeiten haben. Die hier ausgewählten Stoffbereiche können aus dem Inhaltsverzeichnis ersehen werden.

Aufgaben und Lösungen

Zu jedem der für dieses Übungsbuch ausgewählten Probleme werden in der Regel nicht nur eine, sondern mehrere Übungsaufgaben gestellt, um den Studierenden ausreichende Übungsmöglichkeiten zu geben. Für die jeweils erste von ähnlichen Aufgaben wird der Lösungsweg ausführlich aufgezeigt. Für die weiteren, analog zu lösenden Übungsaufgaben werden mindestens die Zwischenergebnisse und die Endergebnisse angegeben. Dadurch werden die Studierenden gefordert, die Aufgaben aktiv zu bearbeiten, und nicht verleitet, die aufgezeigten Lösungswege nur nachzuvollziehen. - Die Lösung einer jeden Übungsaufgabe erfolgt im unmittelbaren Anschluss an die Aufgabenstellung, um dem Leser ein mühevolles Hin- und Herblättern zu ersparen.

Zum Lern- und Arbeitsprozess

Für das Erarbeiten und die Umsetzung der Lösungstechniken bzw. für die Vorbereitung auf die Statistikklausur empfiehlt der Verfasser folgendes phasenweises Vorgehen.

Phase I: *Aneignung der statistischen Methode*
Im Rahmen der Statistikvorlesung und/oder beim Studium der Fachliteratur[1] erfolgt die erste intensive Beschäftigung mit der statistischen Methode.

Phase II: *Erste praktische Anwendung*
Für die erste praktische Anwendung einer statistischen Methode ist die entsprechende Übungsaufgabe mit der ausführlichen Lösung vorgesehen. Studierende, die sich mit der Lösungstechnik noch nicht vertraut fühlen, sollten die Lösung Schritt um Schritt intensiv durcharbeiten und sich dadurch die Lösungstechnik erarbeiten. Studierende, die sich mit der Lösungstechnik bereits vertraut fühlen, sollten die Aufgabe schon möglichst eigenständig bearbeiten und ihre Lösung Schritt um Schritt mit der vorgegebenen Lösung vergleichen.

Phase III: *Wiederholte praktische Anwendung*
Für die wiederholte praktische Anwendung einer statistischen Methode kann eine weitere Aufgabe aus dem entsprechenden Problemfeld ausgewählt werden. Bei der Lösung der Aufgabe sollten Klausurbedingungen hergestellt werden, d.h. nur die an der jeweiligen Hochschule zugelassenen Hilfsmittel sollten bei der Lösung der Aufgabe verwendet werden. Auf dieses Weise kann individuell festgestellt werden, wo eventuell noch Wissenslücken bestehen.

---

[1] Stellvertretend seien hier genannt:
  Bourier, Günther: Beschreibende Statistik, 8. Aufl., Wiesbaden: Gabler, 2010
  Bourier, Günther: Wahrscheinlichkeitsrechnung und schließende Statistik,
    6. Auflage, Wiesbaden: Gabler, 2009

1 Einführung

Phase IV: *Generalprobe*

In der Klausur sind Aufgaben aus verschiedenen Bereichen der Statistik zu lösen. Auf genau diese Situation sollten sich die Studierenden in der letzten Phase vor der Klausur einstellen. Dies gelingt, indem nicht Aufgabe um Aufgabe aus einem einzigen Themenkreis nacheinander bearbeitet wird, sondern indem Aufgaben aus verschiedenen Themenbereichen in zufälliger Abfolge gelöst werden. Auf diese Weise wird man, wie in der Klausur, ständig gefordert, sich neu in Themenkreise einzudenken und verschiedenartige Aufgaben zu lösen.

Fehlerquellen

Aus langjähriger Lehr- und Korrekturerfahrung weiß der Verfasser, dass bei der Lösung von Aufgaben bestimmte Fehler gehäuft auftreten. Um derartige typische Fehler vermeiden zu helfen, wird im Rahmen der ausführlichen Lösung von Aufgaben auf diese Fehler explizit aufmerksam gemacht.

Übungs- und Lernhilfe

Vom Verfasser wurde die interaktive Lernsoftware PC-Statistiktrainer. Mit Hilfe des PC-Statistiktrainers kann ein breites Spektrum von Aufgaben aus der beschreibenden Statistik, der Wahrscheinlichkeitsrechnung und der schließenden Statistik gelöst werden. Der Benutzer ist dabei nicht an fest vorgegebene Datensätze gebunden, er kann vielmehr für alle dargestellten Methoden die Datensätze frei wählen. Für nahezu jede Aufgabe wird der Lösungsweg Schritt für Schritt detailliert aufgezeigt und die Lösung interpretiert. Das schrittweise Vorgehen soll den Benutzer der Software zum einen bei dem Erarbeiten der Lösungstechnik unterstützen und ihm den praktischen Umgang mit den statistischen Methoden erleichtern. Zum anderen soll das schrittweise Vorgehen dem Benutzer ermöglichen, seine persönlichen Rechenergebnisse detailliert auf ihre Richtigkeit hin zu überprüfen und eventuell gemachte Fehler schnell und einfach zu identifizieren.

Der PC-Statistiktrainer kann über den Online-Service des Gabler Verlags als Zusatzmaterial heruntergeladen werden. Dazu ist unter www.gabler.de die Webseite zu diesem Übungsbuch aufzurufen; unter dem Icon "O$^+$" (OnlinePlus) gelangt man zu der Lernsoftware.

2 Beschreibende Statistik

In diesem Kapitel werden Übungsaufgaben zu den Themenbereichen Parameter von Häufigkeitsverteilungen, Messzahlen, Verhältniszahlen, Indexzahlen, Zeitreihenanalyse und Regressions- und Korrelationsanalyse gestellt.

2.1 Parameter von Häufigkeitsverteilungen

Häufigkeitsverteilungen informieren, wie sich die Merkmalsträger einer Gesamtheit auf die Merkmalswerte oder auf Klassen von Merkmalswerten verteilen. Die typischen Eigenschaften von Häufigkeitsverteilungen können mit Hilfe von Parametern in komprimierter Form ausgedrückt bzw. beschrieben werden.

Die folgenden Übungsaufgaben befassen sich mit den Bereichen

- Mittelwerte
- Streuungsmaße
- Quantile
- Konzentrationsrechnung

Aufgabe 2.1 - A1: Fehlzeiten

In der nachstehenden Tabelle sind die Fehlzeiten (in Tagen) von 50 Arbeitnehmern (AN) eines Unternehmens für das vergangene Jahr angegeben.

Fehlzeit (Tage)	0	3	5	9	12	18	21
Anzahl der AN	5	9	13	9	8	4	2

a) Berechnen Sie das arithmetische Mittel, den Modus und den Median!
b) Berechnen Sie das 3. Quartil und das 9. Dezil!
c) Berechnen Sie die mittlere absolute Abweichung, die Varianz und die Standardabweichung!
d) Auf welchen Anteil der AN entfallen die unteren 75 % der gesamten Fehlzeit?
e) Welcher Anteil der gesamten Fehlzeit entfällt auf die oberen (kränksten) acht Arbeitnehmer?

Lösung 2.1 - A1: Fehlzeiten

Die nachstehende Arbeitstabelle dient der Durchführung und zugleich der übersichtlichen Darstellung erforderlicher Rechenoperationen:

(1) x_i	(2) h_i	(3) H_i	(4) F_i	(5) $x_i \cdot h_i$	(6) H_i^*	(7) F_i^*	(8) $|x_i - \bar{x}|$	(9) $|x_i - \bar{x}| \cdot h_i$	(10) $(x_i - \bar{x})^2 \cdot h_i$
0	5	5	0,10	0	0	0,00	7,66	38,30	293,38
3	9	14	0,28	27	27	0,07	4,66	41,94	195,44
5	13	27	0,54	65	92	0,24	2,66	34,58	91,98
9	9	36	0,72	81	173	0,45	1,34	12,06	16,16
12	8	44	0,88	96	269	0,70	4,34	34,72	150,68
18	4	48	0,96	72	341	0,89	10,34	41,36	427,66
21	2	50	1,00	42	383	1,00	13,34	26,68	355,91
	50			383				229,64	1.531,21

x_i = Merkmalswert
h_i = absolute einfache Häufigkeit
H_i = absolute kumulierte Häufigkeit
F_i = relative kumulierte Häufigkeit
H_i^* = absolute kumulierte Häufigkeit (wobei $h_i^* = x_i \cdot h_i$; Spalte 5)
$\bar{x}$ = arithmetisches Mittel
n = Anzahl der Merkmalsträger (hier: n = 50)
v = Anzahl der verschiedenen Merkmalswerte (hier: v = 7)

a) Mittelwerte

i) Arithmetisches Mittel:

$$\bar{x} = \frac{1}{n} \cdot \sum_{i=1}^{v} x_i \cdot h_i = \frac{1}{50} \cdot 383 = 7,66 \qquad \text{(Berechnung s. Spalte 5)}$$

Die durchschnittliche Fehlzeit der Arbeitnehmer beträgt 7,66 Tage.

Fehlerquelle: Division der gesamten Fehlzeit 383 Tage mit v = 7 (Anzahl der verschiedenen Merkmalswerte) anstatt mit n = 50 (Anzahl der Arbeitnehmer).

ii) Modus:
Am häufigsten, nämlich 13-mal, wurde die Fehlzeit 5 Tage beobachtet.

2.1 Parameter von Häufigkeitsverteilungen

iii) Median:
Die relative kumulierte Häufigkeit F = 0,50 (Spalte 4) wird bei dem Merkmalswert 5 erreicht. (Mindestens) 50 % der Arbeitnehmer haben höchstens 5 Tage gefehlt, (mindestens) 50 % der Arbeitnehmer haben mindestens 5 Tage gefehlt.

b) Quantile

i) 3. Quartil (75 % / 25 %):
Die relative kumulierte Häufigkeit F = 0,75 (Spalte 4) wird bei dem Merkmalswert 12 erreicht.
(Mindestens) 75 % der Arbeitnehmer haben höchstens 12 Tage gefehlt.

ii) 9. Dezil (90 % / 10 %):
Die relative kumulierte Häufigkeit F = 0,90 (Spalte 4) wird bei dem Merkmalswert 18 erreicht.
(Mindestens) 90 % der Arbeitnehmer haben höchstens 18 Tage gefehlt.

c) Streuungsmaße

i) Mittlere absolute Abweichung:

$$\delta = \frac{1}{n} \cdot \sum_{i=1}^{v} |x_i - \bar{x}| \cdot h_i = \frac{1}{50} \cdot 229,64 = 4,59 \quad \text{(Berechnung s. Sp. 9)}$$

Die Fehlzeit der Arbeitnehmer weicht durchschnittlich um 4,59 Tage von der durchschnittlichen Fehlzeit 7,66 Tage ab.
Fehlerquelle: Division der gesamten Abweichung 229,64 mit v = 7 (Anzahl der verschiedenen Merkmalswerte) anstatt mit n = 50 (Anzahl der Arbeitnehmer).

ii) Varianz (mittlere quadratische Abweichung) und Standardabweichung:

$$\sigma^2 = \frac{1}{n} \cdot \sum_{i=1}^{v} (x_i - \bar{x})^2 \cdot h_i = \frac{1}{50} \cdot 1.531,21 = 30,62 \text{ Tage}^2 \quad \text{(s. Sp. 10)}$$

Fehlerquelle: Division der gesamten quadrierten Abweichung 1.531,21 mit v = 7 (Anzahl der Merkmalswerte) anstatt mit n = 50 (Anzahl der Arbeitnehmer).

$$\sigma = \sqrt{\sigma^2} = \sqrt{30,62} = 5,53 \text{ Tage}$$

Eine inhaltliche Interpretation der Varianz (Dimension: Tage^2!) und damit auch der Standardabweichung als Wurzel aus der Varianz ist nicht möglich.

d) Konzentrationsrechnung

Gegeben: $F^* = 0{,}75$ (s. Sp. 7); gesucht: F (s. Sp. 4)

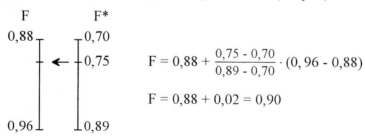

$$F = 0{,}88 + \frac{0{,}75 - 0{,}70}{0{,}89 - 0{,}70} \cdot (0{,}96 - 0{,}88)$$

$$F = 0{,}88 + 0{,}02 = 0{,}90$$

Die unteren 75 % der gesamten Fehlzeit entfallen auf 90 % der Arbeitnehmer.

Fehlerquellen:

Als Intervallgrenzen für F^* werden nicht die beiden für $F^* = 0{,}75$ unmittelbaren Nachbarwerte 0,70 und 0,89 gewählt, sondern weiter entfernt liegende Werte.
Es wird vergessen, $f = 0{,}02$ zum Basiswert $F_5 = 0{,}88$ zu addieren.
Oberflächliches Lesen der Aufgabenstellung führt zu Fehlern wie
  - Quantilsberechnung anstatt Konzentrationsrechnung
  - Verwechslung von F und F^*, d.h. $F = 0{,}75$ anstatt $F^* = 0{,}75$

e) Konzentrationsrechnung

Gegeben: Die oberen 8 Arbeitnehmer; gesucht: F^*

Lösungsansatz 1: Die oberen $2 + 4 + 2 = 8$ Arbeitnehmer haben

$$2 \cdot 21 + 4 \cdot 18 + 2 \cdot 12 = 138$$

Tage gefehlt. Das sind $\frac{138}{383} \cdot 100 = 36{,}0$ % der gesamten Fehlzeit.

Lösungsansatz 2: (hier aufwändiger als Lösungsansatz 1)
Komplementfrage: Welcher Anteil der gesamten Fehlzeit entfällt auf die unteren (= "gesündesten") $50 - 8 = 42$ Arbeitnehmer?
Gegeben: $H = 42$ (s. Sp. 3); gesucht: F^* (s. Sp. 7)

$$F^* = 0{,}45 + \frac{42 - 36}{44 - 36} \cdot (0{,}70 - 0{,}45)$$

$$F^* = 0{,}45 + 0{,}19 = 0{,}64$$

Endergebnis: $F^* = 1 - 0{,}64 = 0{,}36$

Auf die oberen acht Arbeitnehmer entfallen 36 % der gesamten Fehlzeit.

Fehlerquellen beim Lösungsansatz 2:
Als Intervallgrenzen für H werden nicht die beiden für H = 42 unmittelbaren Nachbarwerte 36 und 44 gewählt, sondern weiter entfernt liegende Werte.
Es wird vergessen, f* = 0,19 zum Basiswert F* = 0,45 zu addieren.
Bei dem Lösungsansatz über das Komplement wird vergessen, das Zwischenergebnis 0,64 von 1 abzuziehen.
Oberflächliches Lesen der Aufgabenstellung führt zu Fehlern wie
- Quantilsberechnung anstatt Konzentrationsrechnung
- Verwechslung von F und F*, d.h. Umwandlung der absoluten Häufigkeit H in die relative Häufigkeit F

Aufgabe 2.1 - A2: Betriebsrente

Ein Unternehmen zahlt an seine 50 ehemaligen Arbeitnehmer (AN) monatliche Betriebsrenten. Nachstehend finden Sie die Häufigkeitsverteilung:

Betriebsrente (€)	40	50	60	70	80	90	100	140
Anzahl der AN	4	10	14	8	5	4	3	2

a) Berechnen Sie den gesamten Rentenbetrag, den das Unternehmen monatlich an die 50 Betriebsrentner ausbezahlt!
b) Berechnen Sie das arithmetische Mittel, den Median und den Modus!
c) Berechnen Sie das 1. Quartil und das 1. Dezil!
d) Berechnen Sie die mittlere absolute Abweichung, die Varianz, die Standardabweichung und den Variationskoeffizienten!
e) Wie viele Rentner erhalten höchstens 80 € Betriebsrente?
f) Welchen Anteil an der gesamten Betriebsrente haben die einkommenschwächsten 20 % und welchen die einkommenstärksten 20 % Betriebsrentner?
g) Welcher Anteil der Rentner erhält die Hälfte der gesamten Rentenbetrags?

Lösung 2.1 - A2: Betriebsrente

a) Gesamte Betriebsrente

$$\sum_{i=1}^{8} x_i \cdot h_i = 3.400 \qquad \text{(Berechnung s. S. 10, Tabellensp. 5)}$$

Die monatlichen Betriebsrenten betragen insgesamt 3.400 €.

Die nachstehende Arbeitstabelle dient der Durchführung und zugleich der übersichtlichen Darstellung erforderlicher Rechenoperationen:

(1) x_i	(2) h_i	(3) H_i	(4) F_i	(5) $x_i \cdot h_i$	(6) H_i^*	(7) F_i^*	(8) $\|x_i - \bar{x}\|$	(9) $\|x_i - \bar{x}\| \cdot h_i$	(10) $(x_i - \bar{x})^2 \cdot h_i$
40	4	4	0,08	160	160	0,05	28	112	3.136
50	10	14	0,28	500	660	0,19	18	180	3.240
60	14	28	0,56	840	1.500	0,44	8	112	896
70	8	36	0,72	560	2.060	0,61	2	16	32
80	5	41	0,82	400	2.460	0,72	12	60	720
90	4	45	0,90	360	2.820	0,83	22	88	1.936
100	3	48	0,96	300	3.120	0,92	32	96	3.072
140	2	50	1,00	280	3.400	1,00	72	144	10.368
	50			3.400				808	23.400

b) Mittelwerte

i) Arithmetisches Mittel:

$$\bar{x} = \frac{1}{n} \cdot \sum_{i=1}^{v} x_i \cdot h_i = \frac{1}{50} \cdot 3.400 = 68 \qquad \text{(Berechnung s. Sp. 5)}$$

Die durchschnittliche Betriebsrente beträgt 68 €.

Modus:

Am häufigsten, nämlich 14-mal, wurde die Betriebsrente 60 € ausbezahlt.

ii) Median:

Die relative kumulierte Häufigkeit $F = 0{,}50$ (Spalte 4) wird bei dem Merkmalswert 60 erreicht. (Mindestens) 50 % der Rentner erhalten eine Rente von höchstens 60 €.

c) Quantile

i) 1. Quartil (25 % / 75 %):

Die relative kumulierte Häufigkeit $F = 0{,}25$ (Spalte 4) wird bei dem Merkmalswert 50 erreicht.

Das untere Viertel der Rentner erhält eine Rente von höchstens 50 €.

2.1 Parameter von Häufigkeitsverteilungen

ii) 1. Dezil (10 % / 90 %):

Die relative kumulierte Häufigkeit F = 0,10 (Spalte 4) wird bei dem Merkmalswert 50 erreicht.

Das untere Zehntel der Rentner erhält eine Rente von höchstens 50 €.

d) Streuungsmaße

i) Mittlere absolute Abweichung:

$$\delta = \frac{1}{n} \cdot \sum_{i=1}^{v} |x_i - \bar{x}| \cdot h_i = \frac{1}{50} \cdot 808 = 16,16 \quad \text{(Berechnung s. Sp. 9)}$$

Die einzelnen Betriebsrenten weichen durchschnittlich 16,16 € von der durchschnittlichen Betriebsrente 68 € ab.

ii) Varianz (mittlere quadratische Abweichung) und Standardabweichung:

$$\sigma^2 = \frac{1}{n} \cdot \sum_{i=1}^{v} (x_i - \bar{x})^2 \cdot h_i = \frac{1}{50} \cdot 23.400 = 468 \, €^2 \quad \text{(Berechnung s. Sp. 10)}$$

Eine Interpretation ist nicht möglich ($€^2$!).

$$\sigma = \sqrt{\sigma^2} = \sqrt{468} = 21,63 \, €$$

Auch für die Standardabweichung ist eine Interpretation nicht möglich.

iii) Variationskoeffizient

$$\frac{\sigma}{\bar{x}} \cdot 100 = \frac{21,63}{68} \cdot 100 = 31,8 \, \%$$

Die Standardabweichung 21,63 € beträgt 31,8 % der durchschnittlichen Rente von 68 €.

e) Quantil

Gegeben: x = 80 (s. Sp. 1); gesucht: H (s. Sp. 3);

Zu dem Wert $x_5 = 80$ € gehört die absolute kumulierte Häufigkeit $H_5 = 41$.

41 Rentner erhalten höchstens 80 € Rente.

f) Konzentrationsrechnung

i) Gegeben: F = 0,20 (s. Sp. 4); gesucht: F* (s. Sp. 7)

$$F^* = 0,05 + \frac{0,20 - 0,08}{0,28 - 0,08} \cdot (0,19 - 0,05)$$

$$F^* = 0,05 + 0,08 = 0,13$$

Die einkommenschwächsten 20 % der Rentner erhalten 13 % der Gesamtrente.

ii) Gegeben: Komplement zu F = 0,80 (s. Sp. 4); gesucht: F* (s. Sp. 7)

$$F^* = 0{,}61 + \frac{0{,}80 - 0{,}72}{0{,}82 - 0{,}72} \cdot (0{,}72 - 0{,}61)$$

$$F^* = 0{,}61 + 0{,}09 = 0{,}70 \quad \text{bzw.} \quad 70\,\%$$

Die eink.stärksten 20 % der Rentner erhalten 100 - 70 = 30 % der Gesamtrente.

g) Konzentrationsrechnung

Gegeben: F* = 0,50 (s. Sp. 7); gesucht: F (s. Sp. 4)

$$F = 0{,}56 + \frac{0{,}50 - 0{,}44}{0{,}61 - 0{,}44} \cdot (0{,}72 - 0{,}56)$$

$$F = 0{,}56 + 0{,}06 = 0{,}62$$

50 % der Gesamtrente entfallen auf die einkommenschwachen 62 % der Rentner (bzw. 50 % der Gesamtrente entfallen auf die eink.starken 38 % der Rentner).

Aufgabe 2.1 - A3: Überstunden

Die nachstehende Häufigkeitsverteilung zeigt auf, wie viele Überstunden die 30 Arbeitnehmer (AN) einer Firma in der letzten Woche geleistet haben.

Überstunden	0	1	2	3	4	5	8
Anzahl der AN	7	3	4	9	4	2	1

a) Wie viele Überstunden haben die Arbeitnehmer insgesamt geleistet?
b) Berechnen und interpretieren Sie das arithmetische Mittel, den Median und den Modus!
c) Ermitteln und interpretieren Sie das 3. Quartil und das 9. Dezil!
d) Berechnen Sie die mittlere absolute Abweichung, die Varianz, die Standardabweichung und den Variationskoeffizienten!
e) Welchen Anteil an den Gesamtüberstunden haben die unteren 25 % der Arbeitnehmer, welchen die oberen 25 % der Arbeitnehmer und welchen die unteren 25 Arbeitnehmer?
f) Auf welchen Anteil der Arbeitnehmer entfallen die unteren 80 % der Überstunden, auf welchen die unteren 50 % der Überstunden?

Lösung 2.1 - A3: Überstunden

a) $\sum_{i=1}^{7} x_i \cdot h_i = 72$

b) $\bar{x} = \frac{1}{30} \cdot 72 = 2{,}4$; Modus: 3; Median: 3

c) 3. Quartil: 3; 9. Dezentil: 4

d) $\delta = \frac{1}{30} \cdot 45{,}2 = 1{,}51$; $\sigma^2 = \frac{1}{30} \cdot 105{,}2 = 3{,}51$; $\sigma = \sqrt{3{,}51} = 1{,}87$

   $VK = \frac{1{,}87}{2{,}4} \cdot 100 = 77{,}9\,\%$

e) i) $F^* = 0{,}00 + \frac{0{,}25 - 0{,}23}{0{,}33 - 0{,}23} \cdot (0{,}04 - 0{,}00) = 0{,}008$

   ii) $1 - F^* = 1 - [0{,}15 + \frac{0{,}75 - 0{,}47}{0{,}77 - 0{,}47} \cdot (0{,}53 - 0{,}15)] = 0{,}495$

   iii) $F^* = 0{,}53 + \frac{25 - 23}{27 - 23} \cdot (0{,}75 - 0{,}53) = 0{,}64$

f) i) $F = 0{,}90 + \frac{0{,}80 - 0{,}75}{0{,}89 - 0{,}75} \cdot (0{,}97 - 0{,}90) = 0{,}925$

   ii) $F = 0{,}47 + \frac{0{,}50 - 0{,}15}{0{,}53 - 0{,}15} \cdot (0{,}77 - 0{,}47) = 0{,}746$

Aufgabe 2.1 - A4: Liefertreue

Zur Ermittlung der Liefergenauigkeit einer Firma werden für 120 zufällig ausgewählte Artikel die Verspätungen festgestellt.

Verspätung (Tage)	0	1	2	3	4	6	10
Anzahl der Artikel	55	37	13	7	4	2	2

a) Berechnen und interpretieren Sie das arithmetische Mittel, den Median und den Modus!
b) Ermitteln und interpretieren Sie das 9. Dezil und das 95. Perzentil!
c) Berechnen Sie die mittlere absolute Abweichung, die Varianz und die Standardabweichung!
d) Welchen Anteil an der Gesamtverspätung haben 95 % der Artikel, welchen die oberen 10 % der Artikel und welchen die oberen 10 Artikel?

e) Auf welchen Anteil der Art. entfallen die oberen 50 % der Gesamtverspätung?
f) Auf wie viele der Artikel entfallen die oberen 30 % der Gesamtverspätung?

Lösung 2.1 - A4: Liefertreue

a) $\bar{x} = \dfrac{1}{120} \cdot 132 = 1{,}1$;   Median: 1;   Modus: 0

b) 9. Dezil: 3;   95. Perzentil: 4

c) $\delta = \dfrac{1}{120} \cdot 128{,}4 = 1{,}07$; $\sigma^2 = \dfrac{1}{120} \cdot 342{,}8 = 2{,}86$; $\sigma = \sqrt{2{,}86} = 1{,}69$

d) $F^* = 0{,}64 + \dfrac{0{,}95 - 0{,}93}{0{,}97 - 0{,}93} \cdot (0{,}76 - 0{,}64) = 0{,}70$

$F^* = 1 - [0{,}48 + \dfrac{0{,}90 - 0{,}88}{0{,}93 - 0{,}88} \cdot (0{,}64 - 0{,}48)] = 1 - 0{,}544 = 0{,}456$

$F^* = 1 - [0{,}48 + \dfrac{110 - 105}{112 - 105} \cdot (0{,}64 - 0{,}48)] = 1 - 0{,}594 = 0{,}406$

e) $F = 1 - [0{,}88 + \dfrac{0{,}50 - 0{,}48}{0{,}64 - 0{,}48} \cdot (0{,}93 - 0{,}88)] = 1 - 0{,}886 = 0{,}114$

f) $H = 120 - [112 + \dfrac{0{,}70 - 0{,}64}{0{,}76 - 0{,}64} \cdot (116 - 112)] = 120 - 114 = 6$

Aufgabe 2.1 - A5: Kapitalanlage

Ein Investor hatte am 01. Januar 100.000 € für sechs Jahre angelegt. Die Verzinsung steigt von Jahr zu Jahr an und zwar von 3,00 über 3,25, 3,50, 4,00, 5,00 auf zuletzt 6,00 %. Die Zinsen werden dem angelegten Betrag stets zugeschrieben und mitverzinst.

a) Bestimmen Sie die durchschnittliche jährliche Verzinsung!
b) Wie hoch ist das Kapital am Ende der Laufzeit?

Lösung 2.1 - A5: Kapitalanlage

a) Durchschnittliche Verzinsung

Da die Zinsen dem Kapital zugeschrieben und mitverzinst werden, handelt es sich um einen Wachstumsprozess. Das geometrische Mittel ist zu berechnen.

$$\sqrt[6]{1{,}03 \cdot 1{,}0325 \cdot 1{,}035 \cdot 1{,}04 \cdot 1{,}05 \cdot 1{,}06} = \sqrt[6]{1{,}274078} = 1{,}0412$$

Die durchschnittliche jährliche Verzinsung beträgt 4,12 %.

Fehlerquelle (sehr häufig):
Verwendung des arithmetischen (4,13 %; hier geringe Fehlerauswirkung) anstatt des geometrischen Mittels.

b) Kapitalendbetrag
Nach sechs Jahren beträgt das Kapital

$$100.000 \cdot 1,0412^6 = 100.000 \cdot 1,274104 = 127.410,4 \ €$$

Aufgabe 2.1 - A6: Gewinnentwicklung

In nachstehender Tabelle ist für den Zeitraum 2004 bis 2009 die Gewinnentwicklung eines Handwerkbetriebes beschrieben.

Jahr	2004	2005	2006	2007	2008	2009
Gewinn (€)	60.000	69.000	84.180	78.287	97.076	122.316

Die Handwerksmeister will von Ihnen den durchschnittlichen prozentualen Gewinnanstieg pro Jahr (Vervielfachung) erfahren.

Lösung 2.1 - A6: Gewinnentwicklung

Schritt 1: Berechnung der Wachstumsfaktoren x

Jahr	Gewinn (€)	Wachstumsfaktor x
2004	60.000	-
2005	69.000	1,15
2006	84.180	1,22
2007	78.287	0,93
2008	97.076	1,24
2009	122.316	1,26

Schritt 2: Berechnung des geometrischen Mittels

$$\sqrt[5]{1,15 \cdot 1,22 \cdot 0,93 \cdot 1,24 \cdot 1,26} = \sqrt[5]{2,038604} = 1,1531$$

oder einfacher und kürzer: $\sqrt[5]{\dfrac{122.316}{60.000}} = \sqrt[5]{2,03860} = 1,1531$

Der Gewinn ist von Jahr zu Jahr durchschnittlich um 15,31 % gestiegen.

Fehlerquelle:
Bei letzterem Lösungsweg: Ziehen der 6. Wurzel (Anzahl der Zeiträume) anstatt Ziehen der 5. Wurzel (Anzahl der Wachstumsfaktoren).

Aufgabe 2.1 - A7: Energiepreise

Die Preise für Gas betrugen im Jahr 2008 in der Bundesrepublik Deutschland das 1,304-fache gegenüber 2005. Um wie viel Prozent sind die Energiepreise von Jahr zu Jahr durchschnittlich gestiegen?

Lösung 2.1 - A7: Energiepreise

$$\sqrt[3]{1,304} = 1,0925 \text{ bzw. } +9,25\,\%$$

Aufgabe 2.1 - A8: Aktienkurs

Der Kurs einer Aktie (in €) betrug jeweils zum 31.12. fünf aufeinander folgender Jahre 80, 94,4, 141,6, 113,28 und 120. Um wie viel Prozent hat sich der Aktienkurs durchschnittlich von Jahr zu Jahr verändert?

Lösung 2.1 - A8: Aktienkurs

$$\sqrt[4]{120/80} = 1,1067 \text{ bzw. } +10,67\,\%$$

Aufgabe 2.1 - A9: Abfüllanlage

Ein Limonadenhersteller verfügt über zwei Abfüllanlagen A und B. Auf A können pro Stunde 10.000 Flaschen und auf B pro Stunde 30.000 Flaschen abgefüllt werden. Wie viele Flaschen wurden pro Stunde durchschnittlich abgefüllt, wenn auf A 120.000 Flaschen und auf B 240.000 Flaschen abgefüllt wurden?

Lösung 2.1 - A9: Abfüllanlage

Es ist das harmonische Mittel zu berechnen, da das Merkmal als Quotient (Flaschen/Stunde) definiert ist und die Häufigkeit (Flaschen) dieselbe Dimension wie der Zähler des Quotienten besitzt.

$x_A = 10.000$ Flaschen/Stunde; $h_A = 120.000$ Flaschen

$x_B = 30.000$ Flaschen/Stunde; $h_B = 240.000$ Flaschen

$$\frac{\text{Gesamtzahl Fl.}}{\text{Gesamtzeit}} = \frac{h_A + h_B}{\frac{h_A}{x_A} + \frac{h_B}{x_B}} = \frac{120.000 + 240.000}{\frac{120.000}{10.000} + \frac{240.000}{30.000}} = \frac{360.000}{20} = 18.000$$

D.h. pro Stunde wurden durchschnittlich 18.000 Flaschen Limonade abgefüllt.

Fehlerquelle:
Berechnung des arithmetischen Mittels anstatt des harmonischen Mittels.

Aufgabe 2.1 - A10: Kipplore

Eine voll beladene Kipplore legt die vier Kilometer von einer Tongrube zur Ziegelei mit 20 km/h zurück, für die Leerfahrt von der Ziegelei zur Tongrube erreicht die Kipplore eine Geschwindigkeit von 40 km/h. - Wie hoch ist die Durchschnittsgeschwindigkeit der Kipplore auf der Gesamtstrecke?

Lösung 2.1 - A10: Kipplore

$$\frac{\text{Gesamtstrecke}}{\text{Gesamtzeit}} = \frac{4+4}{\frac{4}{20}+\frac{4}{40}} = 26{,}67 \text{ km/h}$$

Aufgabe 2.1 - A11: Jahreseinkommen

In der folgenden Abbildung finden Sie die klassifizierte Häufigkeitsverteilung für die Jahreseinkommen (in Tsd. €) von 200 Arbeitnehmern.

Einkommen (Tsd. €) von .. bis unter ..		Anzahl der Arb.nehmer
20	40	12
40	60	32
60	80	70
80	120	56
120	160	28
160	200	2

a) Berechnen Sie das gesamte Jahreseinkommen der 200 Arbeitnehmer!
b) Berechnen Sie das arithmetische Mittel, den Modus und den Median!
c) Berechnen Sie das 1. Quartil und das 9. Dezil!
d) Wie viele Arbeitnehmer haben ein Jahreseinkommen unter 72 Tsd. €?
e) Wie viele Arbeitnehmer haben ein Einkommen von mindestens 125 Tsd. €?
f) Berechnen Sie die mittlere absolute Abweichung, den zentralen Quartilsabstand, die Varianz und die Standardabweichung!
g) Berechnen Sie den Variationskoeffizienten!

h) Welcher einkommenschwache Anteil der Arbeitnehmer erhält 50 %, welcher einkommenschwache Anteil 25 % des gesamten Jahreseinkommens?

i) Welcher Anteil des gesamten Jahreseinkommens entfällt auf die einkommenschwächsten 10 %, welcher auf die einkommenstärksten 25 % der Arbeitnehmer und welcher auf die einkommenstärksten 10 Arbeitnehmer?

j) Wie viele einkommenstärkste AN erhalten 20 % des gesamten Einkommens?

k) Berechnen Sie den Gini-Koeffizienten!

Lösung 2.1 - A11: Jahreseinkommen

Die nachstehende Arbeitstabelle dient der Durchführung und zugleich der übersichtlichen Darstellung erforderlicher Rechenoperationen.

Jahreseink. (Tsd. €) von .. bis unter ..		(1) h_j	(2) x'_j	(3) $x'_j \cdot h_j$	(4) H_j	(5) $\left|x'_j - \bar{x}\right| \cdot h_j$	(6) $\left(x'_j - \bar{x}\right)^2 \cdot h_j$
20	40	12	30	360	12	644,4	34.604,28
40	60	32	50	1.600	44	1.078,4	36.342,08
60	80	70	70	4.900	114	959,0	13.138,30
80	120	56	100	5.600	170	912,8	14.878,64
120	160	28	140	3.920	198	1.576,4	88.751,32
160	200	2	180	360	200	192,6	18.547,38
		200		16.740		5.363,6	206.262,00

x'_j = Klassenmitte der Klasse j

h_j = absolute einfache Klassenhäufigkeit

H_j = absolute kumulierte Klassenhäufigkeit

$\bar{x}$ = arithmetisches Mittel

n = Anzahl der Merkmalsträger (n = 200)

v = Anzahl der Klassen (v = 6)

a) Gesamtes Jahreseinkommen

$$\sum_{j=1}^{6} x'_j \cdot h_j = 16.740 \qquad \text{(Berechnung s. Sp. 3)}$$

Das jährliche Gesamteinkommen der 200 Arbeitnehmer beträgt 16.740 Tsd. €.

Fehlerquelle (relativ häufig):
Als Klassenmitte wird die halbe Klassenbreite angesetzt.

b) Mittelwerte

i) Arithmetisches Mittel

$$\bar{x} = \frac{1}{n} \sum x'_j \cdot h_j = \frac{1}{200} \cdot 16.740 = 83,70 \text{ Tsd. €} \quad \text{(Berechnung s. Sp. 3)}$$

Das durchschnittliche Jahreseinkommen beträgt zirka 83,70 Tsd. €.

Fehlerquelle:
Division mit $v = 6$ (Anzahl der Klassen) anstatt mit $n = 200$.

ii) Modus Mo

Schritt 1: Berechnung der Häufigkeitsdichten $d_j = \dfrac{h_j}{\text{Klassenbreite}}$

$d_1 = \dfrac{12}{20} = 0,6; \quad d_2 = 1,6; \quad d_3 = 3,5; \quad d_4 = 1,4; \quad d_5 = 0,7; \quad d_6 = 0,05$

Schritt 2: Bestimmung der Modusklasse

  Modusklasse ist die Klasse 3, da diese mit 3,5 die größte Dichte aufweist.

Schritt 3: Lokalisierung

$$\text{Mo} = x_3^u + \frac{d_3 - d_2}{(d_3 - d_2) + (d_3 - d_4)} \cdot (x_3^o - x_3^u)$$

$$= 60 + \frac{3,5 - 1,6}{(3,5 - 1,6) + (3,5 - 1,4)} \cdot (80 - 60)$$

$$= 60 + 0,475 \cdot 20 = 69,50 \text{ Tsd. €}$$

Das am häufigsten beobachtete Jahreseinkommen beträgt 69,50 Tsd. €.

Fehlerquelle (sehr häufig):
In den Schritten 2 (Modusklasse) und 3 (Lokalisierung) werden die einfachen Häufigkeiten h verwendet anstatt die Häufigkeitsdichten d. Bei unterschiedlichen Klassenbreiten im relevanten Bereich führt dies zu Fehlern.

iii) Median Me

Schritt 1: Bestimmung der Medianklasse

  Medianklasse ist die Klasse 3. In dieser Klasse liegt der Merkmalsträger, bei dem H den Wert 200/2 = 100 erreicht bzw. F den Wert 0,50 (Halbierung der Gesamtheit).

Schritt 2: Lokalisierung

Lösungsweg 1: Gegeben: $H = 100$ (oder auch: $F = 0,50$); gesucht: x

```
x        H
60       44           Me = 60 + (100 - 44)/(114 - 44) · (80 - 60)
  ├──┤
  │  │                Me = 60 + 0,80 · 20 = 76,0
  ├←─┤ 100
80       114
```

50 % der Arbeitnehmer haben ein Jahreseinkommen von höchstens 76.000 €.

Lösungsweg 2: Formel (aus obigem Strahlensatz ableitbar)

$$Me = x_3^u + \frac{\frac{n}{2} - H_2}{h_3} \cdot (x_3^o - x_3^u) = 60 + \frac{100 - 44}{70} \cdot (80 - 60)$$

$$= 60 + 0,80 \cdot 20 = 76,0 \text{ Tsd. €}$$

c) Quantile

Die Vorgehensweise bei der Ermittlung des Medians ist auf die Ermittlung der Quantile zu übertragen. Hier wird der Lösungsweg 2 aufgezeigt.

i) 1. Quartil Q_1

Schritt 1: Bestimmung der 1. Quartilsklasse

1. Quartilsklasse ist die Klasse 3. In dieser Klasse liegt der Merkmalsträger, bei dem H den Wert 200/4 = 50 erreicht bzw. F den Wert 0,25 (Aufteilung der Gesamtheit in 25 % und 75 %).

Schritt 2: Lokalisierung

$$Q_1 = x_3^u + \frac{\frac{n}{4} - H_2}{h_3} \cdot (x_3^o - x_3^u) = 60 + \frac{50 - 44}{70} \cdot (80 - 60) = 61,71$$

25 % der Arbeitnehmer haben ein Jahreseinkommen von höchstens 61.710 €.

ii) 9. Dezil D_9

Schritt 1: Bestimmung der 9. Dezilsklasse

9. Dezilsklasse ist die Klasse 5. In dieser Klasse liegt der Merkmalsträger, bei dem H den Wert 9/10 von 200 = 180 erreicht bzw. F den Wert 0,90 (Aufteilung der Gesamtheit in 90 % und 10 %).

Schritt 2: Lokalisierung

$$D_9 = x_5^u + \frac{\frac{9}{10} \cdot n - H_4}{h_5} \cdot (x_5^o - x_5^u) = 120 + \frac{180 - 170}{28} \cdot (160 - 120) = 134,29$$

90 % der Arbeitnehmer haben ein Jahreseinkommen von höchstens 134.290 €.

d) Quantil: Höchsteinkommen

Gegeben: $x < 72$; gesucht: H

Die Ermittlung der Häufigkeit H erfolgt analog zu den Aufgaben unter b) und c). Der Unterschied besteht darin, dass jetzt der Merkmalswert gegeben und die Häufigkeit gesucht ist; unter b) und c) war es umgekehrt.

Lösungsweg 1: Strahlensatz

$$H(x < 72) = 44 + \frac{72 - 60}{80 - 60} \cdot (114 - 44)$$

$$H(x < 72) = 44 + 0{,}60 \cdot 70 = 86$$

86 Arbeitnehmer haben ein Jahreseinkommen unter 72.000 €.

Lösungsweg 2: Formel (abgeleitet aus dem Strahlensatz)

$$H(x < 72) = H_2 + \frac{72 - x_3^o}{x_3^o - x_3^u} \cdot h_3 = 44 + \frac{72 - 60}{80 - 60} \cdot 70 = 86$$

e) Quantil: Mindesteinkommen

Gegeben: $x \geq 125$ bzw. das Komplement $x < 125$; gesucht: H

$$H(x < 125) = H_4 + \frac{125 - x_5^u}{x_5^o - x_5^u} \cdot h_5 = 170 + \frac{125 - 120}{160 - 120} \cdot 28 = 173{,}5$$

$$H(x \geq 125) = 200 - 173{,}5 = 26{,}5$$

26 (26,5) Arbeitnehmer haben ein Jahreseinkommen von mindestens 125.000 €.

f) Streuungsmaße

i) Mittlere absolute Abweichung δ

Schritt 1: Bestimmung des arithmetischen Mittels: $\bar{x} = 83{,}7$ Tsd. € (siehe b))

Schritt 2: Summe der absoluten Abweichungen

$$\sum_{j=1}^{6} \left| x_j' - 83{,}7 \right| \cdot h_j = 5.363{,}6 \text{ Tsd. €} \quad \text{(Berechnung s. Sp. 5)}$$

Schritt 3: Division mit $n = 200$

$$\delta = \frac{5.363{,}6}{200} = 26{,}82 \text{ Tsd. €}$$

Die Jahreseinkommen weichen im Durchschnitt um 26.820 € vom durchschnittlichen Jahreseinkommen 83.700 € ab.

Fehlerquelle: Division mit v = 6 (Anzahl der Klassen) anstatt mit n = 200.

ii) Varianz σ^2

Schritt 1: Bestimmung des arithmetischen Mittels: $\bar{x}$ = 83,7 Tsd. € (siehe b))

Schritt 2: Summe der quadrierten Abweichungen

$$\sum \left(x_j' - 83,7\right)^2 \cdot h_j = 206.262 \text{ Tsd. } \text{€}^2 \quad \text{(Berechnung s. Sp. 6)}$$

Schritt 3: Division mit n = 200

$$\sigma^2 = \frac{206.262}{200} = 1.031,31 \text{ Tsd. } \text{€}^2$$

iii) Standardabweichung σ

$$\sigma = \sqrt{\sigma^2} = \sqrt{1.031,31} = 32,11 \text{ Tsd. €}$$

g) Variationskoeffizient VK

$$VK = \frac{\sigma}{\bar{x}} \cdot 100 = \frac{32,11}{83,7} \cdot 100 = 38,37\%$$

Die Standardabweichung 32.110 € beträgt 38,37 % vom durchschnittlichen Jahreseinkommen 83.700 €.

h - j) Relative Konzentrationsmessung

Die nachstehende Arbeitstabelle dient der Durchführung und zugleich der übersichtlichen Darstellung erforderlicher Rechenoperationen.

Jahreseink. (Tsd. €) von ... bis unter ...		(1) h_j	(2) f_j	(3) H_j	(4) F_j	(5) $h_j^* = x_j' \cdot h_j$	(6) H_j^*	(7) F_j^*
20	40	12	0,06	12	0,06	360	360	0,02
40	60	32	0,16	44	0,22	1.600	1.960	0,12
60	80	70	0,35	114	0,57	4.900	6.860	0,41
80	120	56	0,28	170	0,85	5.600	12.460	0,74
120	160	28	0,14	198	0,99	3.920	16.380	0,98
160	200	2	0,01	200	1,00	360	16.740	1,00

h_j^* = absolute einfache Klassenhäufigkeit (Gesamteinkommen der Klasse j)

H_j^* = absolute kumulierte Klassenhäufigkeit

h) relative Konzentrationsmessung

i) Gegeben: F* = 0,50;   gesucht: F

$$F = 0,57 + \frac{0,50 - 0,41}{0,74 - 0,41} \cdot (0,85 - 0,57)$$

$$F = 0,57 + 0,076 = 0,646$$

50 % des gesamten JE entfallen auf die einkommenschwachen 64,6 % der AN.

ii) Gegeben: F* = 0,25;   gesucht: F

$$F = 0,22 + \frac{0,25 - 0,12}{0,41 - 0,12} \cdot (0,57 - 0,22)$$

$$F = 0,22 + 0,157 = 0,377$$

25 % des gesamten JE entfallen auf die einkommenschwachen 37,7 % der AN.

Fehlerquelle (sehr häufig):
Oberflächliches Lesen der Aufgabenstellung führt zu Verwechslungen der Konzentrationsrechnung mit der Quantilsermittlung und auch zu Verwechslungen der gegebenen und gesuchten Größe (Verwechslung von F und F*).

i) Relative Konzentrationsmessung

i) Gegeben: F = 0,10;   gesucht: F*

$$F^* = 0,02 + \frac{0,10 - 0,06}{0,22 - 0,06} \cdot (0,12 - 0,02)$$

$$F^* = 0,02 + 0,025 = 0,045$$

Die einkommenschwächsten 10 % der AN erhalten 4,5 % des gesamten JE.

ii) Gegeben: Komplement zu F = 0,75; gesucht: F*

$$F^* = 0{,}41 + \frac{0{,}75 - 0{,}57}{0{,}85 - 0{,}57} \cdot (0{,}74 - 0{,}41)$$

$$F^* = 0{,}41 + 0{,}212 = 0{,}622$$

Die einkommenstärksten 25 % der Arbeitnehmer erhalten 37,8 % (100 - 62,2) des gesamten Jahreseinkommens.

iii) Gegeben: Komplement zu H = 190; gesucht: F*

$$F^* = 0{,}74 + \frac{190 - 170}{198 - 170} \cdot (0{,}98 - 0{,}74)$$

$$F^* = 0{,}74 + 0{,}171 = 0{,}911$$

Die einkommenstärksten 10 Arbeitnehmer erhalten 8,9 % (100 - 91,1) des gesamten Jahreseinkommens.

j) Relative Konzentrationsmessung

Gegeben: Komplement zu F* = 0,80; gesucht: H

$$H = 170 + \frac{0{,}80 - 0{,}74}{0{,}98 - 0{,}74} \cdot (198 - 170)$$

$$H = 170 + 7 = 177$$

20 % des gesamten Jahreseinkommens entfallen auf die oberen 23 (200 - 177) Arbeitnehmer.

k) Gini-Koeffizient GK

$$GK = 1 - \sum_{j=1}^{6} f_j \cdot (F_{j-1}^* + F_j^*) \quad \text{mit } F_0^* = 0$$

$$GK = 1 - [0{,}06 \cdot (0{,}00 + 0{,}02) + 0{,}16 \cdot (0{,}02 + 0{,}12) + 0{,}35 \cdot (0{,}12 + 0{,}41) +$$

$$0{,}28 \cdot (0{,}41 + 0{,}74) + 0{,}14 \cdot (0{,}74 + 0{,}98) + 0{,}01 \cdot (0{,}98 + 1{,}00)]$$

$$GK = 1 - 0{,}792 = 0{,}208$$

Es liegt eine schwache Konzentration des Gesamteinkommens auf die Arbeitnehmer vor.

Aufgabe 2.1 - A12: Wertpapierdepot

Bei einer Sparkassenzweigstelle werden 220 Wertpapierdepots geführt. Nachstehend finden Sie die klassifizierte Häufigkeitsverteilung für den Wert der Depots (in Tsd. €) zum 31.12. des letzten Jahres.

Depotwert (Tsd. €) von .. bis unter ..		Anzahl der Depots
0	10	40
10	20	60
20	30	50
30	50	30
50	100	20
100	200	20

a) Berechnen Sie den gesamten Depotwert!
b) Berechnen und interpretieren Sie das arithmetische Mittel, den Modus und den Median!
c) Berechnen und interpretieren Sie das 3. Quartil und das 2. Dezil!
d) Wie viele Depots haben einen Wert unter 25 Tsd. €?
e) Wie viel Prozent der Depots haben einen Wert von mindestens 70 Tsd. €?
f) Berechnen Sie die mittlere absolute Abweichung, den zentralen Quartilsabstand, die Varianz und die Standardabweichung!
g) Berechnen Sie den Variationskoeffizienten!
h) Welcher Anteil der Depots umfasst 50 % des gesamten Depotswerts, welcher 90 % des gesamten Depotswerts?
i) Welcher Anteil des gesamten Depotswerts entfällt auf die wertniedrigsten 10 %, welcher auf die werthöchsten 25 % der Depots und welcher auf die werthöchsten 10 Depots?
j) Wie viele werthöchste Depots umfassen 20 % des gesamten Depotwertes?
k) Berechnen und interpretieren Sie den Gini-Koeffizienten!

Lösung 2.1 - A12: Wertpapierdepot

a) $\sum_{j=1}^{6} x'_j \cdot h_j = 8.050$ Tsd. €

b) Arithmetisches Mittel: $\bar{x} = \frac{1}{220} \cdot 8.050 = 36,59$ Tsd. €

Modus: $m = 2$; $Mo = 10 + \dfrac{6-4}{(6-4)+(6-5)} \cdot (20-10) = 16{,}67$ Tsd. €

Median: $m = 3$; $Me = 20 + \dfrac{110-100}{50} \cdot (30-20) = 22$ Tsd. €

c) 3. Quartil: $Q_3 = 30 + \dfrac{165-150}{30} \cdot (50-30) = 40$ Tsd. €

2. Dezil: $D_2 = 10 + \dfrac{0{,}20-0{,}18}{0{,}27} \cdot (20-10) = 10{,}74$ Tsd. €

d) $H(x < 25) = 100 + \dfrac{25-20}{30-20} \cdot (150-100) = 125$

e) $F(x \geq 70) = 1 - [0{,}82 + \dfrac{70-50}{100-50} \cdot (0{,}91 - 0{,}82)] = 0{,}144$

f) Mittlere absolute Abweichung: $\delta = \dfrac{6.277{,}2}{220} = 28{,}53$ Tsd. €

Zentraler Quartilsabstand: $ZQA = 40 - 12{,}6 = 27{,}4$ Tsd. €

Varianz: $\sigma^2 = \dfrac{361.693{,}6}{220} = 1.644{,}06$ Tsd. €^{2}; $\sigma = 40{,}55$ Tsd. €

g) Variationskoeffizient: $VK = \dfrac{40{,}55}{36{,}59} \cdot 100 = 110{,}81\,\%$

h) $F = 0{,}82 + \dfrac{0{,}50-0{,}44}{0{,}63-0{,}44} \cdot (0{,}91-0{,}82) = 0{,}848$

$F = 0{,}91 + \dfrac{0{,}90-0{,}63}{1{,}00-0{,}63} \cdot (1{,}00-0{,}91) = 0{,}976$

i) $F^* = 0{,}00 + \dfrac{0{,}10-0{,}00}{0{,}18-0{,}00} \cdot (0{,}02-0{,}00) = 0{,}011$

$F^* = 1 - [0{,}29 + \dfrac{0{,}75-0{,}68}{0{,}82-0{,}68} \cdot (0{,}44-0{,}29)] = 0{,}635$

$F^* = 1 - [0{,}63 + \dfrac{210-200}{220-200} \cdot (1{,}00-0{,}63)] = 0{,}185$

j) $H = 220 - [200 + \dfrac{0{,}80-0{,}63}{1{,}00-0{,}63} \cdot (220-200)] = 10{,}8$

k) Ginikoeffizient: $GK = 1 - 0{,}49 = 0{,}51$

Aufgabe 2.1 - A13: Artikelumsätze

Ein Versandhändler führt 500 verschiedene Artikel. Nachstehend finden Sie die Häufigkeitsverteilung der Artikelumsätze (in Tsd. €) des letzten Monats.

2.1 Parameter von Häufigkeitsverteilungen

Umsatz (Tsd. €) von .. bis unter ..		Anzahl der Artikel
0	10	50
10	20	80
20	30	160
30	40	120
40	60	50
60	100	20
100	200	20

a) Berechnen Sie den gesamten Artikelumsatz!

b) Berechnen und interpretieren Sie das arithmetische Mittel, den Modus und den Median!

c) Berechnen und interpretieren Sie das 1.Quartil und das 9. Dezil!

d) Wie viele Artikel haben einen Wert unter 50 Tsd. €?

e) Wie viel Prozent der Artikel haben einen Wert von mindestens 75 Tsd. €?

f) Berechnen Sie die mittlere absolute Abweichung, die Varianz und die Standardabweichung!

g) Berechnen Sie den Variationskoeffizienten!

h) Auf wie viel Prozent der Artikel entfallen 25 % des Gesamt-Artikelumsatzes?

i) Welchen Anteil des gesamten Artikelumsatzes erzielen die umsatzstärksten 10 Artikel?

j) Welchen Anteil des gesamten Artikelumsatzes erzielen die umsatzschwächsten 20 % der Artikel?

Lösung 2.1 - A13: Artikelumsätze

a) $\sum_{j=1}^{7} x'_j \cdot h_j = 16.750$ Tsd. €

b) Arithmetisches Mittel: $\bar{x} = \frac{1}{500} \cdot 16.750 = 33,5$ Tsd. €

Modus: $m = 3$; $Mo = 20 + \frac{16 - 8}{(16 - 8) + (16 - 12)} \cdot (30 - 20) = 26,67$ Tsd. €

Median: $m = 3$; $Me = 20 + \frac{250 - 130}{160} \cdot (30 - 20) = 27,5$ Tsd. €

c) 1. Quartil: $Q_1 = 10 + \dfrac{125 - 50}{80} \cdot (20 - 10) = 19,375$ Tsd. €

   9. Dezil $D_9 = 40 + \dfrac{450 - 410}{50} \cdot (60 - 40) = 56$ Tsd. €

d) $H(x < 50) = 410 + 25 = 435$

e) $F(x \geq 75) = 1,00 - [0,92 + \dfrac{75 - 60}{100 - 60} \cdot 0,04] = 0,065$

f) Mittlere absolute Abweichung: $\delta = \dfrac{8.530}{500} = 17,06$ Tsd. €

   Varianz: $\sigma^2 = \dfrac{408.125}{500} = 816,25$ Tsd. €^{2}

   Standardabweichung: $\sigma = \sqrt{816,25} = 28,57$ Tsd. €

g) Variationskoeffizient: $VK = \dfrac{28,57}{33,5} \cdot 100 = 85,28\ \%$

h) $F = 0,26 + \dfrac{0,25 - 0,09}{0,33 - 0,09} \cdot (0,58 - 0,26) = 0,473$

i) $F^* = 1,00 - [0,82 + \dfrac{490 - 480}{500 - 480} \cdot (1,00 - 0,82)] = 0,09$

j) $F^* = 0,01 + \dfrac{0,20 - 0,10}{0,26 - 0,10} \cdot (0,09 - 0,01) = 0,06$

Aufgabe 2.1 - A14: Materialverbrauch

Eine Firma benötigt für die Herstellung ihrer Produkte insgesamt 250 verschiedene Materialien. Nachstehend finden Sie die klassifizierte Häufigkeitsverteilung für die Materialverbräuche (in €) der letzten Woche.

Verbrauch (€) von .. bis unter ..		Anzahl der Materialien
0	100	50
100	200	70
200	400	40
400	600	25
600	800	20
800	1.000	15
1.000	2.000	20
2.000	4.000	10

a) Berechnen Sie den gesamten Materialverbrauch!
b) Berechnen und interpretieren Sie das arithmetische Mittel, den Modus und den Median!
c) Berechnen und interpretieren Sie das 3. Quartil und das 5. Perzentil!
d) Bei wie vielen Materialien lag der Verbrauch unter 250 €?
e) Bei wie vielen Materialien betrug der Verbrauch mindestens 750 €?
f) Berechnen Sie die mittlere absolute Abweichung, die Varianz und die Standardabweichung!
g) Berechnen Sie den Variationskoeffizienten!
h) Auf wie viel Prozent der Materialien entfallen 50 % des gesamten Materialverbrauchs?
i) Welcher Anteil des gesamten Materialverbrauchs entfällt auf die 25 Materialien mit dem höchsten Verbrauch?
j) Welcher Anteil des gesamten Materialverbrauchs entfällt auf 80 % der Materialien?

Lösung 2.1 - A14: Materialverbrauch

a) $\sum_{j=1}^{8} x'_j \cdot h_j = 125.000 \ €$

b) Arithmetisches Mittel: $\bar{x} = \frac{1}{250} \cdot 125.000 = 500 \ €$

   Modus: $m = 2$; $Mo = 100 + \frac{0,7 - 0,5}{(0,7 - 0,5) + (0,7 - 0,2)} \cdot (200 - 100) = 128,57 \ €$

   Median: $m = 3$; $Me = 200 + \frac{125 - 120}{40} \cdot (400 - 200) = 225 \ €$

c) 3. Quartil: $Q_3 = 600 + \frac{0,75 - 0,74}{0,08} \cdot (800 - 600) = 625 \ €$

   5. Perzentil: $P_5 = 0 + \frac{0,05 - 0,00}{0,20} \cdot (100 - 0) = 25 \ €$

d) $H(x < 250) = 120 + \frac{250 - 200}{400 - 200} \cdot (160 - 120) = 130$

e) $H(x \geq 750) = 250 - [185 + \frac{750 - 600}{800 - 600} \cdot 20] = 50$

f) Mittlere absolute Abweichung: $\delta = \frac{110.000}{250} = 440 \ €$

g) Varianz: $\sigma^2 = \frac{106.000.000}{250} = 424.000 \ €^2$

h) Standardabweichung: $\sigma = \sqrt{424.000} = 651,15$ €

g) Variationskoeffizient: $VK = \dfrac{651,15}{500} \cdot 100 = 130,23\ \%$

h) $F = 0,82 + \dfrac{0,50 - 0,41}{0,52 - 0,41} \cdot (0,88 - 0,82) = 0,869$

i) $F^* = 1,00 - [0,52 + \dfrac{225 - 220}{240 - 220} \cdot (0,76 - 0,52)] = 0,42$

j) $F^* = 0,30 + \dfrac{0,80 - 0,74}{0,82 - 0,74} \cdot (0,41 - 0,30) = 0,383$

2.2 Verhältniszahlen

Verhältniszahlen werden gebildet, indem zwei Zahlen, die in einem sinnvollen, sachlogischen Zusammenhang stehen, ins Verhältnis gesetzt werden. Verhältniszahlen werden in Gliederungs-, Beziehungs- und Messzahlen untergliedert.

Die folgenden Übungsaufgaben befassen sich mit

- **Gliederungszahlen**
- **Beziehungszahlen**
- **Messzahlen**

Aufgabe 2.2 - A1: Bundestagswahl 2009

Bei der Bundestagswahl 2009 verteilten sich die 43.371.190 gültigen Zweitstimmen wie folgt auf die Parteien:

Partei	Zweitstimmen
CDU	11.828.277
SPD	9.990.488
FDP	6.316.080
Linke	5.155.933
Grüne	4.643.272
CSU	2.830.238
andere	2.606.902

Überführen Sie das Ergebnis in eine leichter erfassbare und leichter auswertbare Form!

Lösung 2.2 - A1: Bundestagswahl 2009

Das Wahlergebnis kann leichter erfasst und ausgewertet werden, wenn die Struktur der Wählerschaft in einer klareren Form dargestellt wird. Dies gelingt mit Gliederungszahlen; sie ermöglichen einen klaren Einblick in die innere Struktur einer Gesamtmasse.

$$\text{Gliederungszahl} = \frac{\text{Teilmasse}}{\text{übergeordnete Gesamtmasse}} \cdot 100$$

Im vorliegenden Beispiel ist die Stimmenanzahl einer Partei (Teilmasse) durch die Gesamt-Stimmenanzahl (übergeordnete Gesamtmasse) zu dividieren und das Ergebnis mit 100 zu multiplizieren.

$$\text{Stimmenanteil der SPD} = \frac{9.990.488}{43.371.190} \cdot 100 = 23{,}0\ \%$$

Partei	Zweitstimmen-anteil (in %)
CDU	27,3
SPD	23,0
FDP	14,6
Linke	11,9
Grüne	10,7
CSU	6,5
andere	6,0

Diese relative Darstellung des Wahlergebnisses mit Hilfe von Gliederungszahlen ist wesentlich einprägsamer und erlaubt eine wesentlich einfachere Analyse des Wahlausgangs.

Aufgabe 2.2 - A2: Arbeitsproduktivität

In der nachstehenden Übersicht finden Sie das reale Bruttoinlandsprodukt der BRD zu Preisen von 1995 sowie die geleisteten Arbeitsstunden im Inland für den Zeitraum 2002 bis 2004.

	2002	2003	2004
Bruttoinlandsprodukt (Mrd. €)	1.987,6	1.985,2	2.016,1
geleistete Arbeitsstunden (in Mio.)	55.644	55.226	55.453

Wie hat sich die Arbeitsproduktivität im Betrachtungszeitraum entwickelt?

Lösung 2.2 - A2: Arbeitsproduktivität

Die Messung der Arbeitsproduktivität erfolgt mit Hilfe von Beziehungszahlen. Eine Beziehungszahl ist dadurch gekennzeichnet, dass zwei verschiedenartige, wesensfremde Größen wie im Beispiel die Größe "Bruttoinlandsprodukt" und die Größe "geleistete Arbeitsstunden" ins Verhältnis (in Beziehung) gesetzt werden. Die Arbeitsproduktivität betrug im Jahr 2002

$$\text{Produktivität} = \frac{\text{Bruttoinlandsprodukt}}{\text{geleistete Arbeitsstunden}} = \frac{1.987,6}{55.644} = 35,72 \text{ €/Std}$$

Im Jahr 2003 stieg die Arbeitsproduktivität auf 35,95 €/Std und im Jahr 2003 auf 36,36 €/Std.

Aufgabe 2.2 - A3: Gewinnentwicklung

In der nachstehenden Tabelle ist die Gewinnentwicklung (in €) der beiden Firmen A und B für die letzten fünf Jahre wiedergegeben.

Jahr	01	02	03	04	05
Firma A	56.532	64.496	62.854	72.484	76.874
Firma B	122.254	133.561	120.612	138.568	148.356

a) Vergleichen Sie die Gewinnentwicklung der beiden Firmen! Verwenden Sie dabei eine Form, die den Vergleich erleichtert!
b) Um wie viel Prozent haben sich die Gewinne von 01 nach 05 verändert?
c) Um wie viel Prozent haben sich die Gewinne von 03 nach 04 verändert?

Lösung 2.2 - A3: Gewinnentwicklung

Der Vergleich der Gewinnentwicklung der beiden Firmen ist leichter möglich, wenn die Gewinne in Form von Messzahlen dargestellt werden. Eine Messzahl ist dadurch gekennzeichnet, dass zwei sachlich gleiche, aber räumlich oder zeitlich unterschiedliche Größen ins Verhältnis gesetzt werden. Eine Größe wird gleichsam an der anderen Größe gemessen.

a) Vergleich der Entwicklung

Die Gewinne werden zunächst in Form von Messzahlen dargestellt. Die Gewinne der Jahre 02 bis 05 werden dabei jeweils am Gewinn des Jahres 01 gemessen.

Messzahlen für das Jahr 02 :

Firma A: $\dfrac{64.496}{56.532} \cdot 100 = 114,1$ Firma B: $\dfrac{133.561}{122.254} \cdot 100 = 109,2$

Bei Firma A (Firma B) lag der Gewinn im Jahr 02 um 14,1 % (9,2) über dem Gewinn des Jahres 01.

Die beiden Messzahlenreihen lauten:

Jahr	01	02	03	04	05
Firma A	100,0	114,1	111,2	128,2	136,0
Firma B	100,0	109,2	98,7	113,3	121,4

Die Darstellung der Gewinnentwicklung mit Hilfe von Messzahlen lässt sofort erkennen, dass der relative Gewinnanstieg bei der Firma A deutlich größer war als bei der Firma B.

b) Gewinnanstieg von 01 nach 05

Die relative Gewinnsteigerung des Jahres 05 gegenüber dem Jahr 01 kann direkt aus der Messzahl abgelesen werden, da bei dieser Messzahl der Gewinn des Jahres 05 am Gewinn des Jahres 01 relativiert wurde.

Der Gewinn im Jahr 05 lag bei Firma A (Firma B) um 36,0 % (21,4 %) über dem Gewinn des Jahres 01.

c) Gewinnanstieg von 03 nach 04

   i) Differenz von Messzahlen (Prozentzahlen)

Die Differenz aus zwei Messzahlen gibt die Veränderung in Prozentpunkten wieder. So beträgt der Gewinnanstieg bei Firma A im Jahr 04 gegenüber Jahr 03

$128,2 - 111,2 = 17,0$ %-Punkte

Die Prozentpunkte werden in Prozente umgerechnet, indem die Prozentpunkte durch die Bezugs-Messzahl dividiert und das Ergebnis mit 100 multipliziert wird.

$\dfrac{17,0}{111,2} \cdot 100 = 15,3\ \%$

Der Gewinn im Jahr 04 lag um 15,3 % über dem Gewinn des Jahres 03.

Firma B: $113,3 - 98,7 = 14,6$ %-Punkte; $\dfrac{14,6}{98,7} \cdot 100 = +14,8\ \%$

Fehlerquelle (sehr häufig):
Es kommt sehr häufig vor, dass die Differenz aus zwei Prozentzahlen (z.B. Messzahlen, Gliederungszahlen) als Prozentergebnis interpretiert wird anstatt als Prozentpunktergebnis. Prozentergebnis und Prozentpunktergebnis sind nur dann identisch, wenn der Subtrahend genau 100 % beträgt (Jahr 01 im Beispiel).

ii) Quotient aus Messzahlen

Der o.a. Fehler tritt nicht auf, wenn anstelle der Differenz der Quotient aus zwei Messzahlen berechnet wird.

Firma A: $\frac{128,2}{111,2} \cdot 100 = 115,3 \%$;   Firma B: $\frac{113,3}{98,7} \cdot 100 = 114,8 \%$

Zur Feststellung der prozentualen Veränderung ist vom Prozentergebnis der Wert 100 abzuziehen.

Aufgabe 2.2 - A4: Umsatzentwicklung

Nachstehend ist die Entwicklung des Gesamtumsatzes (Tsd. €) und die Umsatzentwicklung (Tsd. €) eines Artikels A für die letzten fünf Jahre wiedergegeben.

Jahr	01	02	03	04	05
Gesamtumsatz	32.541	35.325	38.784	42.362	45.378
Umsatz A	8.454	9.961	10.612	10.768	10.744

Beschreiben Sie auf transparente Weise die Umsatzentwicklung des Artikels A im Rahmen der Entwicklung des Gesamtumsatzes!

Lösung 2.2 - A4: Umsatzentwicklung

Beschreibung mit Hilfe von Messzahlen:

Jahr	01	02	03	04	05
Ges.umsatz (01 = 100)	100,0	108,6	119,2	130,2	139,4
Umsatz A (01 = 100)	100,0	117,8	125,5	127,4	127,1

Die Entwicklung des Gesamtumsatzes ist durch ein nahezu konstantes jährliches Wachstum zwischen 8 und 10 % gekennzeichnet. Die Entwicklung des Artikels A ist bis auf das Jahr 03 losgelöst von dieser Entwicklung. So stieg der Umsatz von Artikel A im Jahr 02 mit 17,8 % deutlich stärker als der Gesamtumsatz. Im

Jahr 04 ist eine deutliche Abschwächung des Umsatzwachstums eingetreten; der Umsatz ist nur um 1,8 % gegenüber dem Vorjahr gestiegen. Im Jahr 05 kam es zu einem leichten Umsatzrückgang. Damit konnte Artikel A den relativen Anstieg des Gesamtumsatzes in den Jahren 04 und 05 nicht annähernd erreichen.

Aufgabe 2.2 - A5: Kapitalstruktur

In der nachstehenden Tabelle finden Sie in Kurzform die Kapitalstruktur der Firmen A und B (Angaben in Mio. €):

Firma	A	B
Eigenkapital	34,8	52,9
Rückstellungen	17,5	27,4
Verbindlichkeiten	120,6	169,4
Gesamtkapital	172,9	249,7

Vergleichen Sie die Kapitalstruktur der beiden Firmen. Verwenden Sie dabei Verhältniszahlen, durch die die Kapitalstruktur transparent aufgezeigt wird!

Lösung 2.2 - A5: Kapitalstruktur

Bildung von Gliederungszahlen: A: 20,1; 10,1; 69,8.   B: 21,2; 11,0; 67,8

Aufgabe 2.2 - A6: Krankenstand

Unternehmen A beschäftigte im letzten Jahr durchschnittlich 2.743 Personen, die insgesamt 21.806 Tage krankheitsbedingt gefehlt haben. Die 3.487 Beschäftigten des Unternehmens B fehlten insgesamt 32.115 Tage. Die Zahl der Arbeitstage betrug in beiden Unternehmen 210. - Vergleichen Sie die Fehlzeiten der beiden Unternehmen mit Hilfe von Verhältniszahlen!

Lösung 2.2 - A6: Krankenstand

Durchschnittliche Fehlzeit (Fehltage/Beschäftigtenanzahl): A: 7,95; B: 9,21.

Durchschnittlicher Krankenstand: A: $\frac{21.806}{2.743 \cdot 210} \cdot 100 = 3,79\,\%$; B: $4,39\,\%$

Aufgabe 2.2 - A7: Nebenwirkungen

In einer Studie wurde festgestellt, dass über 89 % der Patienten, die über drei Jahre ein bestimmtes Medikament gegen Sodbrennen eingenommen hatten, mit dem Medikament zufrieden waren. 0,003 % der Patienten erkrankten an einem sehr seltenen und schweren Augenleiden. In einer Vergleichsgruppe erkrankten dagegen nur 0,001 % an diesem Augenleiden. - In einer Tageszeitung war dazu zu lesen, dass das Medikament das Risiko, an dem Augenleiden zu erkranken, auf das 3-fache erhöhe. - Nehmen Sie Stellung zu der Aussage in der Tageszeitung!

Aufgabe 2.2 - A7: Nebenwirkungen

Die Aussage erschreckt die Patienten, die dieses Medikament einnehmen und denen das Risikoausmaß unbekannt ist. Die Messzahl 300 % (3-fach) ist um die beiden Gliederungszahlen 0,003 % und 0,001 % zu ergänzen, damit die Geringfügigkeit des Risikos erkennbar wird. So erkrankten von z.B. 100.000 Patienten drei Patienten anstatt ein Patient. Abgesehen davon ist der kausale Zusammenhang zwischen Medikamenteneinnahme und Erkrankung zu klären. - Auf der anderen Seite waren von den 100.000 Patienten 89.000 Patienten zufrieden.

Aufgabe 2.2 - A8: Gewinnanstieg

Im vorletzten Jahr betrug bei einem Versandhandel der Anteil der Retouren 2,2 %, im letzten Jahr 3,1 %. - Nehmen Sie Stellung zur Aussage des Leiters der Qualitätskontrolle, die Anzahl der Retouren sei nur um 0,9 % gestiegen!
(Lösung: Anstieg um 0,9 %-Punkte; Anstieg: 40,9 % !)

Aufgabe 2.2 - A9: Beschäftigtenzahl

In der nachstehenden Tabelle ist die Entwicklung der Beschäftigtenzahl der Unternehmen A und B für die letzten sechs Jahre wiedergegeben.

Jahr	01	02	03	04	05	06
Anzahl A	187	197	233	215	241	254
Anzahl B	136	145	171	162	180	193

a) Vergleichen Sie die Entwicklung der Beschäftigtenzahlen der beiden Unternehmen A und B!
b) Um wie viel Prozent hat sich die Beschäftigtenzahl im Betrachtungszeitraum verändert?
c) Um wie viel Prozent hat sich die Beschäftigtenzahl von 05 bis 06 verändert?

Lösung 2.2 - A9: Beschäftigtenzahl

a) Verwendung von Messzahlen:
   A: 100,0; 105,3; 124,6; 115,0; 128,9; 135,8.
   B: 100,0; 106,6; 125,7; 119,1; 132,4; 141,9.
b) A: +35,8 %; B: +41,9 %
c) A: $\frac{135,8}{128,9} \cdot 100 = 105,4$, d.h. + 5,4 %; B: $\frac{141,9}{132,4} \cdot 100 = 107,2$, d.h. + 7,2 %

2.3 Indexzahlen

Indexzahlen haben die Aufgabe, die Entwicklung einer komplexen Größe zu beschreiben. Die Komplexität der Größe besteht darin, dass sie sich aus i.d.R. vielen Einzelgrößen, die von unterschiedlicher Bedeutung sind, zusammensetzt. Man denke zum Beispiel an die Entwicklung der Lebenshaltungskosten oder an die Entwicklung des deutschen Aktienmarktes.

Die folgenden Übungsaufgaben befassen sich mit den Bereichen

- **Preis-, Mengen- und Umsatzindizes**
- **Umbasierung**
- **Verknüpfung (Verkettung)**
- **Preisbereinigung**
- **Kaufkraftparität**

Aufgabe 2.3 - A1: Elementare Indexberechnung

In der nachstehenden Tabelle sind für die Güter A, B und C die Preise und Mengen für die Jahre 1, 2 und 3 angegeben:

Gut	Jahr 1		Jahr 2		Jahr 3	
	Preis	Menge	Preis	Menge	Preis	Menge
A	6,00	22	7,00	21	7,50	23
B	27,50	4	26,00	6	28,00	5
C	14,00	7	14,50	9	15,00	10

a) Berechnen Sie die Preisindizes nach Laspeyres zum Basisjahr 1!

b) Berechnen Sie die Mengenindizes nach Laspeyres zum Basisjahr 1!
c) Berechnen Sie die Preisindizes nach Paasche zum Basisjahr 1!
d) Berechnen Sie die Mengenindizes nach Paasche zum Basisjahr 1!
e) Berechnen Sie die Umsatzindizes zum Basisjahr 1!
f) Um wie viel Prozent lagen die Preise im Berichtsjahr 3 über denen des Berichtsjahres 2?
  f1) Verwenden Sie für Ihre Berechnungen die Preisindizes nach Laspeyres!
  f2) Verwenden Sie für Ihre Berechnungen die Preisindizes nach Paasche!
  f3) Wann ist die Berechnung unter f2) problematisch?
  f4) Warum sind die Ergebnisse unter f1) und f2) nicht identisch?

Lösung 2.3-A1: Elementare Indexberechnung

p_i = Preis in der Berichtszeit i

q_i = Menge in der Berichtszeit i

$_LP_{j,i}$ = Preisindex nach Laspeyres für die Berichtszeit i gegenüber der Basiszeit j

$_PP_{j,i}$ = Preisindex nach Paasche für die Berichtszeit i gegenüber der Basiszeit j

$_LQ_{j,i}$ = Mengenindex nach Laspeyres für die Berichtszeit i gegenüber der Basiszeit j

$_PQ_{j,i}$ = Mengenindex nach Paasche für die Berichtszeit i gegenüber der Basiszeit j

$U_{j,i}$ = Umsatzindex für die Berichtszeit i gegenüber der Basiszeit j

a) Preisindizes nach Laspeyres

$$_LP_{1,2} = \frac{\sum p_2 \cdot q_1}{\sum p_1 \cdot q_1} \cdot 100 = \frac{7 \cdot 22 + 26,0 \cdot 4 + 14,5 \cdot 7}{6 \cdot 22 + 27,5 \cdot 4 + 14,0 \cdot 7} \cdot 100$$

$$= \frac{359,5}{340} \cdot 100 = 105,7$$

$$_LP_{1,3} = \frac{\sum p_3 \cdot q_1}{\sum p_1 \cdot q_1} \cdot 100 = \frac{7,5 \cdot 22 + 28,0 \cdot 4 + 15 \cdot 7}{6,0 \cdot 22 + 27,5 \cdot 4 + 14 \cdot 7} \cdot 100$$

$$= \frac{382}{340} \cdot 100 = 112,4$$

Die Preise im Berichtsjahr 2 (3) lagen durchschnittlich 5,7 % (12,4 %) über denen des Basisjahres 1.

b) Mengenindizes nach Laspeyres

$$LQ_{1,2} = \frac{\sum q_2 \cdot p_1}{\sum q_1 \cdot p_1} \cdot 100 = \frac{21 \cdot 6 + 6 \cdot 27,5 + 9 \cdot 14}{22 \cdot 6 + 4 \cdot 27,5 + 7 \cdot 14} \cdot 100$$

$$= \frac{417}{340} \cdot 100 = 122,6$$

$$LQ_{1,3} = \frac{\sum q_3 \cdot p_1}{\sum q_1 \cdot p_1} \cdot 100 = \frac{23 \cdot 6 + 5 \cdot 27,5 + 10 \cdot 14}{22 \cdot 6 + 4 \cdot 27,5 + 7 \cdot 14} \cdot 100$$

$$= \frac{415,5}{340} \cdot 100 = 122,2$$

Die Mengen im Berichtsjahr 2 (3) lagen durchschnittlich 22,6 % (22,2 %) über denen des Basisjahres 1.

c) Preisindizes nach Paasche

$$PP_{1,2} = \frac{\sum p_2 \cdot q_2}{\sum p_1 \cdot q_2} \cdot 100 = \frac{7 \cdot 21 + 26,0 \cdot 6 + 14,5 \cdot 9}{6 \cdot 21 + 27,5 \cdot 6 + 14,0 \cdot 9} \cdot 100$$

$$= \frac{433,5}{417} \cdot 100 = 104,0$$

$$PP_{1,3} = \frac{\sum p_3 \cdot q_3}{\sum p_1 \cdot q_3} \cdot 100 = \frac{462,5}{415,5} \cdot 100 = 111,3$$

Die Preise im Berichtsjahr 2 (3) lagen durchschnittlich 4,0 % (11,3 %) über denen des Basisjahres 1.

d) Mengenindizes nach Paasche

$$PQ_{1,2} = \frac{\sum q_2 \cdot p_2}{\sum q_1 \cdot p_2} \cdot 100 = \frac{21 \cdot 7 + 6 \cdot 26,0 + 9 \cdot 14,5}{22 \cdot 7 + 4 \cdot 26,0 + 7 \cdot 14,5} \cdot 100$$

$$= \frac{433,5}{359,5} \cdot 100 = 120,6$$

$$PQ_{1,3} = \frac{\sum q_3 \cdot p_3}{\sum q_1 \cdot p_3} \cdot 100 = \frac{462,5}{382} \cdot 100 = 121,1$$

Die Mengen im Berichtsjahr 2 (3) lagen durchschnittlich 20,6 % (21,1 %) über denen des Basisjahres 1.

e) Umsatzindizes

$$U_{1,2} = \frac{\sum p_2 \cdot q_2}{\sum p_1 \cdot q_1} \cdot 100 = \frac{433,5}{340} \cdot 100 = 127,5$$

$$U_{1,3} = \frac{\sum p_3 \cdot q_3}{\sum p_1 \cdot q_1} \cdot 100 = \frac{462,5}{340} \cdot 100 = 136,0$$

Die Umsätze im Berichtsjahr 2 (3) lagen durchschnittlich 27,5 % (36,0 %) über denen des Basisjahres 1.

f) Preisveränderung von 2 nach 3

f1) auf Basis der Preisindizes nach Laspeyres

$$\frac{L^P_{1,3}}{L^P_{1,2}} \cdot 100 = \frac{112,4}{105,7} \cdot 100 = 106,3$$

oder

$$112,4 - 105,7 = 6,7 \text{ \%-Punkte}; \quad \frac{6,7}{105,7} \cdot 100 = 6,3 \text{ \%}$$

Fehlerquelle (sehr oft): Die Differenz aus zwei Indexzahlen wird als Prozentergebnis interpretiert anstatt als Prozent<u>punkt</u>ergebnis.

f2) auf Basis der Preisindizes nach Paasche

$$\frac{p^P_{1,3}}{p^P_{1,2}} \cdot 100 = \frac{111,3}{104,0} \cdot 100 = 7,0 \text{ \%}$$

oder

$$111,3 - 104,0 = 7,3 \text{ \%-Punkte}; \quad \frac{7,3}{104,0} \cdot 100 = 7,0 \text{ \%}$$

Die Preise im Berichtsjahr 3 lagen durchschnittlich 6,3 % (nach Paasche 7,0 %) über denen des Berichtsjahres 1.

f3) Bei der Berechnung unter f2) werden zwei Preisindizes verwendet, denen unterschiedliche Warenkörbe zugrunde liegen. So liegt dem Preisindex für das Jahr 2 der Warenkorb des Jahres 2 und dem für das Jahr 3 der Warenkorb des Jahres 3 zugrunde. Unterscheiden sich die beiden Warenkörbe deutlich, dann kann die Ermittlung der Preisveränderung problematisch sein. In diesem Fall ist die Rechnung ungenau bzw. fehlerhaft, da die zu berechnende Preisveränderung durch Mengenveränderungen überlagert bzw. verfälscht wird.

f4) Die Ergebnisse unter f1) und f2) weichen i.d.R. voneinander ab, da Laspeyres und Paasche unterschiedliche Gewichtungen verwenden.

Aufgabe 2.3-A2: Umbasierung

In nachstehender Tabelle ist der Verbraucherpreisindex (Preisindex für die Lebenshaltung) für die Bundesrepublik Deutschland (1995 = 100) und die Schweiz

(Mai 1993 = 100; Jahresdurchschnitt 1993 = 99,9) auszugsweise für die Jahre 1995 bis 2008 angegeben.

Jahr	1995	1996	...	2005	2006	2007	2008
BRD	100,0	101,3	...	115,8	117,7	120,4	123,4
Schweiz	102,6	103,4	...	111,0	112,2	113,0	115,0

Vergleichen Sie die Preisentwicklung in der BRD mit der der Schweiz für den Betrachtungszeitraum!

Lösung 2.3-A2: Umbasierung

Ein unmittelbarer Vergleich der Preisentwicklung in beiden Ländern anhand der Indexzahlen ist nicht möglich, da beide Indexzahlenreihen verschiedene Basiszeiträume (BRD: 1995 = 100; Schweiz: Mai 1993 = 100) besitzen. Für einen unmittelbaren Vergleich müssen beide Reihen ein gemeinsames Basisjahr besitzen. Es ist sinnvoll, die Indexzahlenreihe für die Schweiz so umzubasieren, dass - wie in der BRD - das Jahr 1995 die Indexzahl 100,0 besitzt.

Die Umbasierung erfolgt mit Hilfe des Dreisatzes, durch den die Veränderungsrate der Indexreihe zur alten Basis auf die Indexreihe zur neuen Basis (1995 = 100) übertragen wird.

Preisindex für Berichtsjahr 1996 zum Basisjahr 1995:

$$P_{95,96} : P_{95,95} = P_{93,96} : P_{93,95}$$

$$P_{95,96} : 100 = P_{93,96} : P_{93,95}$$

$$P_{95,96} = \frac{P_{93,96}}{P_{93,95}} \cdot 100 = \frac{103,4}{102,6} \cdot 100 = 100,8$$

Der Preisindex für die Berichtszeit i zur Basis 1995 errechnet sich damit:

$$P_{95,i} = \frac{P_{93,i}}{P_{93,95}} \cdot 100 = \frac{P_{93,i}}{102,6} \cdot 100$$

Die Preisindizes für die Berichtsjahre 2005 bis 2008 lauten:

$$P_{95,05} = \frac{P_{93,05}}{102,6} \cdot 100 = \frac{111,0}{102,6} \cdot 100 = 108,2$$

$$P_{95,06} = \frac{P_{93,06}}{102,6} \cdot 100 = \frac{112,2}{102,6} \cdot 100 = 109,4$$

$$P_{95,07} = \frac{113,0}{102,6} \cdot 100 = 110,1; \quad P_{95,08} = \frac{115,0}{102,6} \cdot 100 = 112,1$$

Gegenüberstellung der beiden Indexreihen mit der gemeinsamen Basis 1995:

Jahr	1995	1996	...	2005	2006	2007	2008
BRD	100,0	101,3	...	115,8	117,7	120,4	123,4
Schweiz	100,0	100,8	...	108,2	109,4	110,1	112,1

Die beiden Indexreihen können jetzt unmittelbar verglichen werden, da sie mit 1995 ein gemeinsames Basisjahr besitzen. Die Verbraucherpreise in der Schweiz sind im Betrachtungszeitraum mit 12,1 % deutlich weniger gestiegen als in der BRD mit 23,4 %.

Fehlerquelle:
Für den Vergleich werden die Differenzen der entsprechenden, nicht umbasierten Indexzahlen (BRD: 123,4 - 100 = 23,4; Schweiz: 115,0 - 102,6 = 12,4) berechnet und als Prozentwerte anstatt Prozentpunktwerte interpretiert, was hier im Fall der Schweiz zu einem fehlerhaften Ergebnis führt.

Aufgabe 2.3-A3: Verknüpfung (Verkettung)

In nachstehender Tabelle ist der Verbraucherpreisindex (Preisindex für die Lebenshaltung) für die Bundesrepublik Deutschland für den Zeitraum 2000 bis 2008 auszugsweise wiedergegeben. Da diese Indexzahlen nach Laspeyres ermittelt werden, muss der Warenkorb in bestimmten Abständen aktualisiert werden. Dies ist zuletzt im Jahr 2000 geschehen. Dadurch kam es zu einer Unterbrechung der Indexzahlenreihe im Jahr der Aktualisierung.

Jahr	2000	2001	...	2004	2005	2006	2007	2008	2009
$P_{00,i}$	100,0	102,0	...	106,2	108,3				
$P_{05,i}$					100,0	101,6	103,9	106,6	107,0

a) Um wie viel Prozent sind die Preise von 2000 bis 2006, ..., 2009 gestiegen?
b) Warum weicht die für 2006 durch Verknüpfung ermittelte Indexzahl zur Basis 2000 von der durch das Statistische Bundesamt empirisch ermittelten Indexzahl 110,1 ab?

2.3 Indexzahlen

Lösung 2.3-A3: Verknüpfung (Verkettung)

Zur Beantwortung der Frage sind die fehlenden Indexzahlen zumindest einer der beiden Indexzahlenreihen zu ermitteln. Dies kann durch die Fortführung der alten Indexzahlenreihe (Basis 2000) oder durch die - bei der vorliegenden Problemstellung aufwändigere - Rückrechnung der neuen Indexzahlenreihe (Basis 2005) geschehen.

Die Verknüpfung (Verkettung) erfolgt wie bei der Umbasierung mit Hilfe des Dreisatzes, durch den die Veränderungsrate der einen Indexreihe auf die andere Indexreihe übertragen wird. Die Fortführung der alten Indexzahlenreihe erfolgt, indem die aus der neuen Indexzahlenreihe bekannte Preisentwicklung auf die alte Reihe übertragen wird. Die Rückrechnung der neuen Indexzahlenreihe erfolgt analog zur Fortführung der alten Reihe. Die neue Indexzahlenreihe wird zurückgerechnet, indem die aus der alten Indexzahlenreihe bekannte Preisentwicklung auf die neue Reihe übertragen wird.

a) Preissteigerung von 2000 bis 2006, ..., 2009

i) Fortführung der alten Indexzahlenreihe (Basis 2000)

Preisindex für das Berichtsjahr 2006 zur Basis 2000:

$$P_{00,06} : P_{00,05} = P_{05,06} : P_{05,05}$$

$$P_{00,06} : P_{00,05} = P_{05,06} : 100$$

$$P_{00,06} = P_{05,06} \cdot \frac{P_{00,05}}{100} = 101,6 \cdot \frac{108,3}{100} = 110,0$$

Der Preisindex für die Berichtszeit i zur Basis 1995 errechnet sich damit:

$$P_{00,i} = P_{05,i} \cdot \frac{P_{00,05}}{100} = P_{05,i} \cdot \frac{108,3}{100}$$

Die Preisindizes für die Berichtsjahre 2007 bis 2009 zur Basis 2000 lauten:

$$P_{00,07} = P_{05,07} \cdot \frac{108,3}{100} = 103,9 \cdot \frac{108,3}{100} = 112,5$$

$$P_{00,08} = 106,6 \cdot \frac{108,3}{100} = 115,4$$

$$P_{00,09} = 107,0 \cdot \frac{108,3}{100} = 115,9$$

Lesebeispiel: Die Verbraucherpreise lagen 2009 durchschnittlich 15,9 % über denen des Jahres 2000.

ii) Rückrechnung der neuen Indexzahlenreihe (Basis 2005)

Preisindex für das Berichtsjahr 2004 zur Basis 2005:

$$P_{05,04} : P_{05,05} = P_{00,04} : P_{00,05}$$

$$P_{05,04} : 100 = P_{00,04} : P_{00,05}$$

$$P_{05,04} = P_{00,04} \cdot \frac{100}{P_{00,05}} = 106,2 \cdot \frac{100}{108,3} = 98,1$$

Der Preisindex für die Berichtszeit i zur Basis 2005 errechnet sich damit:

$$P_{05,i} = P_{00,i} \cdot \frac{100}{P_{00,05}} = P_{00,i} \cdot \frac{100}{108,3}$$

Die Preisindizes für die Berichtsjahre 2001 und 2000 zur Basis 2005 lauten

$$P_{05,01} = P_{00,01} \cdot \frac{100}{108,3} = 102,0 \cdot \frac{100}{108,3} = 94,2$$

$$P_{05,00} = 100,0 \cdot \frac{100}{108,3} = 92,3$$

Preisanstieg von 2000 bis 2008: (Indexzahlenreihe zur Basis 2005)

$$\frac{P_{05,08}}{P_{05,00}} \cdot 100 = \frac{106,6}{92,3} \cdot 100 = 115,5, \text{ d.h. } + 15,5 \%$$

Preisanstieg von 2000 bis 2009: (Indexzahlenreihe zur Basis 2005)

$$\frac{P_{05,09}}{P_{05,00}} \cdot 100 = \frac{107,0}{92,3} \cdot 100 = 115,9, \text{ d.h. } + 15,9 \%$$

Gesamtdarstellung der Verknüpfung:

Jahr	2000	2001	...	2004	2005	2006	2007	2008	2009
$P_{00,i}$	100,0	102,0	...	106,2	108,3	110,0	112,5	115,4	115,9
$P_{05,i}$	92,3	94,2	...	98,1	100,0	101,6	103,9	106,6	107,0

b) Abweichung von den empirischen Werten

Den beiden Indexreihen liegen unterschiedliche Warenkörbe zugrunde, was i.d.R. voneinander abweichende Veränderungsraten zur Folge hat. Die im Rahmen der

Verknüpfung vorzunehmende Übertragung der Veränderungsrate der einen Reihe auf die andere Reihe ist daher i.d.R. "fehlerbehaftet".

Aufgabe 2.3-A4: Verknüpfung und Umbasierung

In nachstehender Tabelle ist der Verbraucherpreisindex für die Bundesrepublik Deutschland für den Zeitraum 2002 bis 2009 wiedergegeben.

Jahr	2002	2003	2004	2005	2006	2007	2008	2009
$P_{00,i}$	103,4	104,5	106,2	108,3				
$P_{05,i}$				100,0	101,6	103,9	106,6	107,0

Um wie viel Prozent sind die Preise von 2002 bis 2009 gestiegen?

Lösung 2.3-A4: Verknüpfung und Umbasierung

Schritt 1: Verknüpfung der beiden Indexzahlenreihen

Da die beiden Jahre 2002 und 2009 zwei verschiedenen Teilen der unterbrochenen Indexreihe angehören, ist zunächst die Verknüpfung der beiden Teile vorzunehmen. Diese Verknüpfung war Gegenstand der Aufgabe 2.3-A3, so dass das Verknüpfungsergebnis übernommen werden kann und zwar hier die Fortführung der Indexreihe zur Basis 2000.

Jahr	2002	2003	2004	2005	2006	2007	2008	2009
$P_{00,i}$	103,4	104,5	106,2	108,3	110,0	112,5	115,4	115,9

Schritt 2: Umbasierung

Da der Preisindex im Ausgangsjahr des Preisvergleichs 2002 mit 103,4 ungleich 100,0 ist, muss eine Umbasierung vorgenommen werden.

$$P_{02,09} = \frac{P_{00,09}}{P_{00,02}} \cdot 100 = \frac{115,9}{103,4} \cdot 100 = 112,1$$

oder: 115,9 - 103,4 = 12,5 %-Punkte; $\quad \frac{12,5}{103,4} \cdot 100 = 12,1\,\%$

Die Preise sind von 2002 bis 2009 um durchschnittlich 12,1 % gestiegen.

Fehlerquellen:
Missachtung der Aufgabenstellung und Berechnung von $P_{00,09}$.
Verwechslung von Prozentpunkten und Prozenten.

Aufgabe 2.3-A5: Preisbereinigung (Deflationierung)

In der nachstehenden Tabelle finden Sie auszugsweise für den Zeitraum 2002 bis 2008 die Umsatzentwicklung (in Tsd. €) einer Tankstelle sowie den entsprechenden Preisindex für Motorenkraftstoffe.

Jahr	2002	...	2005	2006	2007	2008
Umsatz (Tsd. €)	500	...	540	620	710	760
$P_{2000,i}$	108,0	...	122,5			
$P_{2005,i}$			100,0	105,5	109,8	117,3

Wieviel Tsd. € der nominellen Umsatzsteigerung von 2002 bis 2008 sind auf die Inflation, wieviel Tsd. € auf die mengenmäßige Mehrleistung zurückzuführen?

Lösung 2.3-A5: Preisbereinigung (Deflationierung)

Der Umsatz der Tankstelle ist im Betrachtungszeitraum 2002 bis 2008 nominell um 760 - 500 = 260 Tsd. € gestiegen. Verantwortlich dafür waren Mengen- und Preisveränderungen. Um den jeweiligen Einfluss der beiden Komponenten herauszufiltern, muss der Umsatz des Jahres 2008 zu Preisen von 2002 ermittelt werden, d.h. eine Deflationierung ist vorzunehmen. Für die Deflationierung ist zunächst die Preisveränderung von 2002 bis 2008 zu ermitteln. Dies geschieht mit Hilfe der Verknüpfung (Schritt 1) und der Umbasierung (Schritt 2).

Schritt 1: Verknüpfung (Fortführung der alten Indexzahlenreihe)
Es ist der Preisindex für 2008 zur Basis 2000 zu berechnen.

$$P_{00,08} = P_{05,08} \cdot \frac{P_{00,05}}{100} = 117,3 \cdot \frac{122,5}{100} = 143,7$$

Die Preise sind von 2000 bis 2008 durchschnittlich um 43,7 % gestiegen.

Schritt 2: Umbasierung
Es ist der Preisindex für 2008 zur Basis 2002 zu berechnen.

$$P_{02,08} = \frac{P_{00,08}}{P_{00,02}} \cdot 100 = \frac{143,7}{108,0} \cdot 100 = 133,1$$

Die Preise sind von 2002 bis 2008 durchschnittlich um 33,1 % gestiegen.

2.3 Indexzahlen

Schritt 3: Preisbereinigung

Der Umsatz des Jahres 2008 beträgt nominell 760 Tsd. €. Um den Umsatz real, d.h. zu Preisen von 2002 zu berechnen, ist der nominelle Umsatz um die Preissteigerung des Zeitraumes 2002 bis 2008 in Höhe von 33,1 % zu bereinigen. Dazu ist der nominelle Umsatz durch den unter Schritt 2 ermittelten Preisindex zu dividieren und das Ergebnis mit 100 zu multiplizieren.

$$\text{Realer Umsatz 2008} = \frac{\text{Nomineller Umsatz 2008}}{P_{02,08}} \cdot 100 = \frac{760}{133,1} \cdot 100$$

$$= 571,0 \text{ Tsd. €}$$

Der Umsatz des Jahres 2008 beträgt zu Preisen des Jahres 2002 571,0 Tsd. €.

Schritt 4: Analyse der nominellen Umsatzsteigerung

Der Teil der nominellen Umsatzsteigerung, der inflationsbedingt ist, ergibt sich aus der Differenz des nominellen Umsatzes und des realen Umsatzes.

760 - 571 = 189 Tsd. €

Die Inflation in Höhe von 33,1 % hat zu einer Umsatzsteigerung von 189 Tsd. € beigetragen.

Der Teil der nominellen Umsatzsteigerung, der auf die mengenmäßige Mehrleistung zurückzuführen ist, also die reale Umsatzsteigerung, ergibt sich a) aus der Differenz zwischen dem Umsatz 2008 und dem Umsatz 2002, jeweils zu Preisen von 2002 bzw. b) aus der Differenz der nominellen Umsatzsteigerung und der realen Umsatzsteigerung.

a) 571 - 500 = 71 Tsd. €
b) 260 - 189 = 71 Tsd. €

Die mengenmäßige Leistung zu Preisen von 2002 (= reale Umsatzsteigerung) war 2008 um 71 Tsd. € höher als in 2002.

Fehlerquelle bei der Preisbereinigung:
Eine relativ häufige Fehlerquelle bei der vorliegenden Problemstellung ist, dass der zu ermittelnde Preisindex nicht harmonisch auf dem Beobachtungszeitraum abgestimmt wird. Der im Schritt 3 im Nenner einzusetzende Preisindex muss genau auf den vorgegebenen Beobachtungszeitraum (im Beispiel 2002 bis 2008) zugeschnitten sein. Im vorliegenden Beispiel ist folglich der Preisindex für das Berichtsjahr 2008 zum Basisjahr 2002 und nicht - ein häufiger Fehler - der Preisindex 2008 zum ursprünglichen Basisjahr 2000 anzusetzen.

Aufgabe 2.3-A6: Kaufkraftparität (Verbrauchergeldparität)

Anhand eines stark vereinfachten Warenkorbes von vier Gütern ist ein Kaufkraftvergleich zwischen Deutschland und der Schweiz vorzunehmen. Die Preise (in € bzw. sfr) und Mengen der Güter sind nachstehend angegeben.

Gut	Deutschland		Schweiz	
	Preis	Menge	Preis	Menge
A	11	20	26	20
B	13	80	21	70
C	12	100	18	110
D	13	50	30	60

a) Wie haben sich die Lebenshaltungskosten für einen Deutschen in der Schweiz bei gleichen Verbrauchsgewohnheiten verändert (Valutaparität 1 € = 1,368 sfr; Stand: 31.03.2010)? Wie hoch ist sein Kaufkraftgewinn/-verlust?

b) Führen Sie die Berechnung für einen Schweizer durch, der in der BRD nach seinen Verbrauchsgewohnheiten lebt! (Valutaparität: 1 sfr = 0,664 €)

Lösung 2.3-A6: Kaufkraftparität (Verbrauchergeldparität)

a) Deutscher Warenkorb

Zur Berechnung der Kaufkraftparität sind die Mengen des deutschen Warenkorbes zum einen mit den schweizerischen Preisen und zum anderen mit den deutschen Preisen zu bewerten und anschließend gegenüberzustellen. Im Unterschied zu den bisherigen Aufgaben zur Indexlehre wird jetzt ein interregionaler und nicht ein intertemporaler Preisvergleich durchgeführt. Bei den Berechnungen werden die Zeitangaben daher durch Regionalangaben ersetzt.

$$P_{D,S} = \frac{\sum p_S \cdot q_D}{\sum p_D \cdot q_D} = \frac{26 \cdot 20 + 21 \cdot 80 + 18 \cdot 100 + 30 \cdot 50}{11 \cdot 20 + 13 \cdot 80 + 12 \cdot 100 + 13 \cdot 50}$$

$$= \frac{5.500}{3.110} \frac{\text{sfr}}{\text{Euro}} = 1,768 \frac{\text{sfr}}{\text{Euro}}$$

$$1 \text{ €} \triangleq 1,768 \text{ sfr} \quad \text{bzw.} \quad 1 \text{ sfr} \triangleq 0,566 \text{ €}$$

Für 1 sfr (1,768 sfr) erhält man in der Schweiz die gleiche Menge wie in Deutschland für 0,566 € (1 €). 1 sfr ist kaufgleich 0,566 € (1 € ≙ 1,768 sfr).

2.3 Indexzahlen

Wegen der unterschiedlichen Währungen ist in den Kaufkraftvergleich die Valutaparität einzubeziehen:

$1 \; € \; \hat{=} \; 1{,}368 \; \text{sfr}$ bzw. $1 \; \text{sfr} \; \hat{=} \; 0{,}731 \; €$

Der deutsche Warenkorb kostet in der Schweiz in € ausgedrückt:

$\sum p_S \cdot q_D \cdot 0{,}731 = 5.500 \cdot 0{,}731 = 4.020{,}50 \; €$

Der Deutsche lebt in der Schweiz um 4.020,50 - 3.110,00 = 910,50 € teurer, d.h. er muss 29,3 % (910,50 gemessen an 3.110,00) mehr ausgeben.

Anders ausgedrückt: In der BRD würde er um 910,50 € billiger leben. Der Kaufkraftverlust des Deutschen in der Schweiz beträgt damit 22,6 % (910,50 gemessen an 4.020,50).
Die Kaufkraft eines € beträgt in der Schweiz damit nur 1 - 0,226 = 0,774 €. D.h. in der Schweiz erhält man für 1€ Waren im Gegenwert von nur 0,774 €.

Fehlerquelle:
Verwechslung von Teuerungsrate (hier: 29,3 %) und Verlustrate (hier: 22,6 %).

b) Schweizer Warenkorb

Zur Berechnung der Kaufkraftparität sind die Mengen des schweizerischen Warenkorbes zum einen mit den deutschen Preisen und zum anderen mit den schweizerischen Preisen zu bewerten und anschließend gegenüberzustellen.

$$P_{S,D} = \frac{\sum p_D \cdot q_S}{\sum p_S \cdot q_S} = \frac{11 \cdot 20 + 13 \cdot 70 + 12 \cdot 110 + 13 \cdot 60}{26 \cdot 20 + 21 \cdot 70 + 18 \cdot 110 + 30 \cdot 60}$$

$= \frac{3.230}{5.770} \; \frac{\text{Euro}}{\text{sfr}} = 0{,}560 \; \frac{\text{Euro}}{\text{sfr}}$, d.h.: $1 \; \text{sfr} \; \hat{=} \; 0{,}560 \; €$ bzw. $1 \; € \; \hat{=} \; 1{,}786 \; \text{sfr}$

Für 1 € (0,560 €) erhält man in der BRD die gleiche Menge wie in der Schweiz für 1,786 sfr (1 sfr). 1 € ist kaufgleich 1,786 sfr (1 sfr = 0,560 €).

Der schweizerische Warenkorb kostet in der BRD in sfr ausgedrückt:

$\sum p_D \cdot q_S \cdot 1{,}506 = 3.230 \cdot 1{,}506 = 4.864{,}38 \; \text{sfr}$

Der Schweizer lebt in der BRD um 5.770 - 4.864,38 = 905,62 sfr bzw. um 15,7% (905,62 gemessen an 5.770) billiger. - In der Schweiz würde er um 905,62 sfr teurer leben. Der Kaufkraftgewinn des Schweizers in der BRD beträgt 18,6 % (905,62 gemessen an 4.864,38). Die Kaufkraft eines sfr in der BRD beträgt damit 1,186 sfr, d.h. in der BRD erhält er für 1sfr Waren im Gegenwert von 1,186 sfr.

Aufgabe 2.3-A7: Durchschnittlicher Bruttostundenverdienst

In der nachstehenden Tabelle ist der Index der durchschnittlich bezahlten Wochenstunden für Männer und Frauen (2005 = 100) in der BRD für die Jahre 2006, 2007 und 2008 wiedergegeben (Abkürzung hier: IdWS):

Jahr	2006	2007	2008
Männer	100,3	100,3	100,4
Frauen	100,2	100,3	100,4

In der nächsten Tabelle ist der Index der durchschnittlichen Bruttowochenverdienste für Männer und Frauen (2005 = 100) in der BRD für die Jahre 2006, 2007 und 2008 wiedergegeben (Abkürzung hier: IdBWV):

Jahr	2006	2007	2008
Männer	101,2	103,0	106,5
Frauen	100,6	101,6	105,6

Berechnen Sie den Index der durchschnittlichen Bruttostundenverdienste für Männer und für Frauen (2005 = 100) in der BRD für die Jahre 2006, 2007 und 2008 (Abkürzung hier: IdBSV)! Werten Sie die Ergebnisse aus!

Lösung 2.3-A7: Durchschnittlicher Bruttostundenverdienst

Um den Index der durchschnittlichen Bruttostundenverdienste (Preisindex) zu ermitteln, ist der Index der durchschnittlichen Bruttowochenverdienste (Umsatzindex) durch den entsprechenden Index der durchschnittlich bezahlten Wochenstunden (Mengenindex) zu dividieren und dann mit 100 zu multiplizieren.

$$\text{IdBSV}_{05,i} = \frac{\text{IdBWV}_{05,i}}{\text{IdWS}_{05,i}} \cdot 100$$

Berichtsjahr	Männer	Frauen
2006	$\frac{101,2}{100,3} \cdot 100 = 100,9$	$\frac{100,6}{100,2} \cdot 100 = 100,4$
2007	$\frac{103,0}{100,3} \cdot 100 = 102,7$	$\frac{101,6}{100,3} \cdot 100 = 101,3$
2008	$\frac{106,5}{100,4} \cdot 100 = 106,1$	$\frac{105,6}{100,4} \cdot 100 = 105,2$

2.3 Indexzahlen

Der durchschnittliche Bruttostundenverdienst ist von 2006 bis 2008 bei den Männern um durchschnittlich 5,1 % (106,1/100,9) gestiegen und damit etwas stärker als bei den Frauen, die eine durchschnittliche Steigerung von 4,8 % (105,2/100,4) aufweisen.

Aufgabe 2.3-A8: Rentnerhaushalte

Der Preisindex für die Lebenshaltung von 2 Personen-Rentnerhaushalten mit geringem Einkommen betrug im Januar 1998 und im Dezember 2002 für das frühere Bundesgebiet 104,7 bzw. 111,2 und für die Neuen Länder und Ost-Berlin 105,5 bzw. 111,0 (in 2002 war die letztmalige Ermittlung dieses Preisindexes).
a) Berechnen Sie den durchschnittlichen Preisanstieg im Beobachtungszeitraum für "West" und "Ost"!
b) Berechnen Sie für "West" und "Ost" den Kaufkraftverlust einer Geldeinheit!

Lösung 2.3-A8: Rentnerhaushalte

a) West: $\dfrac{111,2}{104,7} \cdot 100 = 106,2$; Ost: $\dfrac{111,0}{105,5} \cdot 100 = 105,2$

b) West: $\dfrac{104,7}{111,2} \cdot 100 = 94,2$, d.h. -5,8 %; Ost: $\dfrac{105,5}{111,0} \cdot 100 = 95,0$, d.h. -5,0 %

Aufgabe 2.3-A9: Kleinmaterial

Eine Firma bezieht von einem Lieferanten die Kleinmaterialien A, B, C und D. In der nachstehenden Tabelle sind die Preise (in €) und die bezogenen Mengen für die Jahre 1, 2 und 3 angegeben.

Gut	Jahr 1		Jahr 2		Jahr 3	
	Preis	Menge	Preis	Menge	Preis	Menge
A	50	12	48	14	55	13
B	12	20	13	18	15	19
C	25	40	28	45	30	42
D	4	90	4	95	5	100

a) Berechnen Sie die Preisindizes nach Laspeyres zum Basisjahr 1!
b) Berechnen Sie die Mengenindizes nach Laspeyres zum Basisjahr 1!
c) Berechnen Sie die Preisindizes nach Paasche zum Basisjahr 1!
d) Berechnen Sie die Mengenindizes nach Paasche zum Basisjahr 1!

e) Berechnen Sie die Umsatzindizes zum Basisjahr 1!

f) Um wie viel Prozent lagen die Preise im Berichtsjahr 3 durchschnittlich über denen des Berichtsjahres 2? Verwenden Sie die Preisindizes aus Lösung a)!

g) Berechnen Sie den Preisindex nach Laspeyres für das Berichtsjahr 3 zum Basisjahr 2! Warum weicht das Ergebnis von dem unter f) ab?

h) Um wie viel Prozent lag der Mengenverbrauch im Berichtsjahr 3 durchschnittlich unter dem Mengenverbrauch des Berichtsjahres 2? Verwenden Sie die Mengenindizes aus Lösung b)!

Lösung 2.3-A9: Kleinmaterial

a) 100,0; 105,3; 118,6   b) 100,0; 110,0; 105,8   c) 100,0; 105,2; 118,6
d) 100,0; 109,9; 105,7   e) 100,0; 115,7; 125,5   f) +12,6 %
g) +12,5 %. Unter f) gilt der Warenkorb aus 1, unter g) der Warenkorb aus 2.
h) -3,8 %

Aufgabe 2.3-A10: Geschäftsreise nach Oslo

Ein leitender Angestellter aus Regensburg macht eine dreiwöchige Geschäftsreise nach Oslo. Seine Verbrauchsgewohnheiten lassen sich durch die - zur Vereinfachung nur - vier Güter A bis D repräsentativ darstellen. In der nachstehenden Tabelle sind für diese Güter die Regensburger Mengen und die Preise in Regensburg (in €) und in Oslo (in nkr) angegeben.

Gut	Menge	Preis	
		Regensburg	Oslo
A	15	10	103
B	20	15	140
C	5	19	160
D	30	8	85

Wie hoch ist der Kaufkraftgewinn/-verlust für den leitenden Angestellten, wenn der Wechselkurs (Valutaparität) 1 € = 7,63 nkr (Stand: 31.03.2010) beträgt!

Lösung 2.3-A10: Geschäftsreise nach Oslo

Schritt 1: Kosten des Warenkorbes R in Regensburg 785 €, in Oslo 7.695 nkr

Schritt 2: Kaufkraftparität: $\dfrac{7.695 \text{ (nkr)}}{785 \text{ (Euro)}} = 9{,}803$ nkr/€

2.3 Indexzahlen

d.h.: 1 € = 9,803 nkr bzw. 1 nkr = 0,102 €

Schritt 3: Kosten des Regensburger Warenkorbes in Oslo in € ausgedrückt:

$7.695 \cdot \frac{1}{7,63} = 1.008,52$ €

Schritt 4: Verteuerung

Der Deutsche lebt in Oslo um 1.008,52 - 785 = 223,52 € bzw. um 28,5 % teurer.

Schritt 5: Kaufkraftverlust

In der BRD würde er um um 223,52 € billiger leben. Der Kaufkraftverlust des Deutschen beträgt damit in Oslo 22,2 % (223,52 gemessen an 1.008,52). Die Kaufkraft 1 € in Oslo beträgt damit nur 0,778 €. D.h. in Oslo erhält er für 1 € Waren im Gegenwert von nur 0,778 €.

Aufgabe 2.3-A11: Umsatzanalyse

In der nachstehenden Tabelle finden Sie auszugsweise für den Zeitraum 2002 bis 2009 die Umsatzentwicklung (in Tsd. €) einer Porzellanfabrik sowie den von der Fabrik für ihre Artikel erstellten Index für Erzeugerpreise.

Jahr	2002	2003	2004	2005	....	2009
Umsatz (Tsd. €)	1.500	1.650	1.800	1.900	....	2.550
$P_{00,i}$	104,8	108,2	112,2	110,8		
$P_{05,i}$				100,0	....	111,4

Wie viel Tsd. € der nominellen Umsatzsteigerung von 2002 bis 2008 sind auf die Inflation, wie viel Tsd. € auf die mengenmäßige Mehrleistung zurückzuführen?

Lösung 2.3-A11: Umsatzanalyse

Schritt 1: Preisindex 2009 zur Basis 2000: $P_{00,09} = 111,4 \cdot \frac{110,8}{100} = 123,4$

Schritt 2: Preisindex 2009 zur Basis 2002: $P_{02,09} = \frac{123,4}{104,8} \cdot 100,0 = 117,7$

Schritt 3: Umsatz 2009 zu Preisen von 2002: $\frac{2.550}{117,7} \cdot 100 = 2.167$ Tsd. €

Schritt 4: Umsatzanalyse
- inflationsbedingte Umsatzsteigerung: 2.550 - 2.167 = 383 Tsd. €
- mengenmäßige (reale) Mehrleistung: 2.167 - 1.500 = 667 Tsd. €

Aufgabe 2.3-A12: Versetzung von München nach Cham

Ein Angestellter wurde von München nach Cham im Bayerischen Wald versetzt. Seine Verbrauchsgewohnheiten lassen sich repräsentativ durch die Güter A bis D darstellen. In der nachstehenden Tabelle sind für diese Güter die Mengen und die Preise (in €) in München und in Cham angegeben.

Gut	Menge	Preis	
		München	Cham
A	125	23	20
B	70	25	19
C	40	30	25
D	35	45	42

a) Um wie viel Prozent lebt der Angestellte in Cham billiger/teurer?

b) Wie viel Prozent beträgt der Kaufkraftgewinn/-verlust?

Lösung 2.3-A12: Versetzung von München nach Cham

Schritt 1: Kosten des Warenkorbes in München 7.400 €
Schritt 2: Kosten des Warenkorbes in Cham 6.300 €
Schritt 3: Kostenvergleich

a) Das Leben in Cham ist um 1.100 € bzw. 14,9 % billiger als in München.

b) Kaufkraftgewinn in Cham: 17,5 % (1.100 gemessen an 6.300). Für 1 € erhält der Angestellte in Cham Waren im Gegenwert von 1,175 €.

Aufgabe 2.3-A13: Reales Einkommen

Ein Hochschulabsolvent trat 1985 seine erste Stelle an und erhielt ein Jahresnettoeinkommen von umgerechnet 24.000 €. Im Jahr 2009 erhielt er ein Jahresnettoeinkommen von 58.000 €. Wie groß war - gemessen an 1985 - sein reales Jahresnettoeinkommen im Jahr 2009? Welcher Teil des nominellen Einkommenszuwachses stellt einen realen Zuwachs dar, welcher Teil ist inflationsbedingt?

Verwenden Sie die nachstehend angegebenen Verbraucherpreisindizes für Deutschland (Preisindex für die Lebenshaltung) als Maßstab für die Verteuerung der persönlichen Lebenshaltung des Hochschulabsolventen.

2.3 Indexzahlen

Basisjahr \ Berichtsjahr	1991	1995	2000	2005	2009
1985	110,7				
1991	100,0	112,5			
1995		100,0	106,9		
2000			100,0	108,3	
2005				100,0	107,0

Lösung 2.3-A13: Reales Einkommen

Schritt 1: Preisindex für 2009 zur Basis 1985

$$P_{85,09} = 110,7 \cdot 1,125 \cdot 1,069 \cdot 1,083 \cdot 1,070 = 154,3$$

Schritt 2: reales Nettoeinkommen

$$\frac{58.000}{154,3} \cdot 100 = 37.589 \text{ €}$$

Schritt 3: Analyse des Einkommenszuwachses
 - nomineller Zuwachs: 58.000 - 24.000 = 34.000 €
 - realer Zuwachs: 37.589 - 24.000 = 13.589 €
 - inflationsbedingter Zuwachs: 58.000 - 37.589 = 20.411 €

Aufgabe 2.3-A14: Indexanstieg

Ermitteln Sie rechnerisch, wie der Umsatzindex reagiert, wenn für alle Güter in der Berichtsperiode die Preise um 5 % und die Mengen um 10 % gegenüber der Basisperiode gestiegen sind.

Lösung 2.3-A14: Indexanstieg

$$P_{0,i} = \frac{\sum p_i q_i}{\sum p_0 q_0} \cdot 100$$

mit $p_i = 1,05 \cdot p_0$ und $q_i = 1,10 \cdot q_0$ ergibt sich

$$P_{0,i} = \frac{\sum 1,05 \cdot p_0 \cdot 1,10 \cdot q_0}{\sum p_0 q_0} \cdot 100 = 1,05 \cdot 1,10 \cdot \frac{\sum p_0 q_0}{\sum p_0 q_0} \cdot 100 = 1,155$$

d.h. der Umsatzindex ist um 15,5 % gegenüber der Basisperiode gestiegen.

2.4 Zeitreihenanalyse

Wesentliche Aufgabe der Zeitreihenanalyse ist es, die Struktur und die Gesetzmäßigkeiten einer Zeitreihe zu erkennen. Die Kenntnis der Struktur und der Gesetzmäßigkeiten einer Zeitreihe ist notwendig, um die Entwicklung einer Zeitreihe richtig einschätzen und beurteilen zu können und um eine Zeitreihe qualifiziert fortschreiben zu können.

Zum Erkennen der Struktur und der Gesetzmäßigkeiten einer Zeitreihe müssen die Einflussgrößen bzw. Komponenten, die auf die Zeitreihenwerte einwirken, identifiziert und in ihrem Zusammenwirken erkannt werden.

Die folgenden Übungsaufgaben befassen sich mit den Bereichen

> Methoden zur Trendermittlung
> Methode der gleitenden Durchschnitte
> Methode der kleinsten Quadrate
> Ermittlung periodischer Schwankungen
> Prognoseerstellung

Aufgabe 2.4 - A1: Gleitender Durchschnitt

Nachstehend sind die Umsätze y_i (in Mio. €) eines Unternehmens für die Jahre 1 bis 12 wiedergegeben.

x_i	1	2	3	4	5	6	7	8	9	10	11	12
y_i	50	53	55	49	47	52	56	58	59	53	57	54

a) Bestimmen Sie die gleitenden Durchschnitte 3., 5. und 7. Ordnung.
b) Bestimmen Sie den gleitenden Durchschnitt 4. Ordnung.
c) Stellen Sie die Ergebnisse für Aufgabe a) grafisch dar.

Lösung 2.4 - A1: Gleitender Durchschnitt

a) gleitender Durchschnitt 3., 5. und 7. Ordnung

i) 3. Ordnung

Beim gleitenden Durchschnitt 3. Ordnung wird der Durchschnitt aus den Zeitreihenwerten dreier benachbarter Zeiträume ermittelt und dem mittleren dieser Zeiträume zugeordnet.

2.4 Zeitreihenanalyse

$\bar{y}_i$ = gleitender Durchschnitt für den Zeitraum i

| 50 | 53 | 55 | 49 47 52 .... $\bar{y}_2 = \dfrac{50 + 53 + 55}{3} = 52{,}67$

50 | 53 55 49 | 47 52 .... $\bar{y}_3 = \dfrac{53 + 55 + 49}{3} = 52{,}33$

50 53 | 55 49 47 | 52 .... $\bar{y}_4 = \dfrac{55 + 49 + 47}{3} = 50{,}33$

Die gleitenden Durchschnitte für die Jahre 2 bis 11 sind auf S. 58 tabellarisch aufgelistet.

ii) 5. Ordnung

Die Vorgehensweise für die 5. Ordnung ist analog jener für die 3. Ordnung. Der Durchschnitt wird jetzt aus fünf anstatt drei Zeitreihenwerten gebildet.

| 50 53 55 49 47 | 52 56 ....

$$\rightarrow \bar{y}_3 = \dfrac{50 + 53 + 55 + 49 + 56}{5} = 50{,}8$$

50 | 53 55 49 47 52 | 56 ....

$$\rightarrow \bar{y}_4 = \dfrac{53 + 55 + 49 + 47 + 56 + 52}{5} = 51{,}2$$

50 53 | 55 49 47 52 56 | ....

$$\rightarrow \bar{y}_5 = \dfrac{55 + 49 + 47 + 52 + 56}{5} = 51{,}8$$

Die gleitenden Durchschnitte für die Jahre 3 bis 10 sind auf S. 58 tabellarisch aufgelistet.

iii) 7. Ordnung

Die Vorgehensweise für die 7. Ordnung ist analog jener für die 3. und 5. Ordnung. Der Durchschnitt wird jetzt aus sieben Zeitreihenwerten gebildet.

$$\bar{y}_4 = \dfrac{50 + 53 + 55 + 49 + 47 + 52 + 56}{7} = 51{,}71$$

$$\bar{y}_5 = \dfrac{53 + 55 + 49 + 47 + 52 + 56 + 58}{7} = 52{,}86$$

$$\bar{y}_6 = \dfrac{55 + 49 + 47 + 52 + 56 + 58 + 59}{7} = 53{,}71$$

Die gleitenden Durchschnitte für die Jahre 4 bis 9 sind in der nachstehenden Tabelle aufgelistet.

b) 4. Ordnung

Gehen in die Berechnung des gleitenden Durchschnitts 4. Ordnung die Umsätze von vier benachbarten Jahren ein, dann existiert kein mittleres Jahr, dem der Durchschnitt zugeordnet werden kann. Um die Zuordnung zu einem mittleren Jahr zu ermöglichen, werden drei benachbarte Jahre und die vor- und nachgelagerten Halbjahre erfasst. Damit ist das zweite ganz erfasste Jahr der mittlere Zeitraum, dem der Durchschnitt zuzuordnen ist. Die Umsätze der nur zur Hälfte erfassten Jahre gehen jeweils nur zur Hälfte in die Durchschnittsberechnung ein.

$$\bar{y}_3 = \frac{0,5 \cdot 50 + 53 + 55 + 49 + 0,5 \cdot 47}{4} = 51,38$$

$$\bar{y}_4 = \frac{0,5 \cdot 53 + 55 + 49 + 47 + 0,5 \cdot 52}{4} = 50,88$$

$$\bar{y}_5 = \frac{0,5 \cdot 55 + 49 + 47 + 52 + 0,5 \cdot 56}{4} = 50,88$$

Auflistung der gleitenden Durchschnitte 3., 4., 5. und 7. Ordnung:

x_i	y_i	$\bar{y}_i$ als gleitender Durchschnitt k-ter Ordnung			
		k = 3	k = 4	k = 5	k = 7
1	50	-	-	-	-
2	53	52,67	-	-	-
3	55	52,33	51,38	50,80	-
4	49	50,33	50,88	51,20	51,71
5	47	49,33	50,88	51,80	52,86
6	52	51,67	52,12	52,40	53,71
7	56	55,33	54,75	54,40	53,43
8	58	57,67	56,38	55,60	54,75
9	59	56,67	56,62	56,60	55,57
10	53	56,33	56,25	56,20	-
11	57	54,67	-	-	-
12	54	-	-	-	-

2.4 Zeitreihenanalyse

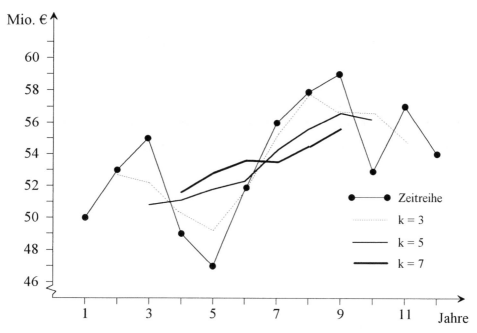

Abb. 2.4-1: Zeitreihe mit Trendlinien nach der Methode der gleitenden Durchschnitte für k = 3, 5 und 7

Aufgabe 2.4 - A2: Methode der kleinsten Quadrate (I)

Für die Zeitreihe unter Aufgabe 2.4-A1 ist der Trend mit der Methode der kleinsten Quadrate zu ermitteln und anschließend grafisch wiederzugeben.

Lösung 2.4 - A2: Methode der kleinsten Quadrate (I)

Schritt 1: Erkennen des Trendverlaufs

Der Trend beschreibt die langfristige Grundrichtung der Zeitreihe. Er darf daher nicht auf kurzfristig wirkende und zufällige Einflüsse reagieren, sondern muss als eine Art Mittellinie glatt durch die Zeitreihenwerte laufen.

Zum Erkennen des Trendverlaufs ist es i.d.R. erforderlich, die Zeitreihe grafisch darzustellen. Die Zeitreihe ist in Abb. 2.4-1 grafisch wiedergegeben. Es ist zu erkennen, dass die Umsätze im Zeitablauf tendenziell zunehmen.

Schritt 2: Festlegung des mathematischen Funktionstyps

Der im Schritt 1 erkannte Trendverlauf ist durch einen mathematischen Funktionstyp zu beschreiben. Als "glatte Mittellinie" kommt hier eine Funktion 1. Grades bzw. ein linearer Trend infrage.

Fehlerquelle:
Auswahl einer Funktion, die den Verlauf der Zeitreihenwerte möglichst exakt nachzeichnet, d.h. möglichst durch die Punkte läuft (z.B. Funktion 4. Grades).

Schritt 3: Numerische Festlegung der Funktionalparameter
Für die Funktion 1. Grades (Trendgerade) sind die Parameter a und b, d.h. der Schnittpunkt mit der Ordinate bzw. das Steigungsmaß, numerisch festzulegen.

Die numerische Festlegung der Parameter für die Trendgerade $\hat{y} = a + bx$ erfolgt mit

$$a = \bar{y} - b\bar{x} \qquad b = \frac{\sum x_i y_i - n\bar{x}\bar{y}}{\sum x_i^2 - n\bar{x}^2}$$

Schritt 3.1: Berechnung des Steigungsmaßes b
Zunächst werden in der nachstehenden Arbeitstabelle die beiden Summenausdrücke, die für die Bestimmung von b benötigt werden, berechnet.

x_i	y_i	$x_i y_i$	x_i^2
1	50	50	1
2	53	106	4
3	55	165	9
4	49	196	16
5	47	235	25
6	52	312	36
7	56	392	49
8	58	464	64
9	59	531	81
10	53	530	100
11	57	627	121
12	54	648	144
78	643	4.256	650

$\sum x_i y_i = 4.256$ (s. Sp. 3); $\qquad \sum x_i^2 = 650$ (s. Sp. 4)

Fehlerquelle (häufig):
Es werden fälschlicherweise $\sum x_i \cdot \sum y_i = 78 \cdot 643$ und/oder $\sum x_i \cdot \sum x_i = 78 \cdot 78$ berechnet.

2.4 Zeitreihenanalyse

$$\bar{x} = \frac{\sum x_i}{n} = \frac{78}{12} = 6,50; \qquad \bar{y} = \frac{\sum y_i}{n} = \frac{643}{12} = 53,58;$$

$$n\bar{x}\bar{y} = 12 \cdot 6,5 \cdot 53,58 = 4.179,24; \quad n\bar{x}^2 = 12 \cdot 6,5 \cdot 6,5 = 507.$$

Steigungsmaß b:

$$b = \frac{\sum x_i y_i - n\bar{x}\bar{y}}{\sum x_i^2 - n\bar{x}^2} = \frac{4.256 - 4.179,24}{650 - 507} = \frac{76,76}{143} = 0,537$$

Schritt 3.2: Berechnung des Schnittpunktes mit der Ordinate a:

$$a = \bar{y} - b\bar{x} = 53,58 - 0,537 \cdot 6,5 = 50,090$$

Schritt 3.3: Aufstellung der Trendgeraden:

$$\hat{y} = 0,537x + 50,090$$

In Abb. 2.4-2 sind Zeitreihe und Trend grafisch wiedergegeben:

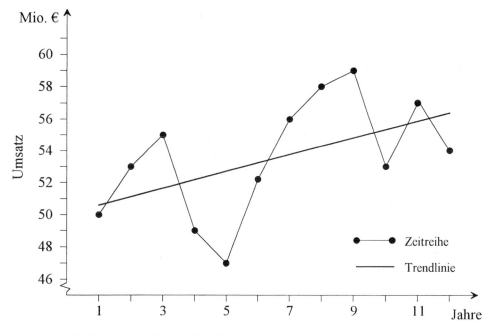

Abb. 2.4-2: Zeitreihe mit Trendlinie nach der Methode der kleinsten Quadrate

Aufgabe 2.4 - A3: Methode der kleinsten Quadrate (II)

Der Absatz eines Übungsbuches hat sich in den letzten acht Monaten wie folgt entwickelt:

Monat x_i	1	2	3	4	5	6	7	8
Absatz y_i	50	64	71	81	112	125	144	183

Beschreiben Sie den Trend mit Hilfe der Methode der kleinsten Quadrate!

Lösung 2.4 - A3: Methode der kleinsten Quadrate (II)

Schritt 1: Erkennen des Trendverlaufs

Die Zeitreihe ist in Abb. 2.4-3 (S. 64) grafisch wiedergegeben. Es ist zu erkennen, dass der Absatz in den 8 Monaten progressiv zugenommen hat.

Schritt 2: Festlegung des mathematischen Funktionstyps

Als "glatte Mittellinie" kommt hier eine Exponentialfunktion infrage. (Ebenso ist eine Funktion 2. Grades zur Beschreibung des Trends möglich.)

$$\hat{y} = a \cdot b^x \quad \text{(mit } a > 0 \text{ und } b > 0\text{)}$$

Schritt 3: Numerische Festlegung der Funktionalparameter

Für die Exponentialfunktion sind die beiden Parameter a und b numerisch festzulegen.

Schritt 3.1: "Linearisierung" der Exponentialfunktion

Die Exponentialfunktion ist auf dem Wege der Logarithmierung in die lineare Form

$$\ln \hat{y} = \ln a + x \cdot \ln b$$

zu transformieren.

Die numerische Festlegung der Parameter a und b für die Trendgerade erfolgt mit

$$\ln a = \frac{\sum \ln y_i}{n} - \ln b \cdot \bar{x}$$

$$\ln b = \frac{\sum x_i \cdot \ln y_i - n \cdot \bar{x} \cdot \frac{\sum \ln y_i}{n}}{\sum x_i^2 - n\bar{x}^2}$$

2.4 Zeitreihenanalyse

Schritt 3.2: Berechnung der Funktionalparameter ln a und ln b

Zunächst werden in der nachstehenden Arbeitstabelle die Summenausdrücke, die für die Bestimmung von a und b benötigt werden, berechnet.

x_i	y_i	$\ln y_i$	$x_i \cdot \ln y_i$	x_i^2
1	50	3,9120	3,9120	1
2	64	4,1589	8,3178	4
3	71	4,2627	12,7880	9
4	81	4,3944	17,5778	16
5	112	4,7185	23,5925	25
6	125	4,8283	28,9699	36
7	144	4,9698	34,7887	49
8	183	5,2095	41,6759	64
36		36,4541	171,6226	204

$$\bar{x} = \frac{36}{8} = 4,5; \qquad \frac{\sum \ln y_i}{n} = \frac{36,4541}{8} = 4,5568;$$

$$\sum x_i \cdot \ln y_i = 171,6226; \qquad n \cdot \bar{x} \cdot \frac{\sum \ln y_i}{n} = 8 \cdot 4,5 \cdot 4,5568 = 164,0448;$$

$$\sum x_i^2 = 204; \qquad n \cdot \bar{x}^2 = 8 \cdot 4,5^2 = 162.$$

Damit errechnen sich:

$$\ln b = \frac{171,6226 - 164,0448}{204 - 162} = \frac{7,5778}{42} = 0,1804$$

$$\ln a = 4,5568 - 0,1804 \cdot 4,5 = 3,745$$

Schritt 3.3: Berechnung der Funktionalparameter a und b (Delogarithmierung)

b = 1,1977; a = 42,3090

Damit lautet die Trendfunktion:

$$\hat{y} = 42,3090 \cdot 1,1977^x$$

Der Funktionalparameter 1,1977 besagt, dass der Absatz eines Monats durchschnittlich das 1,1977-fache des Vormonatsabsatzes betragen hat, d.h. der Absatz ist von Monat zu Monat um durchschnittlich 19,77 % gestiegen.

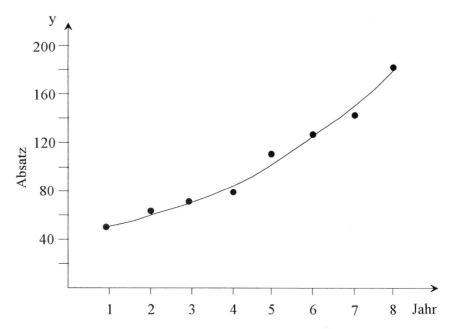

Abb. 2.4-3: Zeitreihenwerte mit Exponentialfunktion als Trendfunktion

Aufgabe 2.4 - A4: Periodische Schwankungen (I)

In der nachstehenden Tabelle sind die Quartalsumsätze (in Tsd. €) eines Artikels für die letzten drei Jahre wiedergegeben.

Quartal x_i	1	2	3	4	5	6	7	8	9	10	11	12
Umsatz y_i	5	1	4	11	13,7	9,5	12,6	19,7	22	18	21	28

a) Ermitteln Sie den Trend mit Hilfe der Methode der kleinsten Quadrate!
b) Berechnen Sie die Trend-Umsätze!
c) Berechnen Sie die additiven und multiplikativen Schwankungskomponenten!
d) Stellen Sie die Verknüpfungsform von Trend und periodischer Schwankung fest und berechnen Sie die Saisonnormalen!

Lösung 2.4 - A4: Periodische Schwankungen (I)

a) Trendermittlung

Schritt 1: Erkennen des Trendverlaufs

Die Zeitreihe ist in Abb. 2.4-4 grafisch wiedergegeben. Es ist zu erkennen, dass der Umsatz in den 12 Quartalen tendenziell gestiegen ist.

2.4 Zeitreihenanalyse

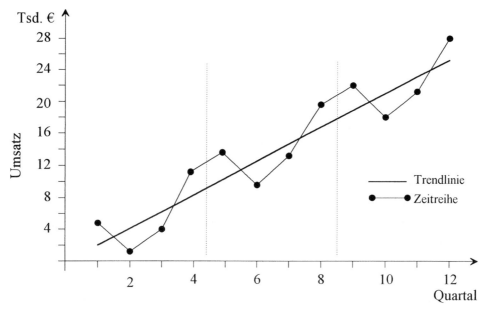

Abb. 2.4-4: Zeitreihe mit Trendlinie nach der Methode der kleinsten Quadrate

Schritt 2: Festlegung des mathematischen Funktionstyps

Als "glatte Mittellinie" kommt hier eine Funktion 1. Grades infrage.

Schritt 3: Numerische Festlegung der Funktionalparameter

Die Festlegung der Parameter der Trendgeraden $\hat{y} = a + bx$ erfolgt mit

$$a = \bar{y} - b\bar{x} \qquad b = \frac{\sum x_i y_i - n\bar{x}\bar{y}}{\sum x_i^2 - n\bar{x}^2}$$

Schritt 3.1: Berechnung des Steigungsmaßes b

$\sum x_i y_i = 1.379,3$ (s. Sp. 3); $\qquad \sum x_i^2 = 650$ (s. Sp. 4);

$$\bar{x} = \frac{\sum x_i}{n} = \frac{78}{12} = 6,50; \; \bar{y} = \frac{\sum y_i}{n} = \frac{165,5}{12} = 13,79;$$

$n\bar{x}\bar{y} = 12 \cdot 6,5 \cdot 13,79 = 1.075,62; \quad n\bar{x}^2 = 12 \cdot 6,5 \cdot 6,5 = 507.$

$$b = \frac{\sum x_i y_i - n\bar{x}\bar{y}}{\sum x_i^2 - n\bar{x}^2} = \frac{1.379,3 - 1.075,62}{650 - 507} = \frac{303,68}{143} = 2,124$$

Schritt 3.2: Berechnung des Schnittpunktes mit der Ordinate a

$a = \bar{y} - b\bar{x} = 13{,}79 - 2{,}124 \cdot 6{,}5 = -0{,}016$

Schritt 3.3: Aufstellung der Trendgeraden

$\hat{y} = 2{,}124x - 0{,}016$

In Abb. 2.4-4 (s.S. 65) sind Zeitreihe und Trend grafisch wiedergegeben.

b) Trendumsätze

Der Trendumsatz ist der Umsatz, der sich einstellen würde, wenn es keine periodischen und sonstigen Einflüsse gäbe, d.h. wenn allein die Grundrichtung der Umsatzentwicklung entscheidend für den Umsatz wäre. Für die Ermittlung des Trendumsatzes gilt:

$\hat{y}_i = 2{,}124x_i - 0{,}016$

Die Trendumsätze sind in Spalte 5 der Arbeitstabelle wiedergegeben.

(1)	(2)	(3)	(4)	(5)	(6)	(7)
x_i	y_i	$x_i y_i$	x_i^2	$\hat{y}_i$	$S_i^a = y_i - \hat{y}_i$	$S_i^m = \dfrac{y_i}{\hat{y}_i}$
1	5,0	5,0	1	2,11	2,89	2,37
2	1,0	2,0	4	4,23	-3,23	0,24
3	4,0	12,0	9	6,36	-2,36	0,63
4	11,0	44,0	16	8,48	2,52	1,30
5	13,7	68,5	25	10,60	3,10	1,29
6	9,5	57,0	36	12,73	-3,23	0,75
7	12,6	88,2	49	14,85	-2,25	0,85
8	19,7	157,6	64	16,98	2,72	1,16
9	22,0	198,0	81	19,10	2,90	1,15
10	18,0	180,0	100	21,22	-3,22	0,85
11	21,0	231,0	121	23,35	-2,35	0,90
12	28,0	336,0	144	25,47	2,53	1,10
78	165,5	1379,3	650			

c) Schwankungskomponente

Die Schwankungskomponente beschreibt die Abweichung des beobachteten Umsatzes vom Trendumsatz. Die Schwankungskomponente beschreibt also, wie die periodische Schwankung und die Restkomponente auf den Umsatz einwirken. Sie wird nachstehend absolut als auch relativ gemessen.

Die additive Schwankungskomponente misst den Einfluss von periodischer Schwankung und Restkomponente als Differenz zwischen Umsatz und Trendumsatz.

$$S_i^a = y_i - \hat{y}_i$$

Die multiplikative Schwankungskomponente misst den Einfluss von periodischer Schwankung und Restkomponente als Quotient aus Umsatz und Trendumsatz.

$$S_i^m = \frac{y_i}{\hat{y}_i}$$

Die additiven und multiplikativen Schwankungskomponenten sind in Spalte 6 bzw. Spalte 7 der Arbeitstabelle (s.S. 66) wiedergegeben.

Die additive Schwankungskomponente des z.B. 4. Quartals besagt, dass der tatsächliche Umsatz im 4. Quartal 2,52 Tsd. € über dem Trendumsatz gelegen ist, die des 6. Quartals besagt, dass der tatsächliche Umsatz im 6. Quartal 3,23 Tsd. € unter dem Trendumsatz gelegen ist.

Die multiplikative Schwankungskomponente des z.B. 4. Quartals besagt, dass der tatsächliche Umsatz im 4. Quartal 30 % über dem Trendumsatz gelegen ist, die des 6. Quartals besagt, dass der tatsächliche Umsatz im 6. Quartal 25 % unter dem Trendumsatz gelegen ist.

d) Trend und periodische Schwankung

Analysiert man die Schwankungskomponenten gleicher Phasenabschnitte, d.h. zum Beispiel nur die der I. Quartale, dann ist zu erkennen, dass die additive Schwankungskomponente in jeweils entsprechenden Quartalen annähernd gleich groß (z.B. I. Quartale: 2,89; 3,10; 2,90) ist, während die multiplikative Schwankungskomponente im Zeitablauf zunimmt oder abnimmt (z.B. I. Quartale: 2,37; 1,29; 1,15). Die weitgehende Stabilität der additiven Schwankungskomponente spricht dafür, dass in entsprechenden Quartalen der Einfluss der periodischen Schwankung additiver Art ist.

Unterstellt man, dass der Einfluss der Restkomponente zufällig ist, dann ist der Einfluss im Durchschnitt Null. Der Einfluss der periodischen Schwankung kann daher annähernd festgestellt werden, wenn man die Schwankungskomponenten gleicher Quartale addiert und mittelt. Die periodische Schwankung wird auch als Saisonnormale bezeichnet.

Saisonnormale SN des I. Quartals: $SN_I^a = \dfrac{2,89 + 3,10 + 2,90}{3} = 2,96$

Der Wert 2,96 besagt, dass der Umsatz in den I. Quartalen durchschnittlich 2,96 Tsd. € über dem Trendumsatz liegt, d.h. vom I. Quartal gehen günstige Einflüsse auf den Umsatz aus.

Die Saisonnormalen der anderen Quartale lauten:

$SN_{II}^a = -3,23$ Tsd. €; $SN_{III}^a = -2,32$ Tsd. €; $SN_{IV}^a = 2,59$ Tsd. €

Der Umsatz des z.B. 4. Quartals 11,0 Tsd. € lässt sich damit wie folgt zerlegen:
- Trendumsatz: 8,48 Tsd. € (s. Arbeitstabelle, S. 66)
- Saisonnormale: 2,59 Tsd. €
- Restkomponente: - 0,07 Tsd. € (11,0 - 8,48 - 2,59)

Aufgabe 2.4 - A5: Periodische Schwankungen (II)

In der nachstehenden Tabelle sind die Quartalsumsätze (in Tsd. €) eines Artikels für die letzten drei Jahre wiedergegeben.

Quartal x_i	1	2	3	4	5	6	7	8	9	10	11	12
Umsatz y_i	13,5	9,7	19,8	16,8	26,6	17,0	33,6	27,0	40,0	26,0	47,0	36,3

a) Ermitteln Sie den Trend mit Hilfe der Methode der kleinsten Quadrate!
b) Berechnen Sie die Trend-Umsätze!
c) Berechnen Sie die additiven und multiplikativen Schwankungskomponenten!
d) Stellen Sie die Verknüpfungsform von Trend und periodischer Schwankung fest und berechnen Sie die Saisonnormalen!
e) Ermitteln Sie, für welche Umsatzbestandteile Trend, periodische Schwankung und Restkomponente im Quartal 9 verantwortlich sind!

Lösung 2.4 - A5: Periodische Schwankungen (II)

a) Trendermittlung

Schritt 1: Erkennen des Trendverlaufs

Die Zeitreihe ist in Abb. 2.4-5 grafisch wiedergegeben. Es ist zu erkennen, dass der Umsatz in den 12 Quartalen tendenziell gestiegen ist.

2.4 Zeitreihenanalyse

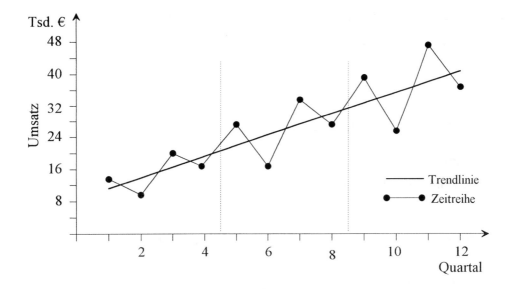

Abb. 2.4-5: Zeitreihe mit Trendlinie nach der Methode der kleinsten Quadrate

Schritt 2: Festlegung des mathematischen Funktionstyps

Als "glatte Mittellinie" kommt hier eine Funktion 1. Grades infrage.

Schritt 3: Numerische Festlegung der Funktionalparameter

Die Festlegung der Parameter der Trendgeraden $\hat{y} = a + bx$ erfolgt mit

$$a = \bar{y} - b\bar{x} \qquad b = \frac{\sum x_i y_i - n\bar{x}\bar{y}}{\sum x_i^2 - n\bar{x}^2}$$

Schritt 3.1: Berechnung des Steigungsmaßes b

$\sum x_i y_i = 2.418,3$ (s. Sp. 3); $\qquad \sum x_i^2 = 650$ (s. Sp. 4);

$\bar{x} = \frac{\sum x_i}{n} = \frac{78}{12} = 6,50;$ $\qquad \bar{y} = \frac{\sum y_i}{n} = \frac{313,3}{12} = 26,11;$

$n\bar{x}\bar{y} = 12 \cdot 6,5 \cdot 26,11 = 2.036,58;$ $\quad n\bar{x}^2 = 12 \cdot 6,5 \cdot 6,5 = 507.$

$$b = \frac{\sum x_i y_i - n\bar{x}\bar{y}}{\sum x_i^2 - n\bar{x}^2} = \frac{2.418,3 - 2.036,58}{650 - 507} = \frac{381,72}{143} = 2,669$$

Schritt 3.2: Berechnung des Schnittpunktes mit der Ordinate a

$$a = \bar{y} - b\bar{x} = 26,11 - 2,669 \cdot 6,5 = 8,762$$

Schritt 3.3: Aufstellung der Trendgeraden

$$\hat{y} = 2,669x + 8,762$$

In Abb. 2.4-5 (S. 69) sind Zeitreihe und Trend grafisch wiedergegeben.

b) Trendumsätze

Für die Ermittlung des Trendumsatzes gilt:

$$\hat{y}_i = 2,669x_i + 8,762$$

Die Trendumsätze sind in Spalte 5 der Arbeitstabelle wiedergegeben.

(1)	(2)	(3)	(4)	(5)	(6)	(7)
x_i	y_i	$x_i y_i$	x_i^2	$\hat{y}_i$	$S_i^a = y_i - \hat{y}_i$	$S_i^m = \dfrac{y_i}{\hat{y}_i}$
1	13,5	13,5	1	11,43	2,07	1,18
2	9,7	19,4	4	14,10	-4,40	0,69
3	19,8	59,4	9	16,77	3,03	1,18
4	16,8	67,2	16	19,44	-2,64	0,86
5	26,6	133,0	25	22,11	4,49	1,20
6	17,0	102,0	36	24,78	-7,78	0,69
7	33,6	235,2	49	27,45	6,15	1,22
8	27,0	216,0	64	30,11	-3,11	0,90
9	40,0	360,0	81	32,78	7,22	1,22
10	26,0	260,0	100	35,45	-9,45	0,73
11	47,0	517,0	121	38,12	8,88	1,23
12	36,3	435,6	144	40,79	-4,49	0,89
78	313,3	2418,3	650			

c) Schwankungskomponente

Die additive Schwankungskomponente misst den Einfluss von periodischer Schwankung und Restkomponente als Differenz zwischen Umsatz und Trendumsatz.

$$S_i^a = y_i - \hat{y}_i$$

Die multiplikative Schwankungskomponente misst den Einfluss von periodischer Schwankung und Restkomponente als Quotient aus Umsatz und Trendumsatz.

$$S_i^m = \frac{y_i}{\hat{y}_i}$$

Die additiven und multiplikativen Schwankungskomponenten sind in Spalte 6 bzw. Spalte 7 der Arbeitstabelle wiedergegeben.

Die additive Schwankungskomponente des z.B. 3. Quartals besagt, dass der tatsächliche Umsatz im 3. Quartal 3,03 Tsd. € über dem Trendumsatz gelegen ist, die des 4. Quartals besagt, dass der tatsächliche Umsatz im 4. Quartal 2,64 Tsd. € unter dem Trendumsatz gelegen ist.

Die multiplikative Schwankungskomponente des z.B. 3. Quartals besagt, dass der tatsächliche Umsatz im 3. Quartal 18 % über dem Trendumsatz gelegen ist, die des 4. Quartals besagt, dass der tatsächliche Umsatz im 4. Quartal 14 % unter dem Trendumsatz gelegen ist.

d) und e) Trend und periodische Schwankung

Analysiert man die Schwankungskomponenten gleicher Phasenabschnitte, d.h. zum Beispiel nur die der I. Quartale, dann ist zu erkennen, dass die multiplikative Schwankungskomponente in jeweils entsprechenden Quartalen annähernd gleich groß (z.B. I. Quartale: 1,18; 1,20; 1,22) ist, während die additive Schwankungskomponente im Zeitablauf deutlich zunimmt (z.B. I. Quartale: 2,07; 4,49; 7,22) oder abnimmt. Die weitgehende Stabilität der multiplikativen Schwankungskomponente spricht dafür, dass in entsprechenden Quartalen der Einfluss der periodischen Schwankung multiplikativer Art ist.

Saisonnormale SN des I. Quartals: $SN_I^m = \dfrac{1,18 + 1,20 + 1,22}{3} = 1,20$

Der Wert 1,20 besagt, dass der Umsatz in den I. Quartalen durchschnittlich 20 % über dem Trendumsatz liegt, d.h. vom I. Quartal gehen günstige Einflüsse auf den Umsatz aus.

Die Saisonnormalen der anderen Quartale lauten:

$SN_{II}^m = 0,70; \quad SN_{III}^m = 1,21; \quad SN_{IV}^m = 0,88$

Der Umsatz des z.B. 9. Quartals 40,0 Tsd. € lässt sich damit wie folgt zerlegen:
- Trendumsatz: 32,78 Tsd. € (s. Arbeitstabelle)
- Saisonnormale: 6,56 Tsd. € (20 % von 32,78)
- Restkomponente: 0,66 Tsd. € (40,0 − 32,78 − 6,56)

Aufgabe 2.4 - A6: Prognoseerstellung (I)

Aufgabe 2.4-A6 stellt die Fortsetzung der Aufgabe 2.4-A2 (S. 59) dar. Für die dort bzw. unter Aufgabe 2.4-A1 (S. 56) angegebene Zeitreihe sind der Umsatz für das Jahr 13 und der Umsatz für das Jahr 25 zu prognostizieren.

Lösung 2.4 - A6: Prognoseerstellung (I)

Für die Prognoseerstellung wird die unter Aufgabe 2.4-A2 ermittelte Trendgerade

$$\hat{y}_i = 0{,}537 x_i + 50{,}090$$

verwendet.

i) Jahr 13 bzw. $x_{13} = 13$

$$\hat{y}_{13}^P = 0{,}537 \cdot 13 + 50{,}090 = 57{,}071 \text{ Mio. €}$$

Der Trendumsatz 57,071 Mio. € wird als Prognosewert verwendet. - Die Abweichungen der Umsätze der letzten 12 Jahre vom jeweiligen Trendumsatz könnten herangezogen werden, um Aussagen über das Ausmaß möglicher Abweichungen des Prognoseumsatzes vom tatsächlichen Umsatz zu machen. Die Aussagen könnten zusätzlich mit Hilfe der Wahrscheinlichkeitstheorie gestützt werden.

ii) Jahr 25 bzw. $x_{25} = 25$

$$\hat{y}_{25}^P = 0{,}537 \cdot 25 + 50{,}090 = 63{,}515 \text{ Mio. €}$$

Es ist nicht sinnvoll, den Trendumsatz 63,515 Mio. € als Prognosewert zu verwenden, da das Prognosejahr 25 zu weit vom Untersuchungszeitraum [1; 12], für den die erkannte Gesetzmäßigkeit gilt, entfernt liegt.

Aufgabe 2.4 - A7: Prognoseerstellung (II)

Aufgabe 2.4-A7 stellt die Fortsetzung der Aufgabe 2.4-A3 (S. 62) dar. - Es ist für den Monat 10 der Absatz von Büchern zu prognostizieren.

Lösung 2.4 - A7: Prognoseerstellung (II)

In die unter Aufgabe 2.4-A7 ermittelte Trendfunktion ist der Monatswert 10 einzusetzen.

$$\hat{y}_{10}^P = 42{,}3090 \cdot 1{,}1977^{10} = 42{,}3090 \cdot 6{,}0741 = 256{,}9891$$

Wenn die für die Monate 1 bis 8 erkannte Entwicklung anhält, kann mit einem Absatz von zirka 257 Büchern gerechnet werden.

Aufgabe 2.4 - A8: Prognoseerstellung (III)

Aufgabe 2.4-A8 stellt die Fortsetzung der Aufgabe 2.4-A4 (S. 64) dar. - Es ist der Umsatz für das II. Quartal des 4. Jahres zu prognostizieren.

Lösung 2.4 - A8: Prognoseerstellung (III)

Es sind die unter Aufgabe 2.4-A4 festgestellten Gesetzmäßigkeiten für die Prognoseerstellung heranzuziehen.

Schritt 1: Ermittlung des Trendumsatzes

$$\hat{y}^P_{14} = 2{,}124 \cdot 14 - 0{,}016 = 29{,}72 \text{ Tsd. €}$$

Aufgrund des Trendes kann mit einem Umsatz von 29,72 Tsd. € gerechnet werden.

Fehlerquelle:
Es wird die Nummer des Quartals fehlerhaft ermittelt.

Schritt 2: Berücksichtigung der periodischen Schwankung
Es wurde unter Aufgabe 2.4-A4 festgestellt, dass die Umsätze in den II. Quartalen durchschnittlich 3,23 Tsd. € unter dem jeweiligen Trendumsatz liegen.

$$y^P_{14} = \hat{y}^P_{14} + SN^a_{II} = 29{,}72 - 3{,}23 = 26{,}49 \text{ Tsd. €}$$

Für das II. Quartal im 4. Jahr wird ein Umsatz von 26.490 € prognostiziert.

Fehlerquelle (häufig):
Es wird vergessen, die periodische Schwankung in die Prognose einzubeziehen, was einen erheblichen Verlust an Prognosequalität bedeuten kann.

Aufgabe 2.4 - A9: Prognoseerstellung (IV)

Aufgabe 2.4-A9 stellt die Fortsetzung der Aufgabe 2.4-A5 (S. 68) dar. - Es ist der Umsatz für das I. Quartal des 5. Jahres zu prognostizieren.

Lösung 2.4 - A9: Prognoseerstellung (IV)

Es sind die unter Aufgabe 2.4-A5 festgestellten Gesetzmäßigkeiten für die Prognoseerstellung heranzuziehen.

Schritt 1: Ermittlung des Trendumsatzes

$$\hat{y}^P_{17} = 2{,}669 \cdot 17 + 8{,}762 = 54{,}135 \text{ Tsd. €}$$

Aufgrund des Trendes kann mit einem Umsatz von 54,135 Tsd. € gerechnet werden.

Fehlerquelle:
Es wird die Nummer des Quartals fehlerhaft ermittelt.

Schritt 2: Berücksichtigung der periodischen Schwankung
Es wurde unter Aufgabe 2.4-A5 festgestellt, dass die Umsätze in den I. Quartalen durchschnittlich 20 % über dem jeweiligen Trendumsatz liegen.

$$y^P_{17} = \hat{y}^P_{17} \cdot SN^m_I = 54{,}135 \cdot 1{,}20 = 64{,}962 \text{ Tsd. €}$$

Für das I. Quartal im 5. Jahr wird ein Umsatz von 64.962 € prognostiziert.

Fehlerquelle (häufig):
Es wird vergessen, die periodische Schwankung in die Prognose einzubeziehen, was einen erheblichen Verlust an Prognosequalität bedeuten kann.
Probleme, Trend und multiplikative Saisonnormale zu verknüpfen, insbesondere wenn die Saisonnormale kleiner als 1 ist (= Fehler bei der Prozentrechnung).
Addition der Saisonnormalen anstatt Multiplikation mit der Saisonnormalen.

Aufgabe 2.4 - A10: Umsatzentwicklung

Nachstehend sind die Umsätze (in Mio. €) eines Unternehmens für die letzten 12 Jahre wiedergegeben.

Jahr	1	2	3	4	5	6	7	8	9	10	11	12
Umsatz	6	8	5	10	9	13	16	15	16	20	18	24

Beschreiben Sie den Trend der Umsatzentwicklung mit Hilfe der Methode gleitender Durchschnitte 3., 4., 5. und 7. Ordnung! Geben Sie Ihre Ergebnisse grafisch wieder!

Lösung 2.4 - A10: Umsatzentwicklung

3. Ordnung: 6,33; 7,67; 8; 10,67; 12,67; 14,67; 15,67; 17; 18; 20,67.
4. Ordnung: 7,62; 8,62; 10,62; 12,62; 14,12; 15,88; 17; 18,38.
5. Ordnung: 7,6; 9; 10,6; 12,6; 13,8; 16; 17; 18,6.
7. Ordnung: 9,57; 10,86; 12; 14,14; 15,29; 17,43.

Aufgabe 2.4 - A11: Geländefahrzeug

Im Umfeld mehrerer kräftiger Preiserhöhungen für Dieselkraftstoff entwickelte sich der Absatz eines sehr viel Kraftstoff verbrauchenden Geländefahrzeugs in den letzten 10 Monaten wie folgt:

Monat	1	2	3	4	5	6	7	8	9	10
Absatz	1.200	870	595	400	300	200	145	94	64	53

a) Stellen Sie die Absatzentwicklung grafisch dar und überlegen Sie, welcher Funktionstyp den Trend wiedergeben kann!
b) Beschreiben Sie den Trend der Absatzentwicklung mit Hilfe der Methode der kleinsten Quadrate!
c) Prognostizieren Sie den Absatz für den 12. Monat!

Aufgabe 2.4 - A11: Geländefahrzeug

a) Exponentialfunktion.
b) $\ln b = (272{,}3838 - 301{,}895) : (385 - 302{,}5) = -0{,}3577$; $b = 0{,}6993$
   $\ln a = 5{,}489 - (-1{,}9674) = 7{,}4564$; $a = 1730{,}8493$.
c) ca. 24 (23,67)

Aufgabe 2.4 - A12: Museum

Nach der Aufnahme bedeutender Gemälde in einem Museum für moderne Kunst wurden in den letzten 16 Quartalen folgende Anzahl von Besuchern (in 1.000) gezählt:

Quartal	1	2	3	4	5	6	7	8	9	10	11	12	13	14	15	16
Anzahl	13	7	21	19	28	22	36	34	43	37	51	49	59	52	66	64

a) Stellen Sie die Entwicklung grafisch dar und überlegen Sie, welcher Funktionstyp den Trend wiedergeben kann!
b) Beschreiben Sie den Trend mit Hilfe der Methode der kleinsten Quadrate!
c) Ermitteln Sie die additiven und multiplikativen Schwankungskomponenten!
d) Wie sind Trend und periodische Schwankung verknüpft?
e) Berechnen Sie die zu d) entsprechenden Saisonnormalen!
f) Prognostizieren Sie die Besucherzahl für das Quartal 18!

Lösung 2.4 - A12: Museum

a) Funktion 1. Grades (Trendgerade)
b) b = (6377 - 5.108,16) : (1.496 - 1.156) = 3,732; a = 37,56 - 31,721 = 5,839
d) additiv.   e) 3,79; -6,2; 4,08; -1,66
f) 73,015 - 6,2 = 66,815 (in 1.000) bzw. 66.815 Besucher

Aufgabe 2.4 - A13: Cerevisia Brau GmbH

Die Cerevisia Brau GmbH hat am 1. August 2009 den Diplom-Betriebswirt Delator eingestellt, der mit seinem neuen Marketingkonzept den stark rückläufigen Bierabsatz wieder steigern soll. Die rückläufige Entwicklung der letzten vier Jahre kann durch die Trendgerade $\hat{y}$ = -5,5x + 345 beschrieben werden. Der Trendermittlung lagen die Quartalswerte (X) der Jahre 2004 bis 2009 zugrunde. Der Bierabsatz (Y; in 1000 hl) in den II. Quartalen betrug:

x_i	2	6	10	14
y_i	412,36	376,8	350,9	319,2

a) Untersuchen Sie anhand der vorliegenden Daten, wie Trend und periodische Schwankung verknüpft sind! Begründen Sie Ihre Antwort!
b) Interpretieren Sie die Schwankungskomponente für das Quartal 10!
c) Berechnen Sie die Saisonnormale! Interpretieren Sie das Ergebnis!
d) Wie hoch muss der Bierabsatz im II. Quartal 2010 mindestens sein, damit Delator von einem erfolgreichen Marketingkonzept sprechen kann?

Lösung 2.4 - A13: Cerevisia Brau GmbH

a) multiplikative Verknüpfung, da die multiplikativen Schwankungskomponenten annähernd gleich 1,23; 1,21; 1,21; 1,19;   b) S_{10}^m = 1,21;   c) SN_{II}^m = 1,21;
d) 18. Quartal: 246 · 1,21 = 297,66, d.h. deutlich über 297.660 hl.

Aufgabe 2.4 - A14: Betriebsunfälle

In einem Großkonzern wurde für die Zeit vom 01.01.2005 bis 31.12.2009 bei annähernd gleicher Beschäftigtenanzahl ein erheblicher Rückgang der Betriebsunfälle (Y) registriert. Die rückläufige Entwicklung in diesem Zeitraum kann durch die Trendgerade $\hat{y}$ = - 50x + 1.800 beschrieben werden. Der Trendermittlung lagen die Quartalswerte (X) des Betrachtungszeitraumes zugrunde.

2.4 Zeitreihenanalyse

Anzahl der Betriebsunfälle in den I. Quartalen der fünf Jahre:

x_i	1	5	9	13	17
y_i	1.590	1.382	1.176	982	780

a) Untersuchen Sie anhand der vorliegenden Daten, wie Trend und periodische Schwankung verknüpft sind! Begründen Sie Ihre Antwort!
b) Bestimmen Sie die Schwankungskomponente für das Quartal 9! Interpretieren Sie das Ergebnis!
c) Berechnen Sie die Saisonnormale! Interpretieren Sie das Ergebnis!
d) Geben Sie eine Prognose für das I. Quartal 2011 ab! Halten Sie das Ergebnis für realistisch? Begründen Sie Ihre Auffassung!

Lösung 2.4 - A14: Betriebsunfälle

a) additive Verknüpfung, da -160; -168; -174; -168; -170 annähernd gleich;
b) $S_9^a = -174$; c) $SN_I^a = -840 : 5 = -168$; d) 25. Quartal: 550 - 168 = 382; der Wert wird nur schwer erreichbar sein.

Aufgabe 2.4 - A14: Materialverbrauch

Der monatliche Materialverbrauch y (in kg) von 01.01.05 bis 31.12.09 wird durch die Trendgerade $\hat{y} = 300x + 60.000$ beschrieben. In der folgenden Tabelle finden Sie die Verbrauchswerte für die Monate August aus diesem Zeitraum:

Monat	8	20	32	44	56
Verbrauch	54.290	56.100	57.770	62.950	64.510

a) Untersuchen Sie anhand der vorliegenden Daten, wie Trend und periodische Schwankung verknüpft sind! Begründen Sie Ihre Antwort!
b) Berechnen Sie die Saisonnormale für den Monat August!
c) Auf wie viel kg sollte der Materialdisponent das Lager zum 01. August 2010 mindestens auffüllen lassen?

Lösung 2.4 - A14: Materialverbrauch

a) multiplikative Verknüpfung, da 0,87; 0,85; 0,83; 0,86; 0,84 annähernd gleich;
b) $SN_{Aug}^m = 0,85$; c) Auffüllung auf $y_{68}^P = 80.400 \cdot 0,85 = 68.340$ kg, dazu noch einen Sicherheitszuschlag.

2.5 Regressions- und Korrelationsanalyse

Die Regressions- und Korrelationsanalyse hat die Aufgabe, den Zusammenhang zwischen mehreren Merkmalen zu beschreiben.

Bei den folgenden Aufgaben ist der Zusammenhang zwischen *zwei* Merkmalen X und Y zu analysieren. Im Rahmen der Regressionsanalyse wird die Form bzw. Tendenz des Zusammenhangs durch eine mathematische Funktion beschrieben. Die Korrelationsanalyse untersucht, wie stark der Zusammenhang zwischen den Merkmalen ausgeprägt ist.

Bei der Regressionsanalyse kommt die Methode der kleinsten Quadrate zum Einsatz. Zu dieser Methode werden relativ wenige Aufgaben gestellt, da zu dieser Methode im Rahmen der Zeitreihenanalyse (Abschnitt 2.4, S. 56 ff.) bereits Aufgaben gestellt wurden. Dort wurde mit der Methode der kleinsten Quadrate der Zusammenhang zwischen dem Merkmal X (Zeit) und dem zweiten Merkmal Y (Umsatz, Absatz, Besucherzahl etc.) analysiert. Die Zeitreihenanalyse ist, so gesehen, ein Spezialfall der Regressionsanalyse.

Die folgenden Übungsaufgaben befassen sich mit den Bereichen

- **Ermittlung der linearen Regressionsfunktion**
- **Korrelationskoeffizient von Bravais-Pearson**
- **Bestimmtheitsmaß**
- **Rangkorrelationskoeffizient von Spearman**
- **Kontingenzkoeffizienten**

Aufgabe 2.5 - A1: Produktionskosten

In der folgenden Tabelle finden Sie für das letzte zweite Halbjahr die monatlichen Ausbringungsmengen und die jeweiligen Produktionskosten.

Monat	7	8	9	10	11	12
Menge (in 1.000)	2	3	6	4	8	7
Kosten (Tsd. €)	40	45	85	65	95	90

a) Untersuchen Sie mit Hilfe eines Streuungsdiagramms, von welcher Form der Zusammenhang zwischen den beiden Merkmalen ist!

b) Ermitteln und interpretieren Sie die Regressionsfunktion ŷ!
c) Berechnen Sie den Korrelationskoeffizienten von Bravais-Pearson!
d) Berechnen und interpretieren Sie das Bestimmtheitsmaß!
e) Mit welchen Produktionskosten ist bei einer Ausbringungsmenge von 4.000 Stück zu rechnen?

Lösung 2.5 - A1: Produktionskosten

a) Streuungsdiagramm

In Abb. 2.5-1 ist das Streuungsdigramm wiedergegeben. Es ist - nicht nur wegen der bereits eingetragenen Regressionsgeraden - deutlich zu erkennen, dass der Zusammenhang zwischen Ausbringungsmenge und Produktionskosten durch eine lineare Funktion beschrieben werden kann.

b) Regressionsfunktion ŷ

Die Regressionsfunktion ŷ beschreibt die Form des Zusammenhangs zwischen dem unabhängigen Merkmal X und dem abhängigen Merkmal Y. In der Aufgabe ist die Ausbringungsmenge das unabhängige Merkmal und die Produktionskosten sind das abhängige Merkmal, entsprechend sind X und Y zuzuordnen. Wäre die Abhängigkeit nicht einseitig, sondern wechselseitig oder unbekannt, dann wäre zusätzlich die Regressionsfunktion x̂ aufzustellen.

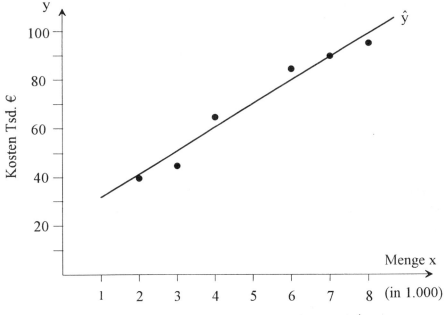

Abb. 2.5-1: Streuungsdiagramm und Regressionsgerade ŷ

Die Regressionsgerade $\hat{y}$ wird mit der Methode der kleinsten Quadrate ermittelt. Diese Methode wurde unter Aufgabe 2.4-A2 ausführlich beschrieben.

Schritte 1 und 2: Erkennen des Regressionsverlaufs und Festlegung des mathematischen Funktionstyps

Diese Schritte wurden unter a) durchgeführt.

Fehlerquelle:

Auswahl eines ungeeigneten, nicht passenden Funktionstyps.

Schritt 3: Numerische Festlegung der Funktionalparameter

Die Parameter für die Regressionsgerade $\hat{y} = a_1 + b_1 x$ werden numerisch festgelegt mit

$$a_1 = \bar{y} - b_1 \bar{x} \qquad b_1 = \frac{\sum x_i y_i - n\bar{x}\bar{y}}{\sum x_i^2 - n\bar{x}^2}$$

Schritt 3.1: Berechnung des Steigungsmaßes b_1

Zunächst werden in der nachstehenden Arbeitstabelle die beiden Summenausdrücke, die für die Bestimmung von b_1 benötigt werden, berechnet.

x_i	y_i	$x_i y_i$	x_i^2
2	40	80	4
3	45	135	9
6	85	510	36
4	65	260	16
8	95	760	64
7	90	630	49
30	420	2.375	178

$\sum x_i y_i = 2.375$ (s. Sp. 3); $\qquad \sum x_i^2 = 178$ (s. Sp. 4)

Fehlerquelle (häufig):

Es werden fälschlicherweise $\sum x_i \cdot \sum y_i = 30 \cdot 420$ und/oder $\sum x_i \cdot \sum x_i = 30 \cdot 30$ berechnet.

$\bar{x} = \dfrac{\sum x_i}{n} = \dfrac{30}{6} = 5; \qquad \bar{y} = \dfrac{\sum y_i}{n} = \dfrac{420}{6} = 70;$

$n\bar{x}\bar{y} = 6 \cdot 5 \cdot 70 = 2.100; \qquad n\bar{x}^2 = 6 \cdot 5 \cdot 5 = 150.$

2.5 Regressions- und Korrelationsanalyse

Steigungsmaß b_1:

$$b_1 = \frac{\sum x_i y_i - n\bar{x}\bar{y}}{\sum x_i^2 - n\bar{x}^2} = \frac{2.375 - 2.100}{178 - 150} = \frac{275}{28} = 9,82$$

Schritt 3.2: Berechnung des Schnittpunktes mit der Ordinate a_1

$$a_1 = \bar{y} - b_1 \bar{x} = 70 - 9,82 \cdot 5 = 20,9$$

Schritt 3.3: Aufstellung der Regressionsgeraden

$$\hat{y} = 9,82x + 20,9$$

Mit Hilfe der Regressionsgeraden können für bestimmte Ausbringungsmengen die jeweils tendenziell (durchschnittlich) anfallenden Produktionskosten berechnet werden.

Der Regressionskoeffizient $b_1 = 9,82$ besagt, dass mit einer Erhöhung der Ausbringungsmenge um 1.000 Stück die Produktionskosten um tendenziell (durchschnittlich) 9,82 Tsd. € ansteigen.

Die Regressionskonstante $a_1 = 10,9$ besagt, dass die Produktionskosten bei der Ausbringungsmenge 0, also die fixen Produktionskosten, 10,9 Tsd. € betragen. - Die Interpretation ist jedoch nicht unproblematisch, da die Ausbringungsmenge $x = 0$ nicht im Untersuchungsbereich [2; 7] enthalten ist.

Fehlerquelle (sehr häufig):
Die Regressionskonstante wird gedankenlos als fixe Größe, im Beispiel als fixe Kosten, interpretiert, ohne zu beachten, ob der zugehörige Wert $x = 0$ im Untersuchungsbereich liegt. Liegt der Wert nicht im oder nicht sehr nahe am Untersuchungsbereich, dann ist die Interpretation problematisch, da im Bereich um 0 ein anderer, hier nicht untersuchter Zusammenhang zwischen X und Y gelten könnte.

Exkurs: Regressionsfunktion $\hat{x} = a_2 + b_2 \bar{x}$

Da die Produktionskosten keinen Einfluss auf die Ausbringungsmenge haben, ist die Erstellung der Regressionsfunktion $\hat{x}$ nicht erforderlich. Die nachstehende Erstellung der Funktion erfolgt allein aus lerntechnischen Gründen.

$$b_2 = \frac{\sum x_i y_i - n\bar{x}\bar{y}}{\sum y_i^2 - n\bar{y}^2} \qquad b_2 = \frac{2.375 - 2.100}{32.200 - 29.400} = \frac{275}{2800} = 0,1$$

$$a_2 = \bar{x} - b_2 \bar{y} \qquad a_2 = 5 - 0,1 \cdot 70 = -2$$

Die zweite Regressionsgerade lautet damit:

$$\hat{x} = b_2 y + a_2 = 0{,}1y - 2$$

Im Falle der Abhängigkeit könnte mit Hilfe dieser Regressionsgeraden für bestimmte Produktionskosten die sich jeweils tendenziell (durchschnittlich) ergebende Ausbringungsmenge berechnet werden. - Der Regressionskoeffizient 0,1 besagt, dass bei einer Erhöhung der Kosten um 1 Tsd. € die Ausbringungsmenge tendenziell um 0,1 Einheiten (in 1.000) bzw. 100 Stück ansteigt. Die Problematik der Interpretation der Regressionskonstanten wird bei dieser Regressionsgeraden mit - 2 besonders deutlich. Die Interpretation "bei Produktionskosten in Höhe von 0 € beträgt die Ausbringungsmenge tendenziell (durchschnittlich) -2.000 Stück" macht keinen Sinn. Der Wert y = 0 liegt zu weit außerhalb des Untersuchungsbereichs [40; 90].

c) Korrelationskoeffizient r von Bravais-Pearson

Der Korrelationskoeffizient von Bravais-Pearson misst die Stärke des linearen Zusammenhangs zwischen zwei Merkmalen X und Y.

Der Korrelationskoeffizient wird mit - eine mögliche Darstellungsform - folgender Formel berechnet:

$$r = \frac{\sum x_i y_i - n\bar{x}\bar{y}}{\sqrt{\left(\sum x_i^2 - n\bar{x}^2\right) \cdot \left(\sum y_i^2 - n\bar{y}^2\right)}}$$

$$r = \frac{2.375 - 2.100}{\sqrt{(178 - 150) \cdot (32.200 - 29.400)}} = \frac{275}{\sqrt{28 \cdot 2800}} = \frac{275}{280} = +0{,}98.$$

Zur Interpretation des Korrelationskoeffizienten:

Da r mit +0,98 sehr nahe an der oberen Grenze des Wertebereiches für r liegt, besteht ein sehr starker gleichläufiger (positiver) Zusammenhang zwischen der Ausbringungsmenge und den Produktionskosten. D.h. es besteht die sehr starke Tendenz, dass die Produktionskosten mit zunehmender Ausbringungsmenge ebenfalls zunehmen entlang der Regressionsgeraden $\hat{y}$. Der Einfluss der Ausbringungsmenge auf die Produktionskosten ist sehr hoch, andere Faktoren haben einen nur untergeordneten Einfluss auf die Kosten.

Fehlerquelle:
Der Wert r wird - falls positiv - fehlerhafterweise als Prozentwert interpretiert (im Beispiel: "Die Produktionskosten werden zu 98 % durch die Ausbringungsmenge bestimmt.").

d) Bestimmtheitsmaß B^2

Das Bestimmtheitsmaß misst die Stärke des Zusammenhangs zwischen zwei Merkmalen X und Y, indem über eine Streuungszerlegung (Varianzanalyse) ermittelt wird, inwieweit die quadrierten Abweichungen der Merkmalswerte y vom durchschnittlichen Merkmalswert $\bar{y}$ durch das Merkmal X bzw. die Regression bestimmt bzw. verursacht werden.

Die Berechnung des Unbestimmtheitsmaßes erfolgt mit

$$B^2 = \frac{\left(\sum x_i y_i - n\bar{x}\bar{y}\right)^2}{\left(\sum x_i^2 - n\bar{x}^2\right) \cdot \left(\sum y_i^2 - n\bar{y}^2\right)}$$

Bei linearem Zusammenhang ist das Bestimmtheitsmaß gleich dem Quadrat des Korrelationskoeffizienten von Bravais-Pearson. Es gilt folglich:

$$B^2 = r^2 = b_1 \cdot b_2 \quad \text{(nur bei linearem Zusammenhang!)}$$

Der Teil der Abweichung, der durch die Regression unbestimmt bleibt, wird durch das Unbestimmtheitsmaß U^2 angegeben bzw. beziffert.

$$U^2 = 1 - B^2$$

Da der Korrelationskoeffizient aus Aufgabe c) bekannt ist, kann das Bestimmtheitsmaß vereinfacht berechnet werden:

$$B^2 = r^2 = 0,98^2 = 0,96$$

Das Bestimmtheitsmaß drückt aus, dass die Varianz der Produktionskosten zu 96 % durch die Ausbringungsmenge verursacht wird. D.h. die quadrierten Abweichungen der Produktionskosten von den durchschnittlichen Produktionskosten 70 Tsd. € werden zu 96 % durch die Ausbringungsmenge bestimmt. Der Einfluss der Ausbringungsmenge auf die Kosten ist folglich sehr hoch. Andere Einflussfaktoren sind für nur 4 % der quadrierten Abweichungen verantwortlich.

Fehlerquelle:
Der Wert für das Bestimmtheitsmaß wird nicht auf die Varianz der Produktionskosten, sondern fehlerhafterweise auf die Produktionskosten selbst bezogen (im Beispiel: "Die Produktionskosten werden zu 96 % durch die Ausbringungsmenge bestimmt.").

e) Ausbringungsmenge 4.000

Der Wert x = 4 (in 1.000 Stück!) ist in die Regressionsfunktion einzusetzen:

$$\hat{y}_4 = 9,82 \cdot 4 + 20,9 = 60,18 \text{ Tsd. } €$$

Bei einer Ausbringungsmenge von 4.000 Stück fallen tendenziell (durchschnittlich) Kosten in Höhe 60.180 € an.

Aufgabe 2.5 - A2: Existenzgründer

Ein Existenzgründer erwartet im ersten Geschäftsjahr einen Umsatz in Höhe von 150 Tsd. €. Er möchte wissen, mit welchem Materialaufwand er tendenziell rechnen muss. - Von zehn vergleichbaren Existenzgründungen aus dem letzten Jahr liegen die Umsatzzahlen X und die Materialaufwendungen Y vor.

| Umsatz (Tsd. €) | 145 | 134 | 162 | 131 | 169 | 138 | 167 | 174 | 158 | 140 |
| Aufwand (Tsd. €) | 49 | 37 | 52 | 41 | 48 | 38 | 52 | 52 | 48 | 46 |

a) Stellen Sie die Form des Zusammenhangs zwischen Umsatz und Materialaufwand fest!
b) Ermitteln und interpretieren Sie die Regressionsfunktion!
c) Berechnen Sie den Korrelationskoeffizienten von Bravais-Pearson!
d) Berechnen und interpretieren Sie das Bestimmtheitsmaß!
e) Mit welchem Materialaufwand muss der Existenzgründer rechnen?

Lösung 2.5 - A2: Existenzgründer

a) Form des Zusammenhangs

Gibt man die Daten graphisch wieder, dann ist ersichtlich, dass die Form des Zusammenhangs durch eine Regressionsgerade beschrieben werden kann.

b) Regressionsfunktion ŷ

Schritte 1 und 2: Erkennen des Regressionsverlaufs und Festlegung des mathematischen Funktionstyps

Diese Schritte wurden bereits unter a) durchgeführt.

Schritt 3: Numerische Festlegung der Funktionalparameter

Schritt 3.1: Berechnung des Steigungsmaßes b_1

Zunächst werden in der nachstehenden Arbeitstabelle die beiden Summenausdrücke, die für die Bestimmung von b_1 benötigt werden, berechnet.

x_i	y_i	$x_i y_i$	x_i^2
145	49	7.105	21.025
134	37	4.958	17.956
162	52	8.424	26.244
131	41	5.371	17.161
169	48	8.112	28.561
138	38	5.244	19.044
167	52	8.684	27.889
174	52	9.048	30.276
158	48	7.584	24.964
140	46	6.440	19.600
1.518	463	70.970	232.720

$\sum x_i y_i = 70.970$ (s. Sp. 3); $\qquad \sum x_i^2 = 232.720$ (s. Sp. 4);

$\bar{x} = \dfrac{\sum x_i}{n} = \dfrac{1.518}{10} = 151,8; \qquad \bar{y} = \dfrac{\sum y_i}{n} = \dfrac{463}{10} = 46,3;$

$n\bar{x}\bar{y} = 10 \cdot 151,8 \cdot 46,3 = 70.283,4;$

$n\bar{x}^2 = 10 \cdot 151,8 \cdot 151,8 = 230.432,4.$

Steigungsmaß b_1:

$$b_1 = \frac{\sum x_i y_i - n\bar{x}\bar{y}}{\sum x_i^2 - n\bar{x}^2} = \frac{70.970 - 70.283,4}{232.720 - 230.432,4} = \frac{686,6}{2.287,6} = 0,300$$

Schritt 3.2: Berechnung des Schnittpunktes mit der Ordinate a_1

$$a_1 = \bar{y} - b_1\bar{x} = 46,3 - 0,3 \cdot 151,8 = 0,76$$

Schritt 3.3: Aufstellung der Regressionsgeraden

$$\hat{y} = 0,3x + 0,76$$

Mit Hilfe der Regressionsgeraden können für bestimmte Umsätze die jeweils durchschnittlich bzw. tendenziell anfallenden Materialaufwendungen berechnet werden.

Der Regressionskoeffizient $b_1 = 0,3$ besagt, dass mit einer Erhöhung des Umsatzes um 1 Tsd. € der Materialaufwand um tendenziell (durchschnittlich) 0,3 Tsd. € ansteigt.

Die Interpretation der Regressionskonstanten $a_1 = 0,76$ ist nicht zulässig, da der Umsatz $x = 0$ weit außerhalb des Untersuchungsbereichs [131; 174] liegt.

Fehlerquelle (sehr häufig):
Die Regressionskonstante wird als fixer Materialaufwand interpretiert, ohne zu beachten, ob der zugehörige Wert $x = 0$ im Untersuchungsbereich liegt.

c) Korrelationskoeffizient r von Bravais-Pearson

$$r = \frac{\sum x_i y_i - n\bar{x}\bar{y}}{\sqrt{\left(\sum x_i^2 - n\bar{x}^2\right) \cdot \left(\sum y_i^2 - n\bar{y}^2\right)}}$$

$$r = \frac{70.970 - 70.283,4}{\sqrt{(232.720 - 230.432,4) \cdot (21.731 - 21.436,9)}}$$

$$r = \frac{686,6}{\sqrt{2.287,6 \cdot 294,1}} = \frac{686,6}{820,2} = 0,84$$

Es besteht die starke Tendenz, dass die Materialaufwendungen mit zunehmendem Umsatz ebenfalls zunehmen entlang der Regressionsgeraden $\hat{y}$.

d) Bestimmtheitsmaß B^2

$$B^2 = r^2 = 0,84^2 = 0,71$$

Das Bestimmtheitsmaß besagt, dass die Varianz des Materialaufwands zu 71 % durch den Umsatz bestimmt wird. Das heißt, die quadrierten Abweichungen des

Materialaufwands vom durchschnittlichen Materialaufwand 46,3 Tsd. € werden zu 71 % durch den Umsatz bestimmt.

e) Materialaufwand bei 150 Tsd. € Umsatz

Der Wert x = 150 ist in die Regressionsfunktion einzusetzen:

$$\hat{y}_{150} = 0,3 \cdot 150 + 0,76 = 45,76 \text{ Tsd. €}$$

Bei einem Umsatz von 150.000 € fällt durchschnittlich bzw. tendenziell ein Materialaufwand von 45.760 € an.

Aufgabe 2.5 - A3: Dozentenbeurteilung

Nachstehend sind für sechs Dozenten das "Anspruchsniveau der Vorlesung" und die "Beurteilung der Dozenten durch Studenten" angegeben. Ermitteln und interpretieren Sie den Rangkorrelationskoeffizienten von Spearman ρ.

Dozent	Anspruchsniveau	Beurteilung
A	normal	ausreichend
B	sehr niedrig	gut
C	sehr hoch	mangelhaft
D	niedrig	sehr gut
E	hoch	befriedigend
F	normal	befriedigend

Mit Hilfe des Rangkorrelationskoeffizienten von Spearman können Richtung und Stärke des Zusammenhangs zwischen zwei Merkmalen X und Y gemessen werden. Voraussetzung ist, dass ein Merkmal genau ordinalskaliert ist, das andere ordinal-, intervall- oder verhältnisskaliert ist. Die Merkmalsträger können dann hinsichtlich eines jeden der beiden Merkmale in die natürliche Rangordnung gebracht werden. Richtung und Stärke des Zusammenhangs können gemessen werden, indem die beiden Rangordnungen auf den Grad ihrer Übereinstimmung untersucht werden.

Lösung 2.5 - A3: Dozentenbeurteilung

Schritt 1: Skalierung der Merkmale
Beide Merkmale sind ordinalskaliert. Der Zusammenhang kann daher mit Hilfe des Rangkorrelationskoeffizienten von Spearman untersucht werden.

Schritt 2: Arbeitshypothese

Zunächst ist eine Arbeitshypothese über die Richtung des Zusammenhangs aufzustellen. Die Hypothese ist maßgebend für die Gestaltung der Rangordnungen (Schritte 3 und 4) und die abschließende Interpretation (Schritt 5). - Unter den verschiedenen, möglichen Arbeitshypothesen für die vorliegende Aufgabe wird folgende ausgewählt.

"Je höher das Anspruchsniveau des Dozenten,
 desto besser die Beurteilung des Dozenten durch die Studenten."

Fehlerquelle (häufig):

Es wird ohne Arbeitshypothese gearbeitet. Dies kann unter Schritt 5 zu schweren Fehlinterpretationen führen.

Schritt 3: Rangordnung hinsichtlich Merkmal X

Entsprechend der Arbeitshypothese wird dem Dozenten mit dem höchsten Anspruchsniveau der Rangplatz 1, ... , dem Dozenten mit dem niedrigsten Anspruchsniveau der Rangplatz 6 zugeordnet. Besitzen zwei oder mehr Dozenten das gleiche Anspruchsniveau, dann wird jedem dieser Dozenten das arithmetische Mittel aus den Rangplätzen zugeordnet, die sie im Falle eines unmittelbaren Nacheinanders erhalten hätten.

Dozent	Niveau x_i	Urteil y_i	Rg x_i	Rg y_i	D_i	D_i^2
A	normal	ausreichend	3,5	5	1,5	2,25
B	sehr niedrig	gut	6	2	4	16
C	sehr hoch	mangelhaft	1	6	5	25
D	niedrig	sehr gut	5	1	4	16
E	hoch	befriedigend	2	3,5	1,5	2,25
F	normal	befriedigend	3,5	3,5	0	0
						61,5

Rg x_i = Rangplatz des Merkmalträgers i hinsichtlich Merkmal X
Rg y_i = Rangplatz des Merkmalträgers i hinsichtlich Merkmal Y

Fehlerquellen (häufig):

Den Urteilen, Bewertungen etc. werden Schlüsselziffern (z.B. befriedigend = 3) anstatt Rangplätze zugeordnet.

2.5 Regressions- und Korrelationsanalyse

Merkmalsträgern mit gleichen Merkmalswerten werden die Rangplätze fehlerhaft zugeordnet (im obigen Beispiel für x = "normal": Rg = 3 anstatt Rg = 3,5). Merkmalsträger, die auf Merkmalsträger mit gleichen Merkmalswerten folgen, werden die Rangplätze fehlerhaft zugeordnet (im obigen Beispiel: Fortführung mit den Rangplätzen 4 und 5 anstatt mit 5 bzw. 6).

Schritt 4: Rangordnung hinsichtlich Merkmal Y
Entsprechend der Arbeitshypothese wird dem Dozenten mit der besten Beurteilung der Rangplatz 1, ... , dem Dozenten mit der schlechtesten Beurteilung der Rangplatz 6 zugeordnet.

Schritt 5: Berechnung des Rangkorrelationskoeffizienten ρ
Der Rangkorrelationskoeffizient ρ wird ermittelt, indem für die Rangplatzpaare der Korrelationskoeffizient von Bravais-Pearson r berechnet wird. Für den hier vorliegenden Spezialfall "die Rangplätze umfassen die ersten n natürlichen Zahlen" kann die Berechnung des Korrelationskoeffizienten von Bravais-Pearson erheblich vereinfacht werden.

$$\rho = 1 - \frac{6 \cdot \sum D_i^2}{n^3 - n} \quad \text{mit} \quad D_i = Rg\, x_i - Rg\, y_i$$

Die Formel kann auch dann verwendet werden, wenn nicht zu viele Bindungen, d.h. Merkmalsträger mit gleichen Merkmalswerten, vorliegen. Die Abweichung vom exakten Ergebnis ist dann vertretbar gering.

Mit der "vereinfachten" Formel ergibt sich:

$$\rho = 1 - \frac{6 \cdot 61{,}5}{216 - 6} = 1 - 1{,}76 = -0{,}76 \quad \text{(zum Wert 61,5 s.S. 88, Tab.)}$$

Bei Anwendung der ursprünglichen Formel von Bravais-Pearson (zur Formel r siehe unter Lösung 2.5-A2c)) ergibt sich für ρ der Wert $-0{,}81$.

Fehlerquelle (relativ häufig):
Es wird vergessen, den Quotienten (Subtrahend) von 1 abzuziehen. Der Summand 1 wird in den Zähler eingebracht.

Interpretation:
Der Rangkorrelationskoeffizient von Spearman ist wie der Korrelationskoeffizient von Bravais-Pearson zu interpretieren, da letzterer zur Anwendung kommt. Dabei ist zu aber beachten, dass hier die Korrelation der Rangplätze und damit nur mittelbar die Korrelation der Merkmale gemessen wird.

Das negative Vorzeichen von ρ besagt, dass ein negativer (gegenläufiger) Zusammenhang zwischen den Rangplätzen besteht. D.h. mit höherem Rangplatz x geht tendenziell ein niedrigerer Rangplatz y einher und umgekehrt. Der Betrag von ρ gleich 0,76 drückt aus, dass diese Tendenz stark ausgeprägt ist. - Es besteht damit die starke Tendenz, dass mit höherem Rangplatz x der Rangplatz y niedriger ist. Aufgrund der unter Schritt 3 und Schritt 4 vorgenommenen Zuordnung bedeuten:
  Höherer Rangplatz x gleich zunehmendes Anspruchsniveau.
  Niedrigerer Rangplatz y gleich schlechtere Beurteilung.
Die sachbezogene Interpretation lautet damit:
Es besteht die starke Tendenz, dass mit zunehmendem Anspruchsniveau die Beurteilung des Dozenten durch die Studenten schlechter ausfällt und umgekehrt.

Oder einfacher: Ein positives Vorzeichen von ρ bedeutet, dass die aufgestellte Arbeitshypothese bestätigt wird; ein negatives Vorzeichen von ρ bedeutet, dass die aufgestellte Arbeitshypothese nicht bestätigt wird.

Fehlerquellen (häufig):
Vom positiven (negativen) Vorzeichen wird unmittelbar auf die positive bzw. gleichläufige (negative bzw. gegenläufige) Richtung des Zusammenhangs der *Merkmale* geschlossen, ohne die These und die Zuordnung zu berücksichtigen. Das führt bei gegenläufigen Anordnungen zu schweren Interpretationsfehlern.
Interpretationen, bei denen Angaben zur Richtung und Stärke fehlen, wie z.B.: "Hohes Anspruchsniveau wird von Studenten schlecht beurteilt".

Aufgabe 2.5 - A4: Kunstgewerbe

In einem kunstgewerblichen Betrieb sind acht Arbeiterinnen mit dem Bemalen von Vasen beschäftigt. In der letzten Woche wurden die Arbeitsgeschwindigkeit (Anzahl der Vasen pro Tag) und die Qualität der Vasenbemalung begutachtet. Die Qualität wurde anhand einer Skala gemessen, die von minderwertig (= 1) bis ganz hervorragend (= 20) reicht. - Analysieren Sie den Zusammenhang zwischen Arbeitsgeschwindigkeit (X) und Qualität der Ausführung (Y)!

Arbeiterin	A	B	C	D	E	F	G	H
Geschwindigkeit	57	59	61	62	62	64	66	69
Qualität	13	14	12	14	18	15	10	14

Lösung 2.5 - A4: Kunstgewerbe

Schritt 1: Skalierung der Merkmale
Merkmal X ist verhältnisskaliert, Merkmal Y ist ordinalskaliert. Der Zusammenhang kann mit Hilfe des Rangkorrelationskoeffizienten von Spearman untersucht werden.

Schritt 2: Arbeitshypothese
Unter den verschiedenen, möglichen Arbeitshypothesen für die vorliegende Aufgabe wird folgende ausgewählt.
    "Je höher die Arbeitsgeschwindigkeit der Arbeiterin,
    desto geringer ist die Qualität der Arbeit."

Fehlerquelle (häufig):
Es wird ohne Arbeitshypothese gearbeitet, was zu schweren Fehlinterpretationen unter Schritt 5 führen kann.

Schritt 3: Rangordnung hinsichtlich Merkmal X
Entsprechend der Arbeitshypothese wird der Arbeiterin H mit der höchsten Arbeitsgeschwindigkeit der Rangplatz 1, ... , der Arbeiterin A mit der niedrigsten Arbeitsgeschwindigkeit der Rangplatz 8 zugeordnet.

Arbeiterin	Anzahl/Tag x	Qualität y	Rg x	Rg y	D_i	D_i^2
A	57	13	8	3	5	25
B	59	14	7	5	2	4
C	61	12	6	2	4	16
D	62	14	4,5	5	0,5	0,25
E	62	18	4,5	8	3,5	12,25
F	64	15	3	7	4	16
G	66	10	2	1	1	1
H	69	14	1	5	4	16
						90,5

Fehlerquellen (häufig):
Den Arbeiterinnen D und E wird jeweils Rg x = 4 anstatt 4,5 zugeordnet.
Den Arbeiterinnen C, B und A werden die Ränge x gleich 5, 6 bzw. 7 anstatt 6, 7 bzw. 8 zugeordnet.

Schritt 4: Rangordnung hinsichtlich Merkmal Y
Entsprechend der Arbeitshypothese wird der Arbeiterin G mit der geringsten Arbeitsqualität der Rangplatz 1, ... , der Arbeiterin E mit der höchsten Arbeitsqualität der Rangplatz 8 zugeordnet.

Fehlerquellen (häufig):
Den Arbeiterinnen B, D und H wird jeweils der Rang y = 4 anstatt 5 zugeordnet.
Den Arbeiterinnen F und E werden die Ränge x gleich 5 bzw. 6 oder 6 bzw. 7 anstatt richtigerweise 7 bzw. 8 zugeordnet.

Schritt 5: Berechnung des Rangkorrelationskoeffizienten ρ

$$\rho = 1 - \frac{6 \cdot \sum D_i^2}{n^3 - n} = 1 - \frac{6 \cdot 90,5}{512 - 8} = 1 - 1,08 = -0,08$$

Bei Anwendung der ursprünglichen Formel von Bravais-Pearson (zur Formel r siehe unter Lösung 2.5-A2c)) ergibt sich für ρ der Wert - 0,11.

Fehlerquelle (häufig):
Es wird vergessen, den Quotienten (Subtrahend) von 1 abzuziehen.

Interpretation:
Das negative Vorzeichen von ρ besagt, mit höherem Rangplatz x geht tendenziell ein niedrigerer Rangplatz y einher und umgekehrt. Der Betrag von ρ gleich 0,08 drückt aus, dass diese Tendenz sehr schwach ausgeprägt ist. - Es besteht die sehr schwache Tendenz, dass mit höherem Rangplatz x der Rangplatz y niedriger ist. Aufgrund der unter Schritt 3 und 4 vorgenommenen Zuordnung bedeutet:
  Höherer Rangplatz x gleich zunehmende Geschwindigkeit.
  Niedriger Rangplatz y gleich zunehmende Arbeitsqualität.

Die sachbezogene Interpretation lautet damit:
Es besteht die sehr schwache Tendenz, dass mit zunehmender Arbeitsgeschwindigkeit die Arbeitsqualität ansteigt. Die Geschwindigkeit hat also nur einen sehr geringen, fast vernachlässigbaren Einfluss auf die Qualität. - Dieses Ergebnis ist nicht überraschend, wenn man bedenkt, dass die Geschwindigkeitsunterschiede der Arbeiterinnen meistens nicht groß sind.

Oder einfacher erklärt: Das negative Vorzeichen von ρ bedeutet, dass die aufgestellte Arbeitshypothese nicht bestätigt wird, d.h. mit zunehmender Arbeitsgeschwindigkeit nimmt die Arbeitsqualität tendenziell *nicht* ab.

Fehlerquelle (häufig):
Vom Vorzeichen wird unmittelbar auf die Richtung des Zusammenhangs der Merkmale geschlossen, ohne die These und die Zuordnung zu berücksichtigen. Aufgrund des negativen Vorzeichens würde fehlerhaft direkt auf einen negativen bzw. gegenläufigen Zusammenhang zwischen Geschwindigkeit und Qualität geschlossen.

Aufgabe 2.5 - A5: Pausenregelung

500 StudentInnen einer Hochschule wurden nach ihrer Einstellung zu einer Verlängerung der Pause zwischen zwei Vorlesungen von bisher 10 Minuten auf 20 Minuten befragt. Von den 500 Befragten waren 200 weiblich und 300 männlich. Als mögliche Antworten waren die Werte positiv (für Verlängerung), unentschieden und negativ (gegen Verlängerung) vorgegeben. Das Ergebnis der Befragung ist nachstehend wiedergegeben.

X \ Y	positiv	unentschieden	negativ	Summe
weiblich	85	41	74	200
männlich	150	52	98	300
Summe	235	93	272	500

Beschreiben Sie den Zusammenhang bzw. die Abhängigkeit zwischen dem Geschlecht (Merkmal X) und der Einstellung zur Pausenregelung (Merkmal Y)!

Mit Hilfe von Kontingenzkoeffizienten kann die Stärke des Zusammenhangs zwischen zwei Merkmalen X und Y gemessen werden. Dabei muss eines der Merkmale genau nominalskaliert sein, die Skalierung des anderen Merkmals ist beliebig. Als Maßstab für die Stärke des Zusammenhangs bzw. der Abhängigkeit können die Abweichungen der tatsächlich aufgetretenen (empirischen) Häufigkeiten von den (theoretischen) Häufigkeiten, die sich bei Unabhängigkeit einstellen würden, herangezogen werden. Je größer die Abweichung der empirischen von den theoretischen Häufigkeiten ist, desto größer ist die Abhängigkeit zwischen den beiden Merkmalen und umgekehrt. - Im Folgenden wird in den Schritten 1 bis 7 der *korrigierte Kontingenzkoeffizient von Pearson* vorgestellt.

Lösung 2.5 - A5: Pausenregelung

Schritt 1: Skalierung der Merkmale
Merkmal X ist nominalskaliert, Merkmal Y ist ordinalskaliert. Der Zusammenhang kann mit Hilfe des Kontingenzkoeffizienten von Pearson untersucht werden.

Schritt 2: Theoretische Häufigkeit bei Unabhängigkeit von X und Y
Zwei Merkmale X und Y sind voneinander statistisch unabhängig, wenn für jede Merkmalswertkombination (x_i, y_k)

$$h_{ik} = \frac{h_i \cdot h_k}{n}$$

gilt. Anderenfalls sind die beiden Merkmale voneinander statistisch abhängig.

h_{ik} = Anzahl der Merkmalsträger mit den Merkmalen x_i und y_k

In der nachstehenden Tabelle sind die Häufigkeiten angegeben, die sich bei Unabhängigkeit, d.h. das Geschlecht ist ohne Einfluss auf die Einstellung zur Pausenregelung, ergeben würden.

X \ Y	positiv	unentschieden	negativ	Summe
weiblich	$\frac{200 \cdot 235}{500} = 94$	$\frac{200 \cdot 93}{500} = 37,2$	$\frac{200 \cdot 172}{500} = 68,8$	200
männlich	$\frac{300 \cdot 235}{500} = 141$	$\frac{300 \cdot 93}{500} = 55,8$	$\frac{300 \cdot 172}{500} = 103,2$	300
Summe	235	93	172	500

Ablesebeispiel: Wären Geschlecht und Einstellung zur Pausenregelung voneinander unabhängig, dann hätten ca. 69 Studentinnen eine negative Einstellung gegenüber der Verlängerung der Pause.

Schritt 3: Relative Häufigkeitsabweichungen
Für die Bildung eines Kontingenzkoeffizienten sind die relativen Häufigkeitsabweichungen zu berechnen. Die im Zähler aufgeführten Abweichungen von empirischer und theoretischer Häufigkeit werden quadriert, um ein gegenseitiges Aufheben positiver und negativer Abweichungen zu vermeiden.

2.5 Regressions- und Korrelationsanalyse

$$\frac{\left(h_{ik} - \frac{h_i \cdot h_k}{n}\right)^2}{\frac{h_i \cdot h_k}{n}}$$

In der nachstehenden Tabelle sind die "relativierten" Häufigkeitsabweichungen angegeben.

X \ Y	positiv	unentschieden	negativ
weiblich	$\frac{(85-94)^2}{94} = 0,86$	$\frac{(41-37,2)^2}{37,2} = 0,39$	$\frac{(74-68,8)^2}{68,8} = 0,39$
männlich	$\frac{(150-141)^2}{141} = 0,57$	$\frac{(52-55,8)^2}{55,8} = 0,26$	$\frac{(98-103,2)^2}{103,2} = 0,26$

Schritt 4: Berechnung von Chi-Quadrat
Für die Ermittlung des Kontingenzkoeffizienten ist die Größe Chi-Quadrat χ^2 erforderlich. Sie ist die Summe der in Schritt 3 errechneten Abweichungen.

$$\chi^2 = \sum_{i=1}^{v} \sum_{k=1}^{w} \frac{\left(h_{ik} - \frac{h_i \cdot h_k}{n}\right)^2}{\frac{h_i \cdot h_k}{n}}$$

Der Zähler und damit Chi-Quadrat nehmen den Wert 0 an, wenn alle empirischen Häufigkeiten mit den theoretischen Häufigkeiten übereinstimmen. D.h. bei Unabhängigkeit ist Chi-Quadrat gleich Null, anderenfalls größer als Null.

$$\chi^2 = 0,86 + 0,39 + 0,39 + 0,57 + 0,26 + 0,26 = 2,73$$

Die Größe Chi-Quadrat selbst erlaubt noch keine Aussage über die Stärke des Zusammenhangs. Werden nämlich z.B. alle empirischen Häufigkeiten verdoppelt, dann verdoppelt sich auch der Wert von Chi-Quadrat, obgleich die Stärke des Zusammenhangs dieselbe geblieben ist. - Würden im Beispiel alle Häufigkeiten verdoppelt, so ergäbe sich für Chi-Quadrat der Wert 5,46.

Schritt 5: Kontingenzkoeffizient K
Die Beeinflussung durch die Anzahl der Merkmalsträger wird bei dem Kontingenzkoeffizienten K beseitigt.

$$K = \sqrt{\frac{\chi^2}{\chi^2 + n}} = \sqrt{\frac{2,73}{2,73 + 500}} = 0,07$$

Bei Unabhängigkeit nimmt der Kontingenzkoeffizient K wegen $\chi^2 = 0$ den Wert 0 an. Mit zunehmender Abhängigkeit wird der Kontingenzkoeffizient K größer.

Schritt 6: Theoretisch maximaler Wert des Kontingenzkoeffizienten K
Bei vollständiger Abhängigkeit erreicht K den maximal möglichen Wert K_{max}.

$$K_{max} = \sqrt{\frac{\min\{v, w\} - 1}{\min\{v, w\}}}$$

Im Beispiel Pausenregelung, bei dem das Merkmal X zwei (= v) und das Merkmal Y drei (= w) verschiedene Werte annehmen kann, beträgt der maximale Wert

$$K_{max} = \sqrt{\frac{\min\{2, 3\} - 1}{\min\{2, 3\}}} = \sqrt{\frac{2 - 1}{2}} = 0,71$$

Nimmt K seinen maximalen Wert 0,71 an, dann sind die beiden Merkmale extrem stark voneinander statistisch abhängig.

Schritt 7: Korrigierter Kontingenzkoeffizient von Pearson
Wird der Kontingenzkoeffizient K an K_{max} gemessen bzw. relativiert, dann erhält man den korrigierten Kontingenzkoeffizienten von Pearson K_{korr}.

$$K_{korr} = \frac{K}{K_{max}}$$

Der korrigierte Kontingenzkoeffizient nimmt bei Unabhängigkeit den Wert 0 und bei vollständiger Abhängigkeit den Wert 1 an. Je näher der Wert bei 0 (1) liegt, desto geringer (größer) ist die Abhängigkeit bzw. der Zusammenhang zwischen den beiden Merkmalen X und Y.

Für das Beispiel Pausenregelung ergibt sich:

$$K_{korr} = \frac{0,07}{0,71} = 0,1$$

D.h. der Zusammenhang zwischen dem Geschlecht und der Einstellung zur Pausenregelung ist sehr schwach ausgeprägt. Anders ausgedrückt: Die Einstellung zur Pausenregelung wird durch das Geschlecht nur sehr geringfügig beeinflusst.

Aufgabe 2.5 - A6: Waschmittel

Sechs Waschmittel wurden einem Warentest unterzogen. Nachstehend finden Sie für die sechs Waschmittel den jeweiligen Preis (€/10 kg) und das Gesamturteil.

Marke	Preis	Gesamturteil
A	12,30	ausreichend
B	14,20	befriedigend
C	11,99	gut
D	12,49	mangelhaft
E	13,99	gut
F	12,89	sehr gut

Analysieren Sie den Zusammenhang zwischen Preis und Gesamturteil!

Lösung 2.5 - A6: Waschmittel

Schritt 1: Spearman. Schritt 2: Arbeitshypothese: Je höher der Preis, desto besser das Urteil. Schritt 3: 5, 1, 6, 4, 2, 3. Schritt 4: 5, 4, 2,5, 6, 2,5, 1. Schritt 5: $\rho = 1 - (29{,}5 : 210) = 0{,}16$ (Bravais-Pearson: 0,14). Interpretation: Es besteht die schwache Tendenz, dass mit höherem Preis ein besseres Urteil einhergeht.

Aufgabe 2.5 - A7: Wartungskosten

In der folgenden Tabelle sind die Laufzeiten (in Stunden) und die Wartungskosten (in €) einer Maschine für die letzten 12 Monate angegeben.

Laufzeit	39	43	52	57	46	37	31	38	45	49	52	27
Kosten	27	28	31	32	28	25	22	26	30	31	30	23

a) Zeichnen Sie das Streuungsdiagramm und stellen Sie die Form des Zusammenhangs zwischen Maschinenlaufzeit und Wartungskosten fest!
b) Ermitteln und interpretieren Sie die Regressionsfunktion!
 Lösungshilfen: $\sum x_i = 516$; $\sum y_i = 333$; $\sum x_i y_i = 14.626$;
 $\sum x_i^2 = 23.072$; $\sum y_i^2 = 9.357$
c) Berechnen Sie den Korrelationskoeffizienten von Bravais-Pearson!
d) Berechnen und interpretieren Sie das Bestimmtheitsmaß!
e) Mit welchen Wartungskosten ist bei einer Maschinenlaufzeit von 40 Stunden tendenziell zu rechnen?

Lösung 2.5 - A7: Wartungskosten

a) linearer Zusammenhang. b) $b_1 = (14.626 - 14.319):(23.072 - 22.188) = 0,35$;
$a_1 = 12,7$. c) $307/\sqrt{884 \cdot 116,25} = +0,96$. d) 0,92. e) 26,7 €.

Aufgabe 2.5 - A8: Tarifgruppe

Ein Unternehmen bezahlt seine 200 Beschäftigten im Produktionsbereich nach den Tarifgruppen I, II, III und IV. Aus der nachstehenden Tabelle kann die Verteilung der 124 weiblichen und der 76 männlichen Beschäftigten auf die Tarifgruppen ersehen werden.

X \ Y	I	II	III	IV	Summe
weiblich	43	32	36	13	124
männlich	19	18	23	16	76
Summe	62	50	59	29	200

Beschreiben Sie den Zusammenhang zwischen den Merkmalen Geschlecht (X) und Tarifgruppenzugehörigkeit (Y)!

Lösung 2.5 - A8: Tarifgruppe

Schritt 1: korrigierter Kontingenzkoeffizient von Pearson.
Schritt 2: theor. Häufigkeiten: 38,44; 31; 36,58; 17,98; 23,56; 19; 22,42; 11,02.
Schritt 3: relativierte Häufigkeitsabweichungen: 0,54; 0,03; 0,01; 1,38; 0,88; 0,05; 0,02; 2,25.
Schritt 4: Chi-Quadrat = 5,16.
Schritt 5: Kontingenzkoeffizient K = 0,16.
Schritt 6: maximaler Kontingenzkoeffizient = 0,71.
Schritt 7: korrigierter Kontingenzkoeffizient von Pearson = 0,22.

Aufgabe 2.5 - A9: Klausur

Bei einer Analyse des Zusammenhangs zwischen den Noten in Statistik und Mathematik wurde für die These "Je besser die Statistiknote, desto besser die Mathematiknote" der Rangkorrelationskoeffizient von Spearman ρ mit + 0,82 ermittelt. Interpretieren Sie dieses Ergebnis! (Lösung: Es besteht die starke Tendenz, dass mit besserer Note in Statistik eine bessere Note in Mathematik erzielt wird.)

2.5 Regressions- und Korrelationsanalyse

Aufgabe 2.5 - A10: Werbeaufwand und Umsatz

In der folgenden Tabelle sind unsere Werbeaufwendungen X (in €) und die jeweils erzielten Umsätze Y (in Tsd. €) bei zehn unserer Kunden aufgelistet.

Aufwand	105	110	115	120	124	125	130	140	145	150
Umsatz	34	27	24	32	29	26	31	25	31	33

a) Zeichnen Sie das Streuungsdiagramm und stellen Sie die Form des Zusammenhangs zwischen Werbeaufwand und Umsatz fest!
b) Ermitteln und interpretieren Sie die Regressionsfunktionen $\hat{y}$ und $\hat{x}$!
c) Berechnen Sie den Korrelationskoeffizienten von Bravais-Pearson!
d) Berechnen und interpretieren Sie das Bestimmtheitsmaß!
e) Mit welchem Umsatz war bei dem Kunden zu rechnen, bei dem wir einen Werbeaufwand von 125 € hatten? Beurteilen Sie die Güte des Ergebnisses!

Lösung 2.5 - A10: Werbeaufwand und Umsatz

a) linearer Zusammenhang.
b) b_1 = (36.961 - 36.908,8) : (161.776 - 159.769,6) = 0,03; a_1 = 25,41;
   b_2 = (36.961 - 36.908,8) : (8.638 - 8.526,4) = 0,47; a_2 = 112,68.
c) $\sqrt{0,03 \cdot 0,47} = 0,12$.   d) 0,01.
e) 29,16 Tsd. €; geringe Güte, da nur ein schwacher Zusammenhang vorliegt.

Aufgabe 2.5 - A11: Schichtarbeit

In einem Unternehmen wird in drei Schichten gearbeitet. Schicht I: 6.00 - 14.00, Schicht II: 14.00 - 22.00, Schicht III: 22.00 - 6.00 Uhr. Eine Befragung der 600 Arbeitnehmer nach ihrer Zufriedenheit mit dieser zeitlichen Regelung (Stufe I = sehr zufrieden, ..., Stufe V = unzufrieden) führte zu folgendem Ergebnis:

X \ Y	I	II	III	IV	V
Schicht I	117	95	34	11	3
Schicht II	8	25	45	63	68
Schicht III	3	7	15	31	75

Analysieren Sie den Zusammenhang zwischen Schichtzugehörigkeit (X) und Arbeitszufriedenheit (Y)!

Lösung 2.5 - A11: Schichtarbeit

Schritt 1: korrigierter Kontingenzkoeffizient von Pearson, da X nominalskaliert
Schritt 2: theoretische Häufigkeiten: 55,47; 55,03; 40,73; 45,5; 63,27; 44,59; 44,24; 32,74; 36,58; 50,68; 27,95; 27,73; 20,52; 22,92; 31,88.
Schritt 3: relativierte Häufigkeitsabweichungen: 68,26; 29,02; 1,11; 26,16; 57,41; 30,02; 8,37; 4,59; 19,09; 5,78; 22,27; 15,5; 1,49; 2,84; 58,34.
Schritt 4: Chi-Quadrat = 350,25.   Schritt 5: Kontingenzkoeffizient K = 0,61.
Schritt 6: maximaler Kontingenzkoeffizient = 0,82.
Schritt 7: korrigierter Kontingenzkoeffizient von Pearson = 0,74.

Aufgabe 2.5 - A12: Lieferantenbeurteilung

Sieben Lieferanten wurden hinsichtlich ihrer Liefertreue und Qualität beurteilt. Die beiden Beurteilungsskalen reichen jeweils von 1 bis 10 (sehr pünktlich bis sehr unpünktlich; keine Mängel bis erhebliche Mängel). Nachstehend finden Sie die Ergebnisse der Beurteilung.

Lieferant	Liefertreue	Qualität
A	3	3
B	6	4
C	2	1
D	7	5
E	5	2
F	4	3
G	1	2

Analysieren Sie den Zusammenhang zwischen Liefertreue und Qualität!

Lösung 2.5 - A12: Lieferantenbeurteilung

Schritt 1: Korrelationskoeffizient von Spearman.
Schritt 2: Arbeitshypothese: Je höher die Liefertreue, desto höher die Qualität.
Schritt 3: Rangziffern Rg x 3; 6; 2; 7; 5; 4; 1.
Schritt 4: Rangziffern Rg y 4,5; 6; 1; 7; 2,5; 4,5; 2,5.
Schritt 5: ρ = 1 - (72 : 336) = 0,79 (mit Bravais-Pearson: 0,78); Interpretation: Es besteht die starke Tendenz, dass mit höherer Liefertreue eine höhere Qualität einhergeht.

3 Wahrscheinlichkeitsrechnung

Untersuchungsobjekt der Wahrscheinlichkeitsrechnung sind Vorgänge, deren Ausgang ungewiss ist. Welchen Ausgang ein Vorgang nehmen wird, ist vom Zufall abhängig und daher nicht mit Sicherheit vorhersehbar. Aufgabe der Wahrscheinlichkeitsrechnung ist es, das Ausmaß der Sicherheit, mit dem ein möglicher Ausgang eintritt, zahlenmäßig auszudrücken. - In diesem Kapitel werden Aufgaben zu den Themenbereichen **Sätze der Wahrscheinlichkeitsrechnung, Kombinatorik, diskrete Verteilungen** und **stetige Verteilungen** gestellt.

3.1 Sätze der Wahrscheinlichkeitsrechnung

Die Sätze der Wahrscheinlichkeitsrechnung ermöglichen es, die Eintrittswahrscheinlichkeit für bestimmte Ereignisse mit Hilfe bereits bekannter Wahrscheinlichkeiten anderer Ereignisse zu berechnen.

Die folgenden Übungsaufgaben befassen sich mit den Bereichen

- **Additionssatz**
- **bedingte Wahrscheinlichkeit**
- **Unabhängigkeit von Ereignissen**
- **Multiplikationssatz**
- **Satz von der totalen Wahrscheinlichkeit**
- **Satz von Bayes**

Aufgabe 3.1 - A1: Allgemeiner Additionssatz

Ein Absolvent der Betriebswirtschaftslehre hat sich im Rahmen seiner Stellensuche bei der Firma A und bei der Firma B vorgestellt. Der Absolvent schätzt die Wahrscheinlichkeiten dafür, dass er eine Zusage erhält, auf 30 % bzw. auf 40 %. Wie groß ist die Wahrscheinlichkeit, dass er mindestens eine Zusage erhält?

Lösung 3.1 - A1: Allgemeiner Additionssatz

Gegeben sind die Ereignisse A und B mit ihren Eintrittswahrscheinlichkeiten:

A = {Zusage von Firma A}; $W(A) = 0{,}30$;
B = {Zusage von Firma B}; $W(B) = 0{,}40$.

Gesucht ist die Wahrscheinlichkeit, dass Ereignis A oder Ereignis B oder beide Ereignisse gleichzeitig eintreten. - Es besteht also ein Interesse, dass *mindestens eines von mehreren* Ereignissen eintritt. Die Wahrscheinlichkeit dafür kann mit dem allgemeinen Additionssatz ermittelt werden.

> **Allgemeiner Additionssatz:**
> Die Wahrscheinlichkeit, dass mindestens eines von zwei Ereignissen A und B eintritt, beträgt
>
> $W(A \cup B) = W(A) + W(B) - W(A \cap B)$.

Unterstellt man, dass die beiden Firmen A und B ihren Zusageentscheid unabhängig voneinander treffen, dann gilt für die gleichzeitige Zusage der Firmen A und B

$$W(A \cap B) = W(A) \cdot W(B) = 0{,}30 \cdot 0{,}40 = 0{,}12 \quad \text{bzw. } 12\,\%.$$

Die Wahrscheinlichkeit für mindestens eine Zusage beträgt damit

$$W(A \cup B) = W(A) + W(B) - W(A \cap B)$$
$$= 0{,}30 + 0{,}40 - 0{,}12 = 0{,}58 \quad \text{bzw. } 58\,\%.$$

Fehlerquelle:
Es wird vergessen, von der Summe der beiden Einzelwahrscheinlichkeiten die Wahrscheinlichkeit für das gleichzeitige Eintreten von A und B zu subtrahieren.

Aufgabe 3.1 - A2: Additionssatz für disjunkte Ereignisse

An einer Statistikklausur haben 80 Studierende teilgenommen. Die Verteilung der Studierenden auf die Noten 1, 2, 3, 4 und 5 beträgt 8, 16, 32, 24 bzw. 20 %. - Wie groß ist die Wahrscheinlichkeit, dass ein zufällig ausgewählter Studierender mindestens die Note 2 erzielt hat?

Lösung 3.1 - A2: Additionssatz für disjunkte Ereignisse

Gegeben sind die Ereignisse A und B mit ihren Eintrittswahrscheinlichkeiten:

A = {Erzielen der Note 1}; $\quad W(A) = 0{,}08$;
B = {Erzielen der Note 2}; $\quad W(B) = 0{,}16$.

Die Ereignisse A und B sind disjunkt, d.h. ein gleichzeitiges Eintreten der beiden Ereignisse A und B ist nicht möglich.

3.1 Sätze der Wahrscheinlichkeitsrechnung

Die Aufgabe kann mit Hilfe des Additionssatzes für disjunkte Ereignisse, der ein Spezialfall des allgemeinen Additionssatzes ist, gelöst werden.

Additionssatz für disjunkte Ereignisse:

Die Wahrscheinlichkeit, dass *mindestens eines von n disjunkten* Ereignissen eintritt, beträgt

$$W\left(\bigcup_{i=1}^{n} A_i\right) = \sum_{i=1}^{n} W(A_i)$$

Die Wahrscheinlichkeit, dass ein Studierender mindestens die Note 2 erzielt hat, beträgt

$$W(A \cup B) = W(A) + W(B)$$
$$= 0,08 + 0,16 = 0,24 \text{ bzw. } 24\,\%.$$

Aufgabe 3.1 - A3: Bedingte Wahrscheinlichkeit

Im letzten Semester haben 235 Studenten sowohl an der Statistikklausur als auch an der Mathematikklausur teilgenommen. In der nachstehenden Tabelle sind die Ereignisse S (Statistik bestanden), M (Mathematik bestanden), $\bar{S}$ (Statistik nicht bestanden) und $\bar{M}$ (Mathematik nicht bestanden) sowie die möglichen Kombinationen aus den Ereignissen mit ihren relativen Häufigkeiten (in %) angegeben.

	S	$\bar{S}$	Σ
M	62	13	75
$\bar{M}$	10	15	25
Σ	72	28	100

Wie groß ist die Wahrscheinlichkeit, dass ein zufällig ausgewählter Student
a) die Statistikklausur bestanden hat, wenn er die Mathematikklausur bestanden hat?
b) die Mathematikklausur bestanden hat, wenn er die Statistikklausur bestanden hat?
c) die Mathematikklausur nicht bestanden hat, wenn er die Statistikklausur bestanden hat?

Lösung 3.1 - A3: Bedingte Wahrscheinlichkeit

Gesucht ist die Wahrscheinlichkeit für den Eintritt eines Ereignisses A unter der Bedingung, dass ein anderes Ereignis B eingetreten ist oder eintreten wird.
Für die Berechnung der bedingten Wahrscheinlichkeit gilt:

Bedingte Wahrscheinlichkeit

Die Wahrscheinlichkeit für das Ereignis A unter der Bedingung des Ereignisses B ($W(B) > 0$) beträgt

$$W(A|B) = \frac{W(A \cap B)}{W(B)}.$$

a) Statistik bestanden, wenn Mathematik bestanden
  S = {Statistik bestanden}; $W(S) = 0{,}72$
  M = {Mathematik bestanden}; $W(M) = 0{,}75$
  (S $\cap$ M) = {Statistik und Mathematik bestanden}; $W(S \cap M) = 0{,}62$

Die Wahrscheinlichkeit, dass ein zufällig ausgewählter Student die Statistikklausur bestanden hat, wenn er die Mathematikklausur bestanden hat, beträgt

$$W(S|M) = \frac{W(S \cap M)}{W(M)} = \frac{0{,}62}{0{,}75} = 0{,}8267 \quad \text{bzw.} \quad 82{,}67\,\%.$$

Mit dem Wissen, die Mathematikklausur bestanden zu haben, steigt die Wahrscheinlichkeit, die Statistikklausur bestanden zu haben, von ursprünglich 72 % auf 82,67 %.

b) Mathematik bestanden, wenn Statistik bestanden
Die Wahrscheinlichkeit, dass ein zufällig ausgewählter Student die Mathematikklausur bestanden hat, wenn er die Statistikklausur bestanden hat, beträgt

$$W(M|S) = \frac{W(M \cap S)}{W(S)} = \frac{0{,}62}{0{,}72} = 0{,}8611 \quad \text{bzw.} \quad 86{,}11\,\%.$$

Mit dem Wissen, die Statistikklausur bestanden zu haben, steigt die Wahrscheinlichkeit, die Mathematikklausur bestanden zu haben, von ursprünglich 75 % auf 86,11 %.

c) Mathematik nicht bestanden, wenn Statistik bestanden
Die Wahrscheinlichkeit, dass ein zufällig ausgewählter Student die Mathematikklausur nicht bestanden hat, wenn er die Statistikklausur bestanden hat, beträgt

3.1 Sätze der Wahrscheinlichkeitsrechnung 105

$$W(\overline{M}|S) = \frac{W(\overline{M} \cap S)}{W(S)} = \frac{0,10}{0,72} = 0,1388 \quad \text{bzw.} \quad 13,88\,\%.$$

Mit dem Wissen, die Statistikklausur bestanden zu haben, sinkt die Wahrscheinlichkeit, die Mathematikklausur nicht bestanden zu haben, von ursprünglich 25 % auf 13,88 %.

Aufgabe 3.1 - A4: Unabhängigkeit von Ereignissen

In Fortsetzung zur Aufgabe 3.1-A3 soll festgestellt werden, ob die Ereignisse S (Bestehen der Statistikklausur) und M (Bestehen der Mathematikklausur) voneinander unabhängig sind oder nicht.

Lösung 3.1 - A4: Unabhängigkeit von Ereignissen

Die beiden Ereignisse S und M sind voneinander unabhängig, wenn es für das Bestehen der Statistikklausur unerheblich ist, welches Ergebnis bei der Mathematikklausur eingetreten ist. Dies wird in dem Satz für unabhängige Ereignisse allgemein ausgedrückt.

> **Satz für unabhängige Ereignisse**
>
> Zwei Ereignisse A und B sind voneinander unabhängig, wenn gilt
>
> $W(A) = W(A|B)$ bzw.
>
> $W(A) = W(A|\overline{B})$ bzw.
>
> $W(A|B) = W(A|\overline{B})$

Für die vorliegende Aufgabe gilt:

$$W(S) = 0,72; \quad W(S|M) = 0,8267; \quad W(S|\overline{M}) = 0,10/0,25 = 0,40.$$

Wegen

$$W(S) = 0,72 \ne 0,8267 = W(S|M) \quad (\text{oder:} \ W(S) \ne 0,40 = W(S|\overline{M}))$$

sind die beiden Ereignisse S (Bestehen der Statistikklausur) und M (Bestehen der Mathematikklausur) abhängig. Dieses Ergebnis war zu erwarten. Für einen aus der heterogen zusammengesetzten Gesamtheit zufällig ausgewählten Studenten ist die Wahrscheinlichkeit für S geringer als für einen Studenten, der aus den Studenten ausgewählt wurde, die Mathematik bestanden haben.

Aufgabe 3.1 - A5: Allgemeiner Multiplikationssatz

Einer Firma werden 20 Mengeneinheiten eines Artikels geliefert, von denen drei kleinere Fehler aufweisen. Im Rahmen der Wareneingangskontrolle werden vier Mengeneinheiten zufällig entnommen. Wie groß ist die Wahrscheinlichkeit, dass die vier Mengeneinheiten keine Fehler aufweisen?

Lösung 3.1 - A5: Allgemeiner Multiplikationssatz

Gegeben sind die vier Ereignisse A_i

A_i = {Artikel Nr. i ist in Ordnung}   i = 1, 2, 3, 4

Es interessiert die Wahrscheinlichkeit, dass *alle* vier Ereignisse eintreten. Die Wahrscheinlichkeit dafür, kann mit dem allgemeinen Multiplikationssatz ermittelt werden.

Allgemeiner Multiplikationssatz

Die Wahrscheinlichkeit, dass n Ereignisse A_i *gemeinsam* eintreten, beträgt

$$W(A_1 \cap A_2 \cap A_3 \cap ... \cap A_n) = W(A_1) \cdot W(A_2|A_1) \cdot$$
$$W(A_3|A_1 \cap A_2) \cdot ... \cdot W(A_n|A_1 \cap A_2 \cap ... \cap A_{n-1})$$

Oder in Kurzschreibweise:

$$W\left(\bigcap_{i=1}^{n} A_i\right) = W(A_1) \cdot \prod_{i=2}^{n} W\left(A_i \mid \bigcap_{j=1}^{i-1} A_j\right)$$

Die Wahrscheinlichkeit, dass alle vier Ereignisse eintreten, d.h. alle vier entnommenen Mengeneinheiten weisen keine Fehler auf, beträgt

$$W(A_1 \cap A_2 \cap A_3 \cap A_4) = W(A_1) \cdot W(A_2|A_1) \cdot W(A_3|A_1 \cap A_2) \cdot$$
$$W(A_4|A_1 \cap A_2 \cap A_3)$$

$$= \frac{17}{20} \cdot \frac{16}{19} \cdot \frac{15}{18} \cdot \frac{14}{17} = 0,4912 \quad \text{bzw.} \quad 49,12\,\%.$$

Fehlerquelle:
Es wird nicht erkannt, dass die Ereignisse voneinander abhängig sind, und viermal die Wahrscheinlichkeit $W(A_i) = 17/20$ als Faktor verwendet. Es wird dabei übersehen, dass nach jeder Entnahme eine veränderte, neue Entnahmesituation entsteht (Modell bzw. Entnahme ohne Zurücklegen).

Aufgabe 3.1 - A6: Multiplikationssatz für unabhängige Ereignisse

Die Wahrscheinlichkeit, dass beim Roulette das Ereignis "Rot" eintritt, ist mit 18/37 genauso groß wie die Wahrscheinlichkeit für das Ereignis "Schwarz". Die Strategie eines Spielers besteht darin, nach viermaligem aufeinander folgenden Ausspielen von "Schwarz" € 20 auf "Rot" zu setzen in der Annahme, es sei wesentlich wahrscheinlicher, dass im fünften Spiel "Rot" ausgespielt wird als zum fünften Male nacheinander "Schwarz". - Beurteilen Sie diese Strategie!

Lösung 3.1 - A6: Multiplikationssatz für unabhängige Ereignisse

Gegeben sind die Ereignisse

R_i = {"Rot" im Spiel Nr. i}   und S_i = {"Schwarz" im Spiel Nr. i}

Gesucht sind die Wahrscheinlichkeit, dass in allen fünf Spielen das Ereignis "Schwarz" eintritt, sowie die Wahrscheinlichkeit, dass in den ersten vier Spielen das Ereignis "Schwarz" und im fünften Spiel das Ereignis "Rot" eintritt. - Beim Roulette muss für jedes einzelne Spiel die gleiche "Entnahmesituation" gelten, d.h. das Ergebnis einer Ausspielung darf nicht vom Ergebnis der vorangegangenen Ausspielung beeinflusst werden (Fall mit Zurücklegen). Die Ereignisse sind also voneinander unabhängig (damit ist die Aufgabe eigentlich schon gelöst!). - Die Wahrscheinlichkeiten können mit Hilfe des Multiplikationssatzes für unabhängige Ereignisse gelöst werden.

Multiplikationssatz für unabhängige Ereignisse

Die Wahrscheinlichkeit, dass n voneinander unabhängige Ereignisse A_i *gemeinsam* eintreten, beträgt

$$W(A_1 \cap A_2 \cap ... \cap A_n) = W(A_1) \cdot W(A_2) \cdot ... \cdot W(A_n)$$

Oder in Kurzschreibweise:

$$W\left(\bigcap_{i=1}^{n} A_i\right) = \prod_{i=1}^{n} W(A_i)$$

Die Wahrscheinlichkeit, dass fünfmal nacheinander das Ereignis "Schwarz" eintritt, beträgt:

$$W(\bigcap_{i=1}^{5} S_i) = \prod_{i=1}^{5} W(S_i) = \frac{18}{37} \cdot \frac{18}{37} \cdot \frac{18}{37} \cdot \frac{18}{37} \cdot \frac{18}{37} = 0,0272 \text{ bzw. } 2,72\,\%$$

Die Wahrscheinlichkeit ist mit 2,72 % tatsächlich sehr gering. Aber genauso gering ist die Wahrscheinlichkeit, dass viermal das Ereignis "Schwarz" und dann das Ereignis "Rot" eintritt, da im fünften Zug die Eintrittswahrscheinlichkeit für das Ereignis "Rot" ebenfalls 18/37 beträgt. *Der Zufall besitzt kein Gedächtnis.*
Die Strategie ist folglich nicht sinnvoll. Zudem beträgt die Wahrscheinlichkeit nur 5,60 %, dass bei vier Ausspielungen viermal "Schwarz" eintritt. Der Spieler müsste also lange warten, bis er zu seinem Einsatz käme.

Aufgabe 3.1 - A7: Satz von der totalen Wahrscheinlichkeit

Bei einem Elektronik-Versand können Artikel aus den drei Abteilungen Audio, SAT und Video bestellt werden. Von den bestellten Artikeln entfallen 40 % auf die Abteilung Audio, 35 % auf SAT und 25 % auf Video. Sind Kunden mit einem Artikel unzufrieden, so können sie diesen bei Vorliegen bestimmter Gründe zurückschicken. Der Anteil der Retouren beträgt bei Audio 3 %, bei SAT 5 % und bei Video 1 %. - Wie groß ist die Wahrscheinlichkeit, dass ein Artikel an den Elektronik-Versand zurückgeschickt wird?

Lösung 3.1 - A7: Satz von der totalen Wahrscheinlichkeit

Schritt 1: Feststellung der gegebenen Größen
Zuordnungen für eine übersichtliche Darstellung:

    1 = Abteilung Audio;   2 = Abteilung SAT;   3 = Abteilung Video

Ereignisse:

    A_i = {Artikel stammt aus Abteilung i}   für i = 1, 2, 3

    B = {Artikel wird zurückgeschickt}

    $B|A_i$ = {Artikel wird zurückgeschickt, wenn er aus Abteilung i stammt}

Wahrscheinlichkeiten ($\hat{=}$ relative Häufigkeit)

    $W(A_1) = 0,40;$ $W(B|A_1) = 0,03;$

    $W(A_2) = 0,35;$ $W(B|A_2) = 0,05;$

    $W(A_3) = 0,25;$ $W(B|A_3) = 0,01.$

Schritt 2: Feststellung der gesuchten Größe

Gesucht ist die Wahrscheinlichkeit dafür, dass Ereignis B eintritt, d.h. ein Artikel zurückgeschickt wird.

    W(B)

3.1 Sätze der Wahrscheinlichkeitsrechnung

Die Wahrscheinlichkeit kann mit Hilfe des "Satz von der totalen Wahrscheinlichkeit" berechnet werden.

Satz von der totalen Wahrscheinlichkeit

Bilden die Ereignisse $A_1, A_2, ..., A_n$ ein vollständiges Ereignissystem und ist B ein beliebiges Ereignis, dann gilt

$$W(B) = \sum_{i=1}^{n} W(A_i) \cdot W(B|A_i)$$

In der nachstehenden Abbildung ist die Problemstellung grafisch veranschaulicht.

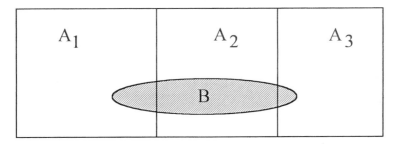

Schritt 3: Berechnung von W(B)

$$W(B) = 0,40 \cdot 0,03 + 0,35 \cdot 0,05 + 0,25 \cdot 0,01 = 0,032 \quad \text{bzw.} \quad 3,2\%$$

Mit einer Wahrscheinlichkeit von 3,2 % wird ein Artikel an den Elektronik-Versand zurückgeschickt.

Fehlerquelle:
Es wird das arithmetische Mittel aus den bedingten Wahrscheinlichkeiten 0,03, 0,05 und 0,01 gebildet, ohne die bedingten Wahrscheinlichkeiten zu "gewichten".

Aufgabe 3.1 - A8: Satz von Bayes

Mit Hilfe einer automatischen Anlage werden Flaschen vor dem Befüllen auf Verunreinigungen überprüft. Wenn eine Flasche Verunreinigungen aufweist, dann wird sie mit einer Wahrscheinlichkeit von 99,9 % bei der Überprüfung als solche entdeckt. Wenn eine Flasche keine Verunreinigungen aufweist, dann wird sie mit einer Wahrscheinlichkeit von 0,7 % fehlerhafterweise als verunreinigt eingestuft. Der Anteil der verunreinigten Flaschen beträgt erfahrungsgemäß 0,5 %. - Wie groß ist die Wahrscheinlichkeit, dass eine Flasche verunreinigt ist, wenn sie bei der Überprüfung als sauber eingestuft worden ist?

Lösung 3.1 - A8: Satz von Bayes

Schritt 1: Feststellung der gegebenen Größen

Ereignisse:

S = {Flasche ist sauber}; V = {Flasche ist verunreinigt}
FS = {Flasche als sauber eingestuft};
FV = {Flasche als verunreinigt eingestuft}

Wahrscheinlichkeiten:

$W(S) = 0{,}995$; $W(FV|S) = 0{,}007$; $W(FS|S) = 0{,}993$;
$W(V) = 0{,}005$; $W(FV|V) = 0{,}999$; $W(FS|V) = 0{,}001$.

Schritt 2: Feststellung der gesuchten Größe

Gesucht ist die Wahrscheinlichkeit dafür, dass eine Flasche verunreinigt ist, wenn bzw. obgleich sie bei der Überprüfung als sauber (nicht verunreinigt) eingestuft worden ist.

$W(V|FS)$

Die Wahrscheinlichkeit kann mit Hilfe des Satzes von Bayes berechnet werden.

Satz von Bayes

Bilden die Ereignisse $A_1, A_2, ..., A_n$ ein vollständiges Ereignissystem und ist B ein beliebiges Ereignis, dann gilt für das Ereignis $A_j|B$

$$W(A_j|B) = \frac{W(A_j) \cdot W(B|A_j)}{\sum_{i=1}^{n} W(A_i) \cdot W(B|A_i)}$$

Schritt 3: Berechnung der gesuchten Wahrscheinlichkeit

Setzt man in der Formel $A_j = V$ und $B = FS$, dann ergibt sich

$$W(V|FS) = \frac{W(V) \cdot W(FS|V)}{W(S) \cdot W(FS|S) + W(V) \cdot W(FS|V)}$$

$$= \frac{0{,}005 \cdot 0{,}001}{0{,}995 \cdot 0{,}993 + 0{,}005 \cdot 0{,}001} = \frac{0{,}000005}{0{,}988035 + 0{,}000005}$$

$$= \frac{0{,}000005}{0{,}988040} = 0{,}00000506 \quad \text{bzw.} \quad 0{,}000506\,\%.$$

Die Wahrscheinlichkeit, dass eine Flasche verunreinigt ist, obwohl sie als sauber eingestuft worden ist, beträgt 0,000506 %. D.h. bei z.B. 1.000.000 als sauber eingestuften Flaschen ist durchschnittlich mit 5,06 verunreinigten Flaschen zu rechnen.

Eine zweite mögliche Fehlbeurteilung besteht bei der Kontrolle darin, dass eine Flasche sauber ist, obwohl sie als verunreinigt eingestuft worden ist. Die Wahrscheinlichkeit für diese Fehlbeurteilung beträgt.

$$W(S|FV) = \frac{W(S) \cdot W(FV|S)}{W(S) \cdot W(FV|S) + W(V) \cdot W(FV|V)}$$

$$= \frac{0,995 \cdot 0,007}{0,995 \cdot 0,007 + 0,005 \cdot 0,999} = 0,5824 \quad \text{bzw.} \quad 58,24\,\%$$

Die Wahrscheinlichkeit, dass eine Flasche sauber ist, obwohl sie als verunreinigt eingestuft worden ist, beträgt fast 58,24 %. - Ursächlich für diesen hoch erscheinenden Wert ist der sehr hohe Anteil an sauberen Flaschen.

Fehlerquelle:
Bei der Analyse der Aufgabenstellung werden die bedingten Wahrscheinlichkeiten fehlerhaft gebildet.

Aufgabe 3.1 - A9: Arzneimittel

Zwei pharmazeutische Unternehmen A und B forschen getrennt voneinander nach einem neuen Arzneimittel. Unternehmen A schätzt, dass es mit einer Wahrscheinlichkeit von 65 % in den nächsten zwei Jahren erfolgreich sein wird, Unternehmen B schätzt die Wahrscheinlichkeit auf 80 %.
Wie groß ist die Wahrscheinlichkeit, dass in den nächsten beiden Jahren
a) beide Unternehmen erfolgreich sind,
b) mindestens ein Unternehmen erfolgreich ist,
c) Unternehmen A erfolgreich ist, wenn Unternehmen B erfolgreich ist?

Lösung 3.1 - A9: Arzneimittel

a) Multiplikationssatz für unabhängige Ereignisse: 52 %
b) allgemeiner Additionssatz: 93 % (0,65 + 0,80 - 0,52)
c) bedingte Wahrscheinlichkeit: 65 %. - Da beide Ereignisse voneinander unabhängig sind, ist die bedingte Wahrscheinlichkeit mit W(A) identisch.

Aufgabe 3.1 - A10: Qualitätskontrolle

Ein Zulieferer produziert ein Bauteil X auf den drei Maschinen A, B und C, die mit Ausschussquoten von 4, 3 bzw. 1 % arbeiten. Bei einer Lieferung an einen seiner Kunden stammen 20 % der Bauteile von Maschine A, 30 % von B und 50 % von C. Die Bauteile werden vor der Auslieferung einer Endkontrolle unterzogen. Mit einer Wahrscheinlichkeit von 98,5 % wird ein defektes Bauteil als solches erkannt. Andererseits wird mit einer Wahrscheinlichkeit von 1,8 % ein fehlerfreies Bauteil irrtümlich als defekt eingestuft.

a) Nennen Sie die gegebenen Ereignisse mit ihren Wahrscheinlichkeiten!
b) Der Kunde akzeptiert Lieferungen mit einer Ausschussquote von maximal 2 %. Würde die maximale Ausschußquote in der Lieferung überschritten, falls keine Endkontrolle durchgeführt würde?
c) Wie groß ist die Wahrscheinlichkeit, dass ein Bauteil von Maschine B stammt, wenn es bei der Endkontrolle als defekt eingestuft wurde?
d) Wie groß ist die Wahrscheinlichkeit, dass ein Bauteil defekt ist, wenn es bei der Endkontrolle als defekt eingestuft wurde?
e) Wie groß ist die Wahrscheinlichkeit, dass ein Bauteil fehlerfrei ist, wenn es bei der Endkontrolle als defekt eingestuft wurde?
f) Wie groß ist die Wahrscheinlichkeit, dass ein Bauteil fehlerfrei ist, wenn es bei der Endkontrolle als fehlerfrei eingestuft wurde?
g) Wie groß ist die Wahrscheinlichkeit, dass ein Bauteil defekt ist, wenn es bei der Endkontrolle als fehlerfrei eingestuft wurde?
h) Bei einer zweiten, intensiven Kontrolle könnte mit Sicherheit festgestellt werden, ob ein als defekt eingestuftes Bauteil tatsächlich defekt ist. Die Kosten der Kontrolle belaufen sich pro Bauteil auf € 12. Der Erlös für ein fehlerfreies Bauteil beträgt € 40. - Soll die zweite Kontrolle durchgeführt oder sollen alle als defekt eingestuften Teile kostenlos verschrottet werden?

Lösung 3.1 - A10: Qualitätskontrolle

a) i = {Bauteil von Maschine i}   für   i = A, B, C;

D = {defektes Bauteil};   FF = {fehlerfreies Bauteil}

W(A) = 0,2;   W(B) = 0,3;   W(C) = 0,5;

W(D|A) = 0,04;   W(D|B) = 0,03;   W(D|C) = 0,01;

KD = {Bauteil laut Kontrolle defekt};

W(KD|D) = 0,985;   W(KD|FF) = 0,018

3.1 Sätze der Wahrscheinlichkeitsrechnung 113

KFF = {Bauteil laut Kontrolle fehlerfrei};

W(KFF|FF) = 0,982;   W(KFF|D) = 0,015

b) Satz von der totalen Wahrscheinlichkeit
W(D) = 0,2·0,04 + 0,3·0,03 + 0,5·0,01 = 0,022 (2,2 %); ja, Überschreitung

c) Satz von Bayes
W(B|D) = 0,009/0,022 = 0,409 bzw. 40,9 %

d) Satz von Bayes
$$W(D|KD) = \frac{0,022 \cdot 0,985}{0,022 \cdot 0,985 + 0,978 \cdot 0,018} = 0,5518 \quad \text{bzw.} \quad 55,18\,\%$$

e) Satz von Bayes oder Komplementärereignis zu d)
W(FF|KD) = 1 - W(D|KD) = 1 - 0,5518 = 0,4482 bzw. 44,82 %

f) Satz von Bayes
$$W(FF|KFF) = \frac{0,978 \cdot 0,982}{0,978 \cdot 0,982 + 0,022 \cdot 0,015} = 0,9997 \quad \text{bzw.} \quad 99,97\,\%$$

g) Satz von Bayes oder Komplementärereignis zu f)
W(D|KFF) = 1 - W(FF|KFF) = 1 - 0,9997 = 0,0003 bzw. 0,03 %

h) Überschuss-Erwartungswert für ein Bauteil
40·0,4482 + 0·0,5518 - 12 = + 5,928 €. Zweite Kontrolle durchführen.

Aufgabe 3.1 - A11: Studienerfolg

Für einen Studiengang wurde festgestellt, dass von den im Jahr 2009 exmatrikulierten Studenten 80 % die Vordiplomprüfung und 72 % die Diplomprüfung erfolgreich abgeschlossen haben.

a) Nennen Sie die gegebenen Ereignisse mit ihren "Wahrscheinlichkeiten"!
b) Wie groß war für einen Studenten die Wahrscheinlichkeit, die Diplomprüfung zu bestehen, wenn er die Vordiplomprüfung bestanden hatte?
c) Wie groß war für einen Studenten die Wahrscheinlichkeit, die Diplomprüfung nicht zu bestehen, wenn er die Vordiplomprüfung bestanden hatte?
d) Zeigen Sie, dass die beiden Ereignisse statistisch voneinander abhängig sind!
e) Wie groß ist die Wahrscheinlichkeit, die Vordiplomprüfung zu bestehen und die Diplomprüfung nicht zu bestehen?

Lösung 3.1 - A11: Studienerfolg

a) V = {Vordiplom bestanden};   D = {Diplom bestanden};   V∩D
W(V) = 0,80;   W(D) = 0,72;   W(V∩D) = 0,72

b) bedingte Wahrscheinlichkeit
   W(D|V) = W(D ∩ V)/W(V) = 0,72/0,80 = 0,90 bzw. 90 %

c) W($\overline{D}$|V) = 1 - W(D|V) = 1 - 0,90 = 0,10 bzw. 10 %

d) W(D) = 0,72 ≠ 0,90 = W(D|V)

e) allgemeiner Multiplikationssatz
   W(V)·W($\overline{D}$|V) = 0,80·0,10 = 0,08 bzw. 8 %; oder einfacher mit dem Differenzereignis: 0,80 - 0,72 = 0,08 bzw. 8 %

zu c) bedingte Wahrscheinlichkeit mit Hilfe von e)
   W($\overline{D}$|V) = W($\overline{D}$ ∩ V)/W(V) = 0,08/0,80 = 0,10 bzw. 10 %.

Aufgabe 3.1 - A12: Spiel 77

Bei dem Spiel 77 wird eine siebenstellige Zahl ausgespielt. In der Anfangszeit des Spiels wurden 70 Kugeln in eine Urne gegeben, wobei je sieben Kugeln die Aufschrift "0", "1", ..., "9" trugen. Zur Ermittlung der siebenstelligen Zahl wurden nacheinander sieben Kugeln ohne Zurücklegen entnommen. - Nach einiger Zeit wurde die Ermittlungsmethode umgestellt: Die Urne wurde derart in sieben Teilurnen zerlegt, dass für jede Stelle der auszuspielenden Zahl eine eigene Urne entstand. In einer jeder Urne sind 10 Kugeln, die von "0" bis "9" durchnummeriert sind. Zur Ermittlung der siebenstelligen Zahl wird aus jeder Urne genau eine Kugel entnommen.

a) Wie groß war die Eintrittswahrscheinlichkeit für die Zahl 1111111 vor der Umstellung?
b) Wie groß war die Eintrittswahrscheinlichkeit für die Zahl 1234567 vor der Umstellung?
c) Wie groß waren die Eintrittswahrscheinlichkeiten für die beiden unter a) und b) genannten Zahlen nach der Umstellung?
d) Warum wurde die Umstellung vorgenommen?

Lösung 3.1 - A12: Spiel 77

a) Allgemeiner Multiplikationssatz (für abhängige Ereignisse)

$$\frac{7}{70} \cdot \frac{6}{69} \cdot \frac{5}{68} \cdot \ldots \cdot \frac{1}{64} = 0{,}000000000834185$$

b) Allgemeiner Multiplikationssatz (für abhängige Ereignisse)

$$\frac{7}{70} \cdot \frac{7}{69} \cdot \frac{7}{69} \cdot \ldots \cdot \frac{7}{64} = 0{,}00000013607$$

3.1 Sätze der Wahrscheinlichkeitsrechnung

c) Multiplikationssatz für unabhängige Ereignisse

Für beide Zahlen gilt jeweils: $(\frac{1}{10})^7 = 0,0000001$

d) Herstellung der Chancengleichheit für alle siebenstelligen Zahlen

Aufgabe 3.1 - A13: BSE-Test

Ein Pharmaunternehmen hat einen kostengünstigen BSE-Schnelltest entwickelt. Das Unternehmen behauptet, dass Rinder, die mit BSE infiziert sind, mit Hilfe des Tests zu 99,8 % als infiziert klassifiziert werden. Rinder, die nicht mit BSE infiziert sind, werden bei dem Test zu 99,1 % als nicht infiziert klassifiziert. - In einem Rinderbestand seien 0,03 % der Rinder mit BSE infiziert.

a) Nennen Sie die gegebenen Ereignisse mit ihren Wahrscheinlichkeiten!

b) Wie groß ist die Wahrscheinlichkeit, dass ein Rind infiziert ist, wenn es bei dem Test als infiziert klassifiziert worden ist?

c) Wie groß ist die Wahrscheinlichkeit, dass ein Rind nicht infiziert ist, wenn es bei dem Test als infiziert klassifiziert worden ist?

d) Wie groß ist die Wahrscheinlichkeit, dass ein Rind infiziert ist, wenn es bei dem Test als nicht infiziert klassifiziert worden ist?

e) Wie groß ist die Wahrscheinlichkeit, dass ein Rind nicht infiziert ist, wenn es bei dem Test als nicht infiziert klassifiziert worden ist?

f) Wie viele Rinder werden bei einem Bestand von 1.000.000 Tieren bei Anwendung des Testverfahrens irrtümlich für infiziert klassifiziert?

g) Wie viele Rinder werden bei einem Bestand von 1.000.000 Tieren bei Anwendung des Testverfahrens irrtümlich für nicht infiziert klassifiziert?

Lösung 3.1 - A13: BSE-Test

a) i = {infiziertes Rind};   ni = {nicht infiziertes Rind}

W(i) = 0,0003;   W(ni) = 0,9997

Ti = {Rind laut Test infiziert};   Tni = {Rind laut Test nicht infiziert}

W(Ti|i) = 0,998;   W(Tni|i) = 0,002

W(Tni|ni) = 0,991;   W(Ti|ni) = 0,009

b) Satz von Bayes

W(i|Ti) = 0,0003·0,998 / (0,0003·0,998 + 0,9997·0,009) = 0,0322 bzw. 3,22 %

c) Satz von Bayes   oder einfacher mit dem Komplement zu b)

W(ni|Ti) = 1 - W(i|Ti) = 1 - 0,0322 = 0,9678 bzw. 96,78 %

d) Satz von Bayes
   W(i|Tni) = 0,0003·0,002 / (0,0003·0,002 + 0,9997·0,991) = 0,00000060563

e) Satz von Bayes   oder einfacher mit dem Komplement zu d)
   W(ni|Tni) = 1 - W(i|Tni) = 1 - 0,00000060563 = 0,99999939437

f) Anzahl nicht infizierter Rinder: 999.700 Rinder,
   davon werden 0,9 % bzw. 8.997,3 Rinder als infiziert klassifiziert.

g) Anzahl infizierter Rinder: 300 Rinder,
   davon werden 0,2 % bzw. 0,6 Rinder als nicht infiziert klassifiziert.

Aufgabe 3.1 - A14: Formel1

Zwei Fahrzeuge nehmen an der Formel1-Weltmeisterschaft teil. Fahrzeug 1 hat in den letzten Jahren in 80 % der Rennen das Ziel erreicht, Fahrzeug 2 in 70 %, beide Fahrzeuge gemeinsam in 56 % der Rennen.

a) Nennen Sie die gegebenen Ereignisse mit ihren Wahrscheinlichkeiten!
b) Sind die Ereignisse statistisch voneinander unabhängig?
c) Wie groß ist die Wahrscheinlichkeit, dass
   c1) bei einem Rennen beide Fahrzeuge das Ziel nicht erreichen,
   c2) genau ein Fahrzeug das Ziel erreicht,
   c3) Fahrzeug 1 das Ziel nicht erreicht, wenn Fahrzeug 2 das Ziel erreicht,
   c4) mindestens ein Fahrzeug das Ziel erreicht?

Lösung 3.1 - A14: Formel1

a) F1Z = {Fahrzeug 1 Ziel erreicht};   F2Z = {Fahrzeug 2 Ziel erreicht}
   W(F1Z) = 0,80;   W(F2Z) = 0,70;   W(F1Z $\cap$ F2Z) = 0,56

b) Satz für unabhängige Ereignisse in Verbindung mit der bedingten Wahrscheinlichkeit
   W(F1Z) = 0,80 = W(F1Z|F2Z) = 0,56/0,70 = 0,80 $\rightarrow$ unabhängig

c1) Multiplikationssatz für unabhängige Ereignisse: 0,20·0,30 = 0,06

c2) 0,80·0,30 + 0,20·0,70 = 0,38   oder   1 - 0,56 - 0,06 = 0,38

c3) bedingte Wahrscheinlichkeit:
    W($\overline{F1Z}$|F2Z) = 0,20·0,70/0,70 = 0,20   (unabhängige Ereignisse!)

c4) Allgemeiner Additionssatz: 0,80 + 0,70 - 0,56 = 0,94
    oder 1 - 0,06 = 0,94

3.2 Kombinatorik

Die Kombinatorik beschäftigt sich mit Problemen des Auswählens und/oder Anordnens von Elementen aus einer vorgegebenen endlichen Menge von Elementen. Aufgabe der Kombinatorik ist es, die Anzahl der Möglichkeiten für das Auswählen und/oder das Anordnen der Elemente zu ermitteln.

Die folgenden Übungsaufgaben befassen sich mit den Bereichen

- **Permutation ohne Wiederholung**
- **Permutation mit Wiederholung**
- **Kombination ohne Wiederholung mit Beachtung der Anordnung**
- **Kombination ohne Wiederholung ohne Beachtung der Anordnung**
- **Kombination mit Wiederholung mit Beachtung der Anordnung**
- **Kombination mit Wiederholung ohne Beachtung der Anordnung**

Fehlerquelle:
Bei einer oberflächlichen Analyse der Aufgabenstellung kann es relativ leicht passieren, dass der der Aufgabe zugrunde liegende Kombinationstyp nicht erkannt wird.

Die nachstehende Fragenfolge dient dazu, den Kombinationstyp auf einfache Weise feststellen zu können.

Schritt 1: Ist jedes vorgegebene Element genau einmal anzuordnen?
- ja: Gehe nach Schritt 2.
- nein: Gehe nach Schritt 3.

Schritt 2: Sind die vorgegebenen Elemente alle verschieden?
- ja: Permutation ohne Wiederholung. Ende.
- nein: Permutation mit Wiederholung. Ende.

Schritt 3: Darf ein vorgegebenes Elemente wiederholt ausgewählt werden?
- nein: Gehe nach Schritt 4.
- ja: Gehe nach Schritt 5.

Schritt 4: Ist die Anordnung der Elemente von Bedeutung?
- ja: Variation ohne Wiederholung. Ende.
- nein: Kombination ohne Wiederholung. Ende.

Schritt 5: Ist die Anordnung der Elemente von Bedeutung?
- ja: Variation mit Wiederholung. Ende.
- nein: Kombination mit Wiederholung. Ende.

Aufgabe 3.2 - A1: Permutation ohne Wiederholung

Auf einer Maschine sind nacheinander fünf verschiedene Aufträge zu bearbeiten. Wie viele verschiedene Maschinenbelegungspläne gibt es?

Lösung 3.2 - A1: Permutation ohne Wiederholung

Schritt 1: Feststellung des Typs von Kombination

Es liegt eine Permutation ohne Wiederholung vor, da
- jeder Auftrag genau einmal zu bearbeiten ist,
- alle Aufträge voneinander verschieden sind.

Schritt 2: Berechnung der Anzahl von Anordnungsmöglichkeiten

Die Anzahl der Permutationen ohne Wiederholung kann mit Hilfe des folgenden Satzes ermittelt werden:

Satz: Permutationen ohne Wiederholung

Die Anzahl der Permutationen von n gegebenen verschiedenen Elementen ist $P(n) = n!$

Damit ergibt sich: $P(5) = 5! = 120$

d.h. es gibt 120 verschiedene Maschinenbelegungspläne.

Aufgabe 3.2 - A2: Permutation mit Wiederholung

In einem Büro ist eine Regalwand aus den Regalelementen A, B, C und D aufzustellen. Dabei sind Element A dreimal, Element B zweimal und die Elemente C und D je einmal vorhanden. - Wie viele verschiedene Anordnungsmöglichkeiten gibt es?

Lösung 3.2 - A2: Permutation mit Wiederholung

Schritt 1: Feststellung des Typs von Kombination

Es liegt eine Permutation mit Wiederholung vor, da
- jedes vorgegebene Regalelement genau einmal anzuordnen ist,
- die Regalelemente A und B wiederholt vorkommen.

3.2 Kombinatorik

Schritt 2: Berechnung der Anzahl von Anordnungsmöglichkeiten

Die Anzahl der Permutationen mit Wiederholung kann mit Hilfe des folgenden Satzes ermittelt werden:

Satz: Permutationen mit Wiederholung

Gegeben sind n Elemente, die in k Klassen von untereinander gleichen Elementen zerfallen. Die einzelnen Klassen enthalten $n_1, n_2, ..., n_k$ Elemente ($\sum n_i = n$). Dann gibt es

$$P_{n_1,n_2,..,n_k}(n) = \frac{n!}{n_1! \cdot n_2! \cdot ... \cdot n_k!} \quad \text{Permutationen.}$$

Gegeben sind n = 7 Regalelemente, die in k = 4 Klassen von untereinander gleichen Regalelementen zerfallen. Die Klasse "A" enthält n_1 = 3 Elemente, die Klasse "B" n_2 = 2 Elemente und die Klassen "C" und "D" $n_3 = n_4 = 1$ Element. Mit dem Satz "Permutationen mit Wiederholung" ergibt sich:

$$P_{3,2,1,1}(7) = \frac{7!}{3! \cdot 2! \cdot 1! \cdot 1!} = \frac{5.040}{6 \cdot 2 \cdot 1 \cdot 1} = 420$$

Es gibt 420 Möglichkeiten, die sieben Regalelemente anzuordnen.

Aufgabe 3.2 - A3: Kombination mit Wiederholung I

Ein Möbelgeschäft bietet ein Bücherregalsystem an, das die vier Grundelemente A, B, C und D umfasst. Die Grundelemente sind in ihren räumlichen Ausmaßen identisch, in ihrem Aussehen aber unterschiedlich. Wie viele verschiedene Anordnungen sind möglich, wenn

a) genau sieben Elemente,
b) genau drei Elemente
nebeneinander aufzustellen sind?

Lösung 3.2 - A3: Kombination mit Wiederholung I

Schritt 1: Feststellung des Typs von Kombination

Es liegt eine Kombination mit Wiederholung mit Beachtung der Anordnung vor, da

- die vorgegebenen Elemente A, B, C und D voneinander verschieden sind,
- ein Regalelement wiederholt ausgewählt werden darf,
- die Anordnung der Regalelemente von Bedeutung ist.

Schritt 2: Berechnung der Anzahl von Anordnungsmöglichkeiten

Die Anzahl der Anordnungsmöglichkeiten kann mit Hilfe des folgenden Satzes ermittelt werden:

> **Satz: Kombination mit Wiederholung mit Beachtung der Anordnung**
> Sind aus n verschiedenen Elementen k Elemente mit Wiederholung auszuwählen und ist die Anordnung von Bedeutung, dann beträgt die Anzahl der Kombinationen (Variationen) V
> $$V_k^W(n) = n^k.$$

a) n = 4; k = 7
$$V_7^W(4) = 4^7 = 16.384$$

d.h. es gibt 16.384 Möglichkeiten, die Regale anzuordnen.

b) n = 4; k = 3
$$V_3^W(4) = 4^3 = 64$$

d.h. es gibt 64 Möglichkeiten, die Regale anzuordnen..

Fehlerquelle:
Die Zuordnung der Zahlen zu n und k wird umgekehrt vorgenommen.

Aufgabe 3.2 - A4: Kombination mit Wiederholung II

Die vier Teilnehmer einer Netzwerkparty bitten kurz nach Mitternacht einen Pizzaservice um die Lieferung von vier Pizzen, wobei es ihnen nicht auf die Pizzasorte ankommt. Unter wie vielen Sorten-Zusammenstellungen kann der Pizzabäcker wählen, wenn er sieben verschiedene Pizzasorten zur Auswahl hat?

Lösung 3.2 - A4: Kombination mit Wiederholung II

Schritt 1: Feststellung des Typs von Kombination

Es liegt eine Kombination mit Wiederholung ohne Beachtung der Anordnung vor, da
- die sieben angebotenen Pizzasorten voneinander verschieden sind,
- eine Pizzasorte öfters als einmal geliefert werden darf,
- die Reihenfolge der Anlieferung der vier Pizzen für die vier Teilnehmer ohne Bedeutung ist.

Schritt 2: Berechnung der Anzahl von Anordnungsmöglichkeiten

Die Anzahl der Anordnungsmöglichkeiten kann mit Hilfe des folgenden Satzes ermittelt werden:

Satz: Kombination mit Wiederholung ohne Beachtung der Anordnung
Sind aus n verschiedenen Elementen k Elemente mit Wiederholung auszuwählen und ist die Anordnung ohne Bedeutung, dann beträgt die Anzahl der Kombinationen K

$$K_k^W(n) = \binom{n+k-1}{k}$$

Mit n = 7 und k = 4 ergibt sich:

$$K_4^W(7) = \binom{7+4-1}{4} = \binom{10}{4} = \frac{10!}{4! \cdot 6!} = \frac{3.628.800}{24 \cdot 720} = 210$$

Der Pizzabäcker kann unter 210 Zusammenstellungen auswählen.

Fehlerquelle:
Die Zuordnung der Zahlen zu n und k wird umgekehrt vorgenommen.

Aufgabe 3.2 - A5: Kombination ohne Wiederholung I

Bei einem Pferderennen starten acht Pferde. Bei der großen Dreierwette ist der Einlauf der ersten drei Pferde in der richtigen Reihenfolge vorauszusagen. - Unter wie vielen möglichen Einläufen muss ein Wettfreund auswählen?

Lösung 3.2 - A5: Kombination ohne Wiederholung I

Schritt 1: Feststellung des Typs von Kombination

Es liegt eine Kombination ohne Wiederholung mit Beachtung der Anordnung vor, da
- unter acht verschiedenen Pferden auszuwählen ist,
- auf ein Pferd höchstens einmal gesetzt werden kann,
- die Reihenfolge des Einlaufs von Bedeutung ist.

Schritt 2: Berechnung der Anzahl von Anordnungsmöglichkeiten

Die Anzahl der Anordnungsmöglichkeiten kann mit Hilfe des folgenden Satzes ermittelt werden:

Satz: Kombination ohne Wiederholung mit Beachtung der Anordnung

Sind aus n verschiedenen Elementen k Elemente ohne Wiederholung auszuwählen und ist die Anordnung von Bedeutung, dann beträgt die Anzahl der Kombinationen (Variationen) V

$$V_k(n) = \frac{n!}{(n-k)!}.$$

Mit n = 8 und k = 3 ergibt sich:

$$V_3(8) = \frac{8!}{(8-3)!} = \frac{40.320}{120} = 336$$

Der Wettfreund muss unter 336 möglichen Einläufen wählen.

Aufgabe 3.2 - A6: Kombination ohne Wiederholung II

Bei dem Spiel "6 aus 49" (Lotto) sind von den Zahlen 1, 2, ..., 49 bei einem Tipp sechs Zahlen anzukreuzen. - Wie groß ist die Wahrscheinlichkeit, genau vier von den bei der Ausspielung gezogenen sechs "richtigen" Zahlen anzukreuzen?

Lösung 3.2 - A6: Kombination ohne Wiederholung II

Schritt 1: Feststellung des Typs von Kombination

Es liegt eine Kombination ohne Wiederholung ohne Beachtung der Anordnung vor, da

- unter 49 verschiedenen Zahlen auszuwählen ist,
- höchstens einmal auf eine Zahl gesetzt werden kann,
- die Reihenfolge der ausgespielten Zahlen ohne Bedeutung ist.

Schritt 2: Berechnung der Wahrscheinlichkeit

i) Anzahl der möglichen Tipps

Die Anzahl der möglichen Tipps (Anordnungsmöglichkeiten) kann mit Hilfe des folgenden Satzes ermittelt werden:

Satz: Kombination ohne Wiederholung ohne Beachtung der Anordnung

Sind aus n verschiedenen Elementen k Elemente ohne Wiederholung auszuwählen und ist die Anordnung ohne Bedeutung, dann beträgt die Anzahl der Kombinationen K

$$K_k(n) = \frac{n!}{(n-k)! \cdot k!} = \binom{n}{k}$$

3.2 Kombinatorik

Mit n = 49 und k = 6 ergibt sich:

$$K_6(49) = \binom{49}{6} = \frac{49!}{43! \cdot 6!} = 13.983.816$$

Es gibt 13.983.816 Möglichkeiten, einen Tipp im Lotto abzugeben.

ii) Anzahl der möglichen Tipps für 4 Richtige

Es müssen vier von sechs Richtigen (n = 6; k = 4) und gleichzeitig zwei von 43 Falschen (n = 43; k = 2) angekreuzt werden, dafür gibt es

$$K_4(6) \cdot K_2(43) = \binom{6}{4} \cdot \binom{43}{2} = \frac{6!}{4! \cdot 2!} \cdot \frac{43!}{2! \cdot 41!}$$
$$= 15 \cdot 903 = 13.545 \text{ Möglichkeiten}$$

Fehlerquelle:
Es wird vergessen, die Kombinationen für die 4 Richtigen mit den Kombinationen für die 2 Falschen zu kombinieren.

iii) Wahrscheinlichkeit

Die Wahrscheinlichkeit, vier Richtige anzukreuzen, beträgt

$$W(4 \text{ Richtige}) = \frac{13.545}{13.983.816} = 0,00096862 \text{ bzw. } 0,096862\%$$

Aufgabe 3.2 - A7: Fußball-Bundesliga

In der Fußball-Bundesliga müssen am Saisonende von den 18 angetretenen Mannschaften die drei in der Tabelle letzten Mannschaften absteigen. Wie viele Mannschafts-Kombinationen sind, theoretisch betrachtet, für den Abstieg möglich?

Lösung 3.2 - A7: Fußball-Bundesliga

Kombination ohne Wiederholung ohne Beachtung der Anordnung (es gibt 18 verschiedene Mannschaften; eine Mannschaft kann höchstens einen Abstiegsplatz einnehmen; die Reihenfolge der letzten drei Mannschaften ist ohne Bedeutung).
n = 18; k = 3; $K_3(18) = 816$

Aufgabe 3.2 - A8: Modelleisenbahn

Ein Hersteller von Modelleisenbahnen bietet seinen Kunden einen historischen Zug an, für den es sechs verschiedene Waggontypen gibt. - Unter wie vielen Waggonzusammenstellungen kann ein Kunde wählen, wenn er

a) sieben Waggons kaufen möchte,
b) vier Waggons kaufen möchte,
c) vier Waggons kaufen möchte und jeder Waggontyp nur noch einmal vorhanden ist?
d) Wie viele Zusammenstellungen kann ein Kunde vornehmen, wenn er von vier Waggontypen je ein Exemplar gekauft hat und alle diese Waggons in den Zug einbringen will?
e) Wie viele Zusammenstellungen kann ein Kunde vornehmen, wenn er von drei Waggontypen je ein Exemplar und von einem Waggontyp drei Exemplare gekauft hat und alle diese Waggons in den Zug einbringen will?

Lösung 3.2 - A8: Modelleisenbahn

a) Kombination mit Wiederholung mit Beachtung der Anordnung (es gibt 6 verschiedene Waggontypen; ein Waggontyp kann mehrfach gekauft werden; die Anordnung der Waggons ist von Bedeutung).

$$V_7^W(6) = 6^7 = 279.936$$

b) wie a), aber k = 4

$$V_4^W(6) = 6^4 = 1.296$$

c) Kombination ohne Wiederholung mit Beachtung der Anordnung (es gibt 6 verschiedene Waggontypen; ein Waggontyp kann höchstens einmal gekauft werden; die Anordnung der Waggons ist von Bedeutung).

$$V_4(6) = \frac{6!}{(6-4)!} = 360$$

d) Permutation ohne Wiederholung (jeder gekaufte Waggon ist anzuordnen; jeder Waggontyp kommt genau einmal vor).

$$P(4) = 4! = 24$$

e) Permutation mit Wiederholung (jeder gekaufte Waggon ist anzuordnen; ein Waggontyp kommt "wiederholt" vor).

$$P_{1,1,1,3}(6) = \frac{6!}{3!} = 120$$

Aufgabe 3.2 - A9: Bewerberauswahl

Um die Stelle eines Abteilungsleiters haben sich 14 Personen beworben, von denen 6 zu einem Vorstellungsgespräch eingeladen werden sollen. Wie viele Auswahlmöglichkeiten gibt es?

Lösung 3.2 - A9: Bewerberauswahl

Kombination ohne Wiederholung ohne Beachtung der Anordnung (es gibt 14 verschiedene Bewerber; ein Bewerber kann höchstens einmal ausgewählt werden; die Reihenfolge der Auswahl ist ohne Bedeutung).
$n = 14$; $k = 6$; $K_6(14) = 3.003$

Aufgabe 3.2 - A10: Rangliste

Von den unter Aufgabe 3.2-A9 ausgewählten sechs Bewerbern soll nach den Vorstellungsgesprächen eine Rangliste mit den drei besten Bewerbern erstellt werden. Wie viele Ranglisten sind theoretisch möglich?

Lösung 3.2 - A10: Rangliste

Kombination ohne Wiederholung mit Beachtung der Anordnung (es gibt 6 verschiedene Bewerber; ein Bewerber kann höchstens einmal ausgewählt werden; die Anordnung ist von Bedeutung).
$n = 6$; $k = 3$; $V_3(6) = 120$

Aufgabe 3.2 - A11: Systemwette

Beim Spiel "6 aus 49" (Lotto) besteht die Möglichkeit, Systemwetten abzuschließen. Die Systemwette ermöglicht es, viele Tipps auf einfache und kurze Weise abzugeben. Bei der Normalwette werden in einem Tippfeld sechs Zahlen angekreuzt, was der Abgabe eines Tipps entspricht. Bei der Systemwette können in einem Tippfeld zwischen 7 und 14 Zahlen angekreuzt werden. Damit sind alle möglichen Tipps abgedeckt, die sich aus diesen angekreuzten Zahlen bilden lassen. - Ein Spieler möge bei der Systemwette 10 Zahlen ankreuzen.
a) Wie viel kostet diese Systemwette, wenn ein Tipp 0,75 € kostet?
b) Wie oft hat der Spieler 3 Richtige, wenn von den 10 angekreuzten Zahlen vier richtig sind?

Lösung 3.2 - A11: Systemwette

a) Kombination ohne Wiederholung ohne Beachtung der Anordnung (es gibt 10 verschiedene Zahlen; eine Zahl wird höchstens einmal ausgewählt; die Reihenfolge der Auswahl ist ohne Bedeutung).
$n = 10$; $k = 6$; $K_6(10) = 210$. Kosten: $210 \cdot 0{,}75 = 157{,}50$ €
b) $K_3(4) \cdot K_3(6) = 4 \cdot 20 = 80$

Aufgabe 3.2 - A12: Reisekoffer

Der Verkäufer eines Lederwarengeschäfts bietet Ihnen zwei Reisekoffer A und B an, die sich nur in ihrem Sicherungssystem unterscheiden. Reisekoffer A ist mit einem vierstelligen Zahlenschloss ausgestattet, während Reisekoffer B mit zwei voneinander unabhängigen, zweistelligen Zahlenschlössern ausgestattet ist. Die Sicherungscodes können vom Käufer selbst festgelegt werden, wobei für jede Stelle die Ziffern 0 bis 9 zulässig sind. Für welchen der beiden Koffer wird sich ein sicherheitsbewusster Käufer entscheiden?

Lösung 3.2 - A12: Reisekoffer

i) Anzahl der Sicherungscodes für Reisekoffer A
Kombination mit Wiederholung mit Beachtung der Anordnung (es gibt 10 verschiedene Ziffern; eine Ziffer darf mehrfach auftreten; die Reihenfolge der Ziffern ist von Bedeutung).
$n = 10$; $k = 4$; $V_4^W(10) = 10.000$ Codes (die Zahlen 0000 bis 9999!)

ii) Anzahl der Sicherungscodes für Reisekoffer B
Für jedes der beiden Schlösser: Kombination mit Wiederholung mit Beachtung der Anordnung (es gibt 10 verschiedene Ziffern; eine Ziffer darf mehrfach auftreten; die Reihenfolge der Ziffern ist von Bedeutung).
$n = 10$; $k = 2$; $V_2^W(10) = 100$ Codes (die Zahlen 00 bis 99)
Für beide Schlösser gemeinsam: $100 \cdot 100 = 10.000$ Codes

iii) Entscheidung
Koffer B bietet eine scheinbar gleich hohe Sicherheit. Beim einmaligen Versuch, den Koffer B widerrechtlich zu öffnen, bietet er die gleiche Sicherheit wie Koffer A. Bei "unbegrenzten" Versuchen bietet Koffer A eine 50fach höhere Sicherheit. So wird Koffer A nach durchschnittlich 5.000 Versuchen geöffnet, Koffer B nach durchschnittlich 100 Versuchen, nämlich jeweils 50 Versuche für das erste und das zweite Schloss, wobei von der geringen Anzahl der Versuche zusätzlich ein besonderer Anreiz ausgeht.

Aufgabe 3.2 - A13: Wundertüte

Für das Befüllen von Wundertüten stehen einem Hersteller 25 verschiedene Artikel in beliebiger Menge zur Verfügung. Auf wie viele Arten können die Wundertüten befüllt werden, wenn eine Wundertüte vier beliebige Artikel enthalten soll?

Lösung 3.2 - A13: Wundertüte

Kombination mit Wiederholung ohne Beachtung der Anordnung (es gibt 25 verschiedene Artikel; ein Artikel darf mehrfach ausgewählt werden; die Anordnung der Artikel in der Tüte ist ohne Bedeutung).
n= 25; k = 4; $K_4(25) = 20.475$

3.3 Diskrete Verteilungen

Die theoretische Verteilung einer Zufallsvariablen zeigt auf, wie wahrscheinlich die möglichen Realisationen dieser Zufallsvariablen sind. Die theoretische Verteilung kann als ein Modell aufgefasst werden, das aufzeigt, wie die empirische Verteilung vom theoretischen Standpunkt her aussehen müsste.

Einer diskreten Verteilung liegt eine Zufallsvariable zugrunde, die in einem festgelegten Intervall nur bestimmte Werte annehmen kann.

Die folgenden Übungsaufgaben befassen sich mit den Bereichen

- **Binomialverteilung**
- **hypergeometrische Verteilung**
- **Poissonverteilung**
- **Negative Binomialverteilung**
- **Geometrische Verteilung**
- **Multinomialverteilung**
- **Approximationen**

Im Tabellenanhang sind für die Binomialverteilung und die Poissonverteilung für ausgewählte Werte der Funktionalparameter die Wahrscheinlichkeits- und die Verteilungsfunktion angegeben (S. 209 ff.).

Aufgabe 3.3 - A1: Binomialverteilung

Ein Touristikunternehmer bietet in jedem Herbst eine exklusive Kulturreise zu den Schlössern der Loire an. Die Reise erfolgt mit einem Kleinbus, in dem neun Touristen Platz haben. Aus langjähriger Erfahrung weiß der Unternehmer, dass eine jede Buchung in den letzten beiden Tagen mit einer Wahrscheinlichkeit von 5 % kurzfristig storniert wird. - Der Unternehmer hat wegen der kurzfristigen Stornierungen statt neun Buchungen zehn Buchungen entgegengenommen.

a) Welches Überbelegungsrisiko geht der Unternehmer ein?
b) Um in der Gewinnzone zu bleiben, müssen mindestens acht Personen mitfahren. Wie wahrscheinlich ist es, dass der Unternehmer noch kurzfristig für Ersatzreisende sorgen muss, um nicht in die Verlustzone zu geraten?
c) Mit wie vielen Stornierungen hat er durchschnittlich zu rechnen?

Lösung 3.3 - A1: Binomialverteilung

Schritt 1: Definition der Zufallsvariablen X

Zufallsvariable X = Anzahl der kurzfristigen Stornierungen

Fehlerquelle (häufig):
Die Zufallsvariable wird fehlerhafterweise zahlenmäßig festgelegt (z.B. X = 10, X < 9 etc.). Der Zufallsvariablen dürfen jedoch im Rahmen der Definition keine Werte (Realisationen) zugeordnet werden.

Schritt 2: Erkennen der Verteilungsform

Die Zufallsvariable X ist binomialverteilt, da

- zehn identische Buchungsvorgänge anfallen (identische Zufallsvorgänge)
- eine Buchung storniert oder nicht storniert wird (2 Ausgänge)
- für jede Buchung die Stornierungswahrscheinlichkeit 5 % beträgt (gleichbleibende Wahrscheinlichkeit).

Fehlerquelle (häufig):
Verwechslung mit der hypergeometrischen Verteilung. Dazu müsste aber: a) eine übergeordnete Menge (N) gegeben sein, die fest in "Stornierer" (5 %) und "Nicht-Stornierer" (95 %) aufgeteilt ist, b) "Modell ohne Zurücklegen" gelten.

Schritt 3: Feststellen der Werte der Funktionalparameter
 - Anzahl der Buchungsvorgänge: $n = 10$
 - Stornierungswahrscheinlichkeit: $\Theta = 0{,}05$

Schritt 4: Berechnung der Wahrscheinlichkeiten

a) Das Risiko tritt ein, wenn keine Buchung storniert wird, d.h. wenn die Zufallsvariable X den Wert 0 annimmt.

Mit Hilfe der Wahrscheinlichkeitsfunktion der Binomialverteilung

$$f_B(x \mid n; \Theta) = \begin{cases} \binom{n}{x} \cdot \Theta^x \cdot (1-\Theta)^{n-x} & \text{für } x = 0, 1, 2, \ldots, n \\ 0 & \text{sonst} \end{cases}$$

kann die Wahrscheinlichkeit berechnet werden.

3.3 Diskrete Verteilungen

$$f_B(0 \mid 10; 0{,}05) = \binom{10}{0} \cdot 0{,}05^0 \cdot (1 - 0{,}05)^{10}$$

$$= 0{,}5987 \quad \text{bzw.} \quad 59{,}87\,\%$$

Das Risiko, dass keine Buchung storniert wird, beträgt 59,87 %. Unter Abwägung der mit zehn Buchungen verbundenen Vor- und Nachteile muss der Unternehmer entscheiden, ob er das hohe Risiko eingeht.

Die Wahrscheinlichkeits- und die Verteilungsfunktion der Binomialverteilung ist für ausgewählte Werte der Funktionalparameter n und Θ im Tabellenanhang 1a bzw. 1b (S. 209 - 211) wiedergegeben.

b) Der Unternehmer bleibt in der Gewinnzone, wenn höchstens 10 - 8 = 2 Buchungen storniert werden. Die Wahrscheinlichkeit für X ≤ 2 kann mit Hilfe der Verteilungsfunktion F(x) berechnet werden.

$$F_B(x \mid n; \Theta) = \sum_{a=0}^{x} \binom{n}{a} \cdot \Theta^a \cdot (1 - \Theta)^{n-a} \quad \text{für} \quad x = 0, 1, 2, \ldots, n$$

Die Wahrscheinlichkeit

$$F_B(2 \mid 10; 0{,}05) = \sum_{a=0}^{2} \binom{10}{a} \cdot 0{,}05^a \cdot (1 - 0{,}05)^{10-a} = 0{,}9885$$

kann im Tabellenanhang 1b für n = 10, x = 2 und Θ = 0,05 nachgeschlagen werden (S. 211). - Die Gefahr, dass der Unternehmer, um Verluste zu vermeiden, nach Ersatzreisenden suchen muss, ist mit 1 - 0,9885 = 0,0115 bzw. 1,15 % sehr gering.

Fehlerquelle (relativ häufig):
Beim tabellarischen Ablesen der Wahrscheinlichkeit wird bei der Wahrscheinlichkeitsfunktion f(x) anstatt bei der Verteilungsfunktion F(x) nachgeschlagen.

c) Es ist der Erwartungswert E(X) zu bestimmen. Der Erwartungswert der Binomialverteilung kann mit folgender Formel bestimmt werden:

$$E(X) = n \cdot \Theta$$

Damit ergibt sich

$$E(X) = 10 \cdot 0{,}05 = 0{,}5$$

d.h. bei zehn Buchungen sind durchschnittlich 0,5 Stornierungen zu erwarten.

Aufgabe 3.3 - A2: Hypergeometrische Verteilung

Von den 30 Einzelhändlern in einer Kleinstadt sind 10 für und 20 gegen eine Verlängerung der Ladenöffnungszeit. Im Rahmen einer Umfrage werden 6 zufällig ausgewählte Einzelhändler nach ihrer Meinung befragt.

a) Wie groß ist die Wahrscheinlichkeit, dass sich genau zwei der befragten Einzelhändler für eine Verlängerung der Ladenöffnungszeit aussprechen?
b) Wie groß ist die Wahrscheinlichkeit, dass sich mindestens die Hälfte der befragten Händler für eine Verlängerung der Ladenöffnungszeit ausspricht?
c) Wie viele Einzelhändler sind in der Umfrage zu erwarten, die sich für eine Verlängerung der Ladenöffnungszeit aussprechen?

Lösung 3.3 - A2: Hypergeometrische Verteilung

Schritt 1: Definition der Zufallsvariablen X

Zufallsvariable X = Anzahl der Einzelhändler, die sich für eine Verlängerung der Ladenöffnungszeit aussprechen.

Fehlerquelle (häufig):
Die Zufallsvariable X wird fehlerhafterweise zahlenmäßig festgelegt (z.B. X = 2, X > 2 etc.). Der Zufallsvariablen dürfen jedoch im Rahmen der Definition keine Werte (Realisationen) zugeordnet werden.

Schritt 2: Erkennen der Verteilungsform

Die Zufallsvariable X ist hypergeometrisch verteilt, da
- von den 30 Einzelhändlern 10 für und 20 gegen eine Verlängerung der Ladenöffnungszeit sind
- von den 30 Einzelhändlern 6 Einzelhändler "ohne Zurücklegen" befragt werden.

Fehlerquelle (häufig):
Verwechslung mit der Binomialverteilung. Bei dieser Verteilung müsste jedoch bei jedem der Einzelhändler die Wahrscheinlichkeit, für die Verlängerung der Ladenöffnungszeit zu sein, 33,33 % betragen. - Hier ist die Menge der Einzelhändler jedoch von vornherein fest in zwei Teilmengen (10 : 20) zerlegt.

Schritt 3: Feststellen der Werte der Funktionalparameter
- Anzahl der Einzelhändler: $N = 30$
- Anzahl der für die Verlängerung eingestellten Einzelhändler: $M = 10$
- Anzahl der befragten Einzelhändler: $n = 6$

3.3 Diskrete Verteilungen

Schritt 4: Berechnung der Wahrscheinlichkeiten

a) Mit Hilfe der Wahrscheinlichkeitsfunktion der hypergeometrischen Verteilung

$$f_H(x|\,N;\,M;\,n) = \begin{cases} \dfrac{\binom{M}{x}\binom{N-M}{n-x}}{\binom{N}{n}} & \text{für } x = \max\{0, n-(N-M)\},\,\ldots,\,\min\{n,M\} \\ 0 & \text{sonst} \end{cases}$$

kann die Wahrscheinlichkeit für die Realisation $X = 2$ berechnet werden.

$$f_H(2|\,30;\,10;\,6) = \frac{\binom{10}{2}\binom{20}{4}}{\binom{30}{6}} = \frac{45 \cdot 4.845}{593.775} = 0{,}3672 \quad \text{bzw.} \quad 36{,}72\,\%$$

Die Wahrscheinlichkeit, dass sich 2 der befragten Einzelhändler für eine Verlängerung der Ladenöffnungszeit aussprechen, beträgt 36,72 %.

b) Es ist die Wahrscheinlichkeit $F(X \geq 3)$ zu berechnen. Der Rechenaufwand wird reduziert, wenn die Wahrscheinlichkeit für das Komplementereignis $X \leq 2$ berechnet wird. Statt 4 Einzelwahrscheinlichkeiten sind nur 3 zu berechnen.

$$f_H(0|\,30;\,10;\,6) = \frac{\binom{10}{0}\binom{20}{6}}{\binom{30}{6}} = \frac{1 \cdot 38.760}{593.775} = 0{,}0653$$

$$f_H(1|\,30;\,10;\,6) = \frac{\binom{10}{1}\binom{20}{5}}{\binom{30}{6}} = \frac{10 \cdot 15.504}{593.775} = 0{,}2611$$

$$f_H(2|\,30;\,10;\,6) = 0{,}3672 \quad \text{(siehe Aufgabe a))}$$

Die Wahrscheinlichkeit, dass sich mindestens 3 der befragten Einzelhändler für eine Verlängerung der Ladenöffnungszeit aussprechen, beträgt

$$1 - 0{,}0653 - 0{,}2611 - 0{,}3672 = 0{,}3064 \quad \text{bzw.} \quad 30{,}64\,\%.$$

Fehlerquelle:
Das Komplementereignis zu $X \geq 3$ wird fehlerhaft mit $X \leq 3$ gebildet. - Es wird am Ende der Berechnungen vergessen, die Wahrscheinlichkeit von 1 abzuziehen.

c) Es ist der Erwartungswert E(X) zu bestimmen. Der Erwartungswert der hypergeometrischen Verteilung kann mit folgender Formel bestimmt werden:

$$E(X) = n \cdot \frac{M}{N}$$

Damit ergibt sich

$$E(X) = 6 \cdot \frac{10}{30} = 2$$

d.h. bei sechs Befragungen sind durchschnittlich 2 befürwortende Haltungen zu erwarten.

Aufgabe 3.3 - A3: Poissonverteilung

Ein Software-Hersteller hat für seine Kunden in Süddeutschland die Hotline SD eingerichtet. An Werktagen rufen zwischen 20.00 und 21.00 Uhr durchschnittlich 5 Kunden an. Die Hotline ist so besetzt, dass sie in dieser Zeitspanne 9 Anrufe entgegennehmen kann.

a) Wie groß ist die Wahrscheinlichkeit, dass zwischen 20.00 und 21.00 Uhr drei Kunden anrufen?
b) Wie groß ist die Wahrscheinlichkeit, dass die Hotline überlastet ist?
c) Bei der Hotline OD für die Kunden in Ostdeutschland gehen zwischen 20.00 und 21.00 Uhr durchschnittlich 4 Anrufe ein; es können 7 Anrufe entgegengenommen werden. Wie groß ist die Wahrscheinlichkeit, dass mindestens eine der beiden Hotlines überlastet ist?
d) Kann durch eine Zusammenlegung der beiden Hotlines die Wahrscheinlichkeit der Überlastung gesenkt werden?

Lösung 3.3 - A3: Poissonverteilung

Schritt 1: Definition der Zufallsvariablen X

Zufallsvariable X = Anzahl der eingehenden Anrufe bei Hotline SD

Schritt 2: Erkennen der Verteilungsform

Die Zufallsvariable X ist poissonverteilt, da Folgendes anzunehmen ist
- Stationarität: Innerhalb des n-ten Teils der Stunde gehen durchschnittlich 5/n Anrufe ein (z.B. zwischen 20.00 und 20.12 Uhr 1 Anruf).
- Nachwirkungsfreiheit: die Anzahl der Anrufe in einem Zeitsegment ist ohne Einfluss auf die Anzahl der Anrufe in einem anderen Zeitsegment.
- Ordinarität: Bei genügend feiner, gleichmäßiger Zeitsegmentierung geht in einem Zeitsegment höchstens ein Anruf ein.

3.3 Diskrete Verteilungen

Schritt 3: Feststellen des Wertes des Funktionalparameters
Anzahl der durchschnittlichen Anrufe bei Hotline SD: $\mu = 5$

Schritt 4: Berechnung der Wahrscheinlichkeiten

a) Mit Hilfe der Wahrscheinlichkeitsfunktion der Poissonverteilung

$$f_P(x|\mu) = \frac{\mu^x \cdot e^{-\mu}}{x!} \quad \text{für} \quad x = 0, 1, 2, \ldots$$

kann die Wahrscheinlichkeit für die Realisation $X = 3$ berechnet werden.

$$f_P(3|5) = \frac{5^3 \cdot e^{-5}}{3!} = \frac{125 \cdot 0{,}0067379}{6} = 0{,}1404 \quad \text{bzw.} \quad 14{,}04\,\%.$$

Mit einer Wahrscheinlichkeit von 14,04 % rufen zwischen 20.00 und 21.00 Uhr drei Kunden an (siehe auch Tabellenanhang 2a, S. 213).

b) Die Hotline SD ist überlastet, wenn mehr als 9 Kunden anrufen. Es ist die Wahrscheinlichkeit $F(X > 9)$ bzw. die weniger rechenaufwändige Wahrscheinlichkeit $1 - F(X \leq 9)$ zu berechnen oder in Tabelle 2b (S. 216) nachzuschlagen. Die Wahrscheinlichkeit, dass die Hotline überlastet ist, beträgt

$$F_P(X > 9|5) = 1 - F_P(X \leq 9|5) = 1 - 0{,}9682 = 0{,}0318 \quad \text{bzw.} \quad 3{,}18\,\%$$

c) Die Hotline OD ist überlastet, wenn mehr als 7 Kunden anrufen. Die Wahrscheinlichkeit, dass die Hotline OD überlastet ist, beträgt (s. Tab. 2b, S. 215)

$$F_P(X > 7|4) = 1 - F(X \leq 7|4) = 1 - 0{,}9489 = 0{,}0511 \quad \text{bzw.} \quad 5{,}11\,\%$$

Die Wahrscheinlichkeit, dass mindestens eine der beiden Hotlines überlastet ist, beträgt mit dem allgemeinen Additionssatz

$$0{,}0318 + 0{,}0511 - 0{,}0318 \cdot 0{,}0511 = 0{,}0813 \quad \text{bzw.} \quad 8{,}13\,\%$$

d) Zusammenlegung der beiden Hotlines

Zufallsvariable X_1: Anzahl der Anrufe pro Stunde bei Hotline SD
Zufallsvariable X_2: Anzahl der Anrufe pro Stunde bei Hotline OD
Funktionalparameter: $\mu_1 = 5$; $\mu_2 = 4$

Bei einer Zusammenlegung kommt es zu einer Überlastung, wenn in einer Stunde mehr als $9 + 7 = 16$ Anrufe eingehen. Gesucht ist die Wahrscheinlichkeit

$$W(X_1 + X_2 > 16)$$

Die Berechnung der Wahrscheinlichkeiten für alle Kombinationen mit mehr als 16 Anrufen (z.B. 11 + 7, 8 + 9, 13 + 6) und deren anschließende Addition wäre sehr aufwändig. Diese sehr umfangreiche Berechnung erübrigt sich wegen der Reproduktivitätseigenschaft der Poissonverteilung.

Reproduktivität der Poissonverteilung

Sind die Zufallsvariablen X_1, X_2, ..., X_n unabhängig und poissonverteilt mit μ_1, μ_2, ..., μ_n, dann ist die Zufallsvariable $X = X_1 + X_2 + ... + X_n$ ebenfalls poissonverteilt mit

$$\mu = \sum_{i=1}^{n} \mu_i$$

Für das Beispiel Hotline ergibt sich damit:

Zufallsvariable X: Anzahl der Anrufe pro Stunde bei SD und OD

Funktionalparameter: $\mu = \mu_1 + \mu_2 = 5 + 4 = 9$

$$W(X > 16) = 1 - W(X \leq 16) = 1 - F_P(16|9)$$
$$= 1 - 0{,}9889 \quad \text{(s. Tab. 2b, S. 217)}$$
$$= 0{,}0111 \quad \text{bzw.} \quad 1{,}11\%$$

Durch die Zusammenlegung der beiden Hotlines SD und OD kann die Wahrscheinlichkeit, dass während einer Stunde nicht alle Anrufe entgegengenommen werden können, von 8,13 % auf 1,1 % reduziert werden.

Aufgabe 3.3 - A4: Approximation I

Ein Produzent von Elektronikbauteilen liefert einem Kunden jeden Montag 3.800 Bauteile. Der Kunde nimmt Lieferungen mit einer Ausschussquote von 4 % und höher nicht an. - Die Qualitätskontrolle wird vom Lieferanten und Kunden gemeinsam durchgeführt. Der Prüfplan sieht die zufällige Entnahme ohne Zurücklegen von 180 Bauteilen vor. Sind davon höchstens 6 Bauteile Ausschuss (3,33 %), dann wird die Lieferung angenommen, anderenfalls wird sie nicht angenommen. Wie groß ist das Risiko des Produzenten, dass eine Lieferung, in der nur 2 % der Bauteile Ausschuss sein mögen, nicht angenommen wird?

Lösung 3.3 - A4: Approximation I

Das Produzentenrisiko besteht darin, dass die Lieferung wegen des Auffindens von mehr als 6 Ausschuss-Bauteilen in der Stichprobe von 180 Bauteilen nicht angenommen wird, obwohl die Lieferung mit 2 % bzw. 76 Ausschuss-Bauteilen deutlich unter 4 % Ausschuss bzw. 152 Ausschuss-Bauteilen liegt.

3.3 Diskrete Verteilungen

Schritt 1: Definition der Zufallsvariablen X
Zufallsvariable X = Anzahl der Bauteile, die Ausschuss darstellen.

Schritt 2: Erkennen der Verteilungsform
Die Zufallsvariable X ist hypergeometrisch verteilt, da
- von den 3.800 Bauteilen 76 (2 %) Ausschuss sind, die anderen nicht
- von den 3.800 Bauteilen 180 "ohne Zurücklegen" entnommen werden.

Fehlerquelle (häufig):
Verwechslung mit der Binomialverteilung. Dafür müsste jedoch für ein jedes Bauteil die Ausschusswahrscheinlichkeit von 2 % gelten.

Schritt 3: Feststellen der Werte der Funktionalparameter
- Anzahl der gelieferten Bauteile: $N = 3.800$
- Anzahl der Ausschuss-Bauteile: $M = 76$
- Anzahl der entnommenen Bauteile: $n = 180$

Schritt 4: Approximationsverteilung
Die Berechnung der Wahrscheinlichkeit

$$1 - F_H(6 | 3.800; 76; 180) = 1 - \sum_{a=0}^{6} \frac{\binom{76}{a} \cdot \binom{3800-76}{180-a}}{\binom{3800}{180}}$$

ist auch mit Hilfe eines Taschenrechners praktisch nicht möglich; auch Softwareprogramme lösen diese Aufgabe wegen der hohen Binomialkoeffizienten teilweise nicht mehr. Unter bestimmten Voraussetzungen kann die vorliegende Verteilung durch eine andere, weniger rechenaufwändige Verteilung approximiert werden (siehe Tabellenanhang, Tabelle 8, S. 226).
Im vorliegenden Beispiel ist die Approximation der hypergeometrischen Verteilung durch die Poissonverteilung vertretbar, da die entsprechenden Approximationsbedingungen erfüllt sind.

i) $n \geq 30$ $\qquad$ $n = 180 > 30$

ii) $\frac{M}{N} \leq 0,1$ oder $\frac{M}{N} \geq 0,9$ $\qquad$ $\frac{M}{N} = \frac{76}{3800} = 0,02 \leq 0,1$

iii) $\frac{n}{N} < 0,05$ $\qquad$ $\frac{n}{N} = \frac{180}{3800} = 0,047 < 0,05$

Fehlerquelle:
Das Komplementereignis zu $X > 6$ wird fehlerhaft mit $X \leq 5$ gebildet.

Schritt 5: Feststellung der Funktionalparameter der Approximationsverteilung

Der Funktionalparameter der Poissonverteilung errechnet sich mit

$$\mu = n \cdot \frac{M}{N} = 180 \cdot \frac{76}{3.800} = 3{,}6$$

d.h. bei 180 entnommenen Bauteilen sind durchschnittlich 3,6 Ausschuss-Bauteile zu erwarten.

Schritt 6: Berechnung der Wahrscheinlichkeit

$$1 - F_H(6|\ 3.800;\ 76;\ 180) \approx 1 - F_P(6|\ 3{,}6)$$
$$= 1 - 0{,}9267 \quad \text{bzw.} \quad 7{,}33\ \% \quad (\text{s. Tab. 2b, S. 216})$$

Die Wahrscheinlichkeit, dass eine Lieferung von 3.800 Bauteilen, die nur 2 % Ausschuss enthält, fälschlicherweise nicht angenommen wird, beträgt approximativ 7,33 %. - Die exakte, mit der hypergeometrischen Verteilungsfunktion ermittelte Wahrscheinlichkeit beträgt 6,65 %.

Fehlerquelle (relativ häufig):
Beim tabellarischen Ablesen der Wahrscheinlichkeit wird bei der Wahrscheinlichkeitsfunktion f(x) anstatt bei der Verteilungsfunktion F(x) nachgeschlagen.

Aufgabe 3.3 - A5: Approximation II

Bei einem schwer beherrschbaren Produktionsprozess beträgt das Risiko, dass ein erzeugter Artikel den Qualitätserfordernissen nicht genügt, 2,6 %. Wie groß ist die Wahrscheinlichkeit, dass aus 300 erzeugten Artikeln eine Lieferung von 290 Artikeln zusammengestellt werden kann, die den Qualitätserfordernissen genügt?

Lösung 3.3 - A5: Approximation II

Aus den 300 erzeugten Artikeln kann eine Lieferung zusammengestellt werden, wenn höchstens 10 Artikel den Qualitätserfordernissen nicht genügen.

Schritt 1: Definition der Zufallsvariablen X
Zufallsvariable X = Anzahl der Artikel, die den Qualitätserfordernissen nicht genügen.

Schritt 2: Erkennen der Verteilungsform
Die Zufallsvariable X ist binomialverteilt, da
- die 300 Artikel nach demselben Verfahren hergestellt werden
- ein Artikel den Anforderungen genügt oder nicht genügt

3.3 Diskrete Verteilungen

- für jeden Artikel die Wahrscheinlichkeit 2,6 % beträgt, den Anforderungen nicht zu genügen.

Fehlerquelle (häufig):
Verwechslung mit der hypergeometrischen Verteilung. Dazu müsste eine übergeordnete Menge (N) mit M = 0,026·N Einheiten Ausschuss gegeben sein.

Schritt 3: Feststellen der Werte der Funktionalparameter
- Anzahl der hergestellten Artikel: n = 300
- Wahrscheinlichkeit, nicht zu genügen: Θ = 0,026

Schritt 4: Approximationsverteilung
Die Berechnung der Wahrscheinlichkeit

$$F_B(10|\ 300;\ 0{,}026) = \sum_{a=0}^{10} \binom{300}{a} \cdot 0{,}026^a \cdot 0{,}974^{300-a}$$

wäre auch unter Verwendung eines Taschenrechners sehr aufwändig; Softwareprogramme lösen diese Aufgabe wegen der hohen Binomialkoeffizienten teilweise nicht mehr.

Im vorliegenden Beispiel ist die Approximation der Binomialverteilung durch die Poissonverteilung vertretbar, da die entsprechenden Approximationsbedingungen erfüllt sind.

i) $n \geq 30$ $\qquad\qquad\qquad$ n = 300 > 30

ii) $\Theta \leq 0{,}1$ oder $\Theta \geq 0{,}9$ $\qquad$ Θ = 0,026 < 0,1

Schritt 5: Feststellung der Funktionalparameter der Approximationsverteilung
Der Funktionalparameter der Poissonverteilung errechnet sich mit

$$\mu = n \cdot \Theta = 300 \cdot 0{,}026 = 7{,}8$$

d.h. bei 300 Artikeln sind durchschnittlich 7,8 Artikel zu erwarten, die den Anforderungen nicht genügen.

Schritt 6: Berechnung der Wahrscheinlichkeit

$$F_B(10|\ 300;\ 0{,}026) \approx F_P(10|\ 7{,}8)$$

= 0,8352 bzw. 83,52 % (s. Tab. 2b, S. 217)

Die Wahrscheinlichkeit, dass die Lieferung zusammengestellt werden kann, beträgt approximativ 83,52 %. - Die exakte, über die Binomialverteilung ermittelte Wahrscheinlichkeit beträgt 83,8 %.

Aufgabe 3.3 - A6: Approximation III

Aus der Konkursmasse einer Porzellanfabrik wird u.a. ein Posten aus 800 Tellern preisgünstig angeboten. 70 % der Teller sind angeblich I. Wahl und die restlichen 30 % II. Wahl. Ein Interessent will den Posten erwerben, wenn von 10 Tellern, die er zufällig und ohne Zurücklegen aus dem Posten entnehmen darf, mindestens 7 I. Wahl sind. - Wie groß ist die Wahrscheinlichkeit, dass der Interessent den Posten erwirbt, obwohl von den 800 Tellern tatsächlich nur 60 % I. Wahl sind?

Lösung 3.3 - A6: Approximation III

Der Interessent kauft die 800 Teller, von denen 480 I. Wahl und 320 II. Wahl sind, wenn er in einer Stichprobe von 10 Tellern mindestens 7 Teller der I. Wahl findet bzw. höchstens 3 Teller der II. Wahl findet.

Schritt 1: Definition der Zufallsvariablen X
Zufallsvariable X = Anzahl der Teller II. Wahl

Schritt 2: Erkennen der Verteilungsform
Die Zufallsvariable X ist hypergeometrisch verteilt, da
  - von den 800 Tellern 60 % I. Wahl und 40 % II. Wahl sind
  - von den 800 Tellern 10 "ohne Zurücklegen" entnommen werden.

Schritt 3: Feststellen der Werte der Funktionalparameter
  - Anzahl der Teller: $N = 800$
  - Anzahl der Teller II. Wahl: $M = 320$
  - Anzahl der entnommenen Teller: $n = 10$

Schritt 4: Approximationsverteilung
Die Berechnung der Wahrscheinlichkeit

$$F_H(3|\ 800;\ 320;\ 10) = \sum_{a=0}^{3} \frac{\binom{320}{a} \cdot \binom{800-320}{10-a}}{\binom{800}{10}}$$

wäre auch mit Hilfe eines Taschenrechners sehr rechenaufwändig; auch Softwareprogramme lösen diese Aufgabe wegen der hohen Binomialkoeffizienten teilweise nicht mehr. - Im vorliegenden Beispiel ist die Approximation der hypergeometrischen Verteilung durch die Binomialverteilung vertretbar, da die entsprechenden Approximationsbedingungen erfüllt sind.

3.3 Diskrete Verteilungen

i) $0{,}1 < \dfrac{M}{N} < 0{,}9$ $\qquad 0{,}1 < \dfrac{M}{N} = \dfrac{320}{800} = 0{,}40 < 0{,}9$

ii) $\dfrac{n}{N} < 0{,}05$ $\qquad \dfrac{n}{N} = \dfrac{10}{800} = 0{,}0125 < 0{,}05$

Schritt 5: Feststellung der Funktionalparameter der Approximationsverteilung
Die Funktionalparameter der Binomialverteilung errechnen sich mit

$$\Theta = \dfrac{M}{N} = \dfrac{320}{800} = 0{,}40 \quad \text{und} \quad n = n = 10$$

Schritt 6: Berechnung der Wahrscheinlichkeit

$$F_H(3|\,800;\,320;\,10) \approx F_B(3|\,10;\,0{,}40)$$

$$= \sum_{a=0}^{3} \binom{10}{a} \cdot 0{,}40^a \cdot 0{,}60^{10-a}$$

$$= 0{,}3823 \quad \text{bzw.} \quad 38{,}23\,\% \quad \text{(s. Tabelle 1b, S. 211)}$$

Die Wahrscheinlichkeit, dass es zum Kauf kommt, beträgt approximativ 38,23 %.
- Die exakte, über die hypergeometrische Verteilung ermittelte Wahrscheinlichkeit beträgt 38,13 %.

Aufgabe 3.3 - A7: Negative Binomialverteilung

Für eine Lieferung werden 10 fehlerfreie Stücke eines Artikels benötigt. Die Wahrscheinlichkeit, dass ein Artikel fehlerfrei ist, beträgt 90 %. - Wie groß ist die Wahrscheinlichkeit, dass die Lieferung genau mit der Herstellung des zwölften Artikels komplettiert wird?

Lösung 3.3 - A7: Negative Binomialverteilung

Gesucht ist die Wahrscheinlichkeit, dass genau mit der Herstellung des zwölften Artikels der zehnte fehlerfreie Artikel hergestellt wird.

Schritt 1: Definition der Zufallsvariablen X
Zufallsvariable X = Anzahl der hergestellten Artikel

Schritt 2: Erkennen der Verteilungsform
Die Zufallsvariable X ist negativ binomialverteilt, da
- ein jeder Artikel nach demselben Verfahren hergestellt wird
- ein Artikel fehlerfrei ist oder nicht
- für jeden Artikel die Wahrscheinlichkeit, fehlerfrei zu sein, 90 % beträgt.

Schritt 3: Feststellen der Werte der Funktionalparameter
  Anzahl der fehlerfreien Artikel: b = 10
  Wahrscheinlichkeit der Fehlerfreiheit: $\Theta = 0,90$

Schritt 4: Berechnung der Wahrscheinlichkeit
Mit Hilfe der Wahrscheinlichkeitsfunktion der negativen Binomialverteilung

$$f_{NB}(x|\,b;\Theta) = \binom{x-1}{b-1} \cdot \Theta^b \cdot (1-\Theta)^{x-b} \quad \text{für } x = b, b+1, b+2, \ldots$$
$$b = 1, 2, 3, \ldots$$

kann die Wahrscheinlichkeit berechnet werden.

$$f_{NB}(12|\,10; 0,90) = \binom{12-1}{10-1} \cdot 0,90^{10} \cdot 0,10^2$$

$$= 55 \cdot 0,3487 \cdot 0,01 = 0,1918 \quad \text{bzw.} \quad 19,18\,\%$$

Die Wahrscheinlichkeit, dass genau mit dem zwölften Artikel die Verpackungseinheit vervollständigt wird, beträgt 19,18 %.

Aufgabe 3.3 - A8: Geometrische Verteilung

Für eine Lieferung werden 10 fehlerfreie Stücke eines Artikels benötigt. Die Wahrscheinlichkeit, daß ein Artikel fehlerfrei ist, beträgt 90 %. - Wie groß ist die Wahrscheinlichkeit, dass der erste fehlerhafte Artikel mit der Herstellung des elften Artikels anfällt?

Lösung 3.3 - A8: Geometrische Verteilung

Gesucht ist die Wahrscheinlichkeit, dass genau mit der elften Herstellung eines Artikels der erste fehlerhafte Artikel anfällt.

Schritt 1: Definition der Zufallsvariablen X
Zufallsvariable X = Anzahl der hergestellten Artikel

Schritt 2: Erkennen der Verteilungsform
Die Zufallsvariable X ist geometrisch verteilt, da
  - ein jeder Artikel nach demselben Verfahren hergestellt wird
  - ein Artikel fehlerhaft ist oder nicht
  - für jeden Artikel die Wahrscheinlichkeit, fehlerhaft zu sein, 10 % beträgt

Schritt 3: Feststellen des Wertes des Funktionalparameters
  Wahrscheinlichkeit der Fehlerfreiheit: $\Theta = 0,10$

3.3 Diskrete Verteilungen

Schritt 4: Berechnung der Wahrscheinlichkeit
Mit Hilfe der Wahrscheinlichkeitsfunktion der geometrischen Verteilung

$$f_G(x|\Theta) = \Theta \cdot (1-\Theta)^{x-1} \quad \text{für } x = 1, 2, 3, \ldots$$

kann die Wahrscheinlichkeit berechnet werden.

$$f_G(11|\,0,10) = 0,10 \cdot 0,90^{10}$$
$$= 0,0349 \quad \text{bzw.} \quad 3,49\,\%$$

Die Wahrscheinlichkeit, dass mit dem elften Artikel der erste Fehler auftritt, beträgt 3,49 %.

Aufgabe 3.3 - A9: Multinomialverteilung

Die Qualität eines Porzellantellers kann I., II. oder III. Wahl sein. Die Wahrscheinlichkeiten für die Zuordnung zu einer der drei Qualitätsstufen betragen bei dem eingesetzten Produktionsverfahren für einen jeden Teller 70, 20 bzw. 10 %. Wie groß ist die Wahrscheinlichkeit, dass von 10 zufällig ausgewählten Tellern genau sieben I. Wahl, zwei II. Wahl und einer III. Wahl ist?

Lösung 3.3 - A9: Multinomialverteilung

Schritt 1: Definition der Zufallsvariablen X, Y und Z
Zufallsvariable X = Anzahl der Teller I. Wahl
Zufallsvariable Y = Anzahl der Teller II. Wahl
Zufallsvariable Z = Anzahl der Teller III. Wahl

Schritt 2: Erkennen der Verteilungsform
Es liegt eine Multinomialverteilung vor, da
- ein jeder Teller nach demselben Verfahren hergestellt wird
- ein jeder Teller I., II. oder III. Wahl ist
- für jeden Teller die Wahrscheinlichkeiten 70, 20 bzw. 10 % betragen.

Schritt 3: Feststellen der Werte der Funktionalparameter
    Anzahl der Teller: $n = 10$
    Wahrscheinlichkeiten: $\Theta_1 = 0,70;\ \Theta_2 = 0,20;\ \Theta_3 = 0,10$

Schritt 4: Berechnung der Wahrscheinlichkeit
Mit Hilfe der Wahrscheinlichkeitsfunktion der Multinomialverteilung

$$f_M(n_1; n_2; ...; n_k | n; \Theta_1; \Theta_2; ...; \Theta_k)$$

$$= \frac{n!}{n_1! \cdot n_2! \cdot ... \cdot n_k!} \cdot \Theta_1^{n_1} \cdot \Theta_2^{n_2} \cdot ... \cdot \Theta_k^{n_k}$$

kann die Wahrscheinlichkeit berechnet werden.

$$f_M(7; 2; 1 | 10; 0{,}70; 0{,}20; 0{,}10)$$

$$= \frac{10!}{7! \cdot 2! \cdot 1!} \cdot 0{,}70^7 \cdot 0{,}20^2 \cdot 0{,}10^1 = 360 \cdot 0{,}0003294$$

$$= 0{,}1186 \quad \text{bzw.} \quad 11{,}86\%$$

Die Wahrscheinlichkeit, dass von 10 Tellern 7 Teller I. Wahl, 2 Teller II. Wahl und ein Teller III. Wahl ist, beträgt 11,86 %.

Aufgabe 3.3 - A10: Blutspende

Blutspenden sind vor ihrer Aufbereitung zu einer Blutkonserve auf ihre Eignung zu untersuchen. Die Kosten für eine Untersuchung belaufen sich - unabhängig von der Blutmenge - auf 20,00 €. Mit einer Wahrscheinlichkeit von 90 % ist eine Blutspende für die Aufbereitung geeignet.

Anstatt jede Blutspende einzeln auf ihre Eignung hin zu untersuchen, sollen drei miteinander verträgliche Blutspenden zuerst zu einem Pool zusammengeführt und erst dann untersucht werden. Wird bei der Poolbildung eine geeignete Blutspende durch nicht geeignete Blutspenden verunreinigt, dann entsteht ein Schaden von 50 € pro ursprünglich geeigneter Blutspende.

Ist die Poolbildung unter wirtschaftlichen Aspekten sinnvoll?

Lösung 3.3 - A10: Blutspende

Schritt 1: X = Anzahl der ursprünglich geeigneten Blutspenden

Schritt 2: Binomialverteilung

Schritt 3: Funktionalparameter $n = 3$; $\Theta = 0{,}90$

Schritt 4: Schadenseintritt, wenn $X = 1$ und $X = 2$

$f_B(1 | 3; 0{,}90) = 0{,}027$; $f_B(2 | 3; 0{,}90) = 0{,}243$

Schadens-Erwartungswert: $1 \cdot 50 \cdot 0{,}027 + 2 \cdot 50 \cdot 0{,}243 = 25{,}65$ €

Schritt 5: Da die Einsparung der Untersuchungskosten bei der Poolbildung mit $2 \cdot 20 = 40$ € größer als der Schadens-Erwartungswert ist, ist die Poolbildung unter wirtschaftlichen Aspekten sinnvoll.

Aufgabe 3.3 - A11: Lagerdisponenten

Die 7 Lagerdisponenten A, B, C, D, E, F und G können stündlich jeweils 2 Aufträge ausführen. A bis E sind für firmeninterne, F und G für externe Aufträge zuständig. Durchschnittlich fallen während einer Stunde 6 interne und 2 externe Aufträge an.

a) Wie groß ist die Wahrscheinlichkeit, dass während einer beliebigen Stunde genau 8 interne Aufträge eintreffen?

b) Wie groß ist die Wahrscheinlichkeit, dass während einer beliebigen Stunde nicht alle eintreffenden internen Aufträge ausgeführt werden können?

c) Die Wahrscheinlichkeit, dass während einer beliebigen Stunde nicht alle internen und/oder externen Aufträge ausgeführt werden können, beträgt 9,3 %. Wie verändert sich diese Wahrscheinlichkeit, wenn Disponent A in Rente geht und die verbleibenden Disponenten B bis G jetzt sowohl für interne als auch für externe Aufträge zuständig sind?

Lösung 3.3 - A11: Lagerdisponenten

Lösung zu a) und b)

Schritt 1: X = Anzahl der eintreffenden internen Aufträge
Schritt 2: Poissonverteilung
Schritt 3: Funktionalparameter $\mu = 6$
Schritt 4: Wahrscheinlichkeiten

a) $f_P(8|\,6) = 0{,}1033$ bzw. 10,33 % (s. Tab. 2a, S. 213)

b) $W(X > 10) = 1 - F_P(10|\,6) = 1 - 0{,}9574 = 0{,}0426$ (4,26 %) (s. Tab. 2b, S. 216)

Lösung zu c)

Schritt 1: Zufallsvariablen
X_1: Anzahl der eintreffenden internen Aufträge
X_2: Anzahl der eintreffenden externen Aufträge
X : Anzahl der insgesamt eintreffenden Aufträge
Schritt 2: Poissonverteilung
Schritt 3: Funktionalparameter $\mu = \mu_1 + \mu_2 = 6 + 2 = 8$
Schritt 4: Wahrscheinlichkeit

Die sechs Disponenten B bis G sind bei mehr als 12 Aufträgen überlastet.

$W(X > 12) = 1 - W(X \leq 12) = 1 - F_P(12|\,8) = 1 - 0{,}9362 = 0{,}0638$

Durch die Umorganisation kann die Wahrscheinlichkeit für eine Überlastung trotz der Personalreduktion von bisher 9,3 % auf dann 6,38 % reduziert werden.

Aufgabe 3.3 - A12: Skat I

Beim Skat erhält jeder der drei Spieler 10 Karten. Zwei Karten bleiben verdeckt liegen. Die höchsten Trümpfe beim Skat sind die vier Buben. Spieler A interessiert sich für die Wahrscheinlichkeiten, Buben zu erhalten. Erstellen Sie für Spieler A die Wahrscheinlichkeitsfunktion und die Verteilungsfunktion!

Lösung 3.3 - A12: Skat I

Schritt 1: X = Anzahl der Buben
Schritt 2: Hypergeometrische Verteilung
Schritt 3: Funktionalparameter: $N = 32$; $M = 4$; $n = 10$
Schritt 4: Wahrscheinlichkeiten für die möglichen Realisationen 0, 1, 2, 3 und 4.

$$f_H(0|\,32;\,4;\,10) = \frac{\binom{4}{0} \cdot \binom{32-4}{10-0}}{\binom{32}{10}} = \frac{13.123.110}{64.512.240} = 0{,}2034 \quad \text{bzw.} \quad 20{,}34\,\%$$

$$f_H(1|\,32;\,4;\,10) = \frac{\binom{4}{1} \cdot \binom{32-4}{10-1}}{\binom{32}{10}} = \frac{27.627.600}{64.512.240} = 0{,}4283 \quad \text{bzw.} \quad 42{,}83\,\%$$

Entsprechend: $f(2) = 0{,}2891$; $f(3) = 0{,}0734$; $f(4) = 0{,}0058$. D.h. beispielsweise, die Wahrscheinlichkeit, dass ein Spieler alle vier Buben erhält, beträgt 0,58 %.
Für die Verteilungsfunktion sind die oben angegebenen Wahrscheinlichkeiten zu kumulieren: 0,2034; 0,6317; 0,9208; 0,9942 und 1,0000.

Aufgabe 3.3 - A13: Skat II

In Fortsetzung zur Aufgabe 3.3-A12: Wie groß ist die Wahrscheinlichkeit, dass Spieler A in der zehnten Spielrunde zum ersten Mal keinen Buben erhält? Spieler A hat in den ersten neun Spielrunden stets Buben erhalten; wie groß ist die Wahrscheinlichkeit, dass er in der zehnten Spielrunde erstmals keinen Buben erhält?

Lösung 3.3 - A13: Skat II

Schritt 1: Zufallsvariable X = Anzahl der Spielrunden
Schritt 2: Geometrische Verteilung (10 identische Kartenverteilungsprozesse; "kein Bube" oder "ein und mehr Buben"; die Wahrscheinlichkeit, keinen Buben zu erhalten, ist in jeder Spielrunde gleich.)

3.3 Diskrete Verteilungen

Schritt 3: Funktionalparameter: $\Theta = 0{,}2034$ (s. Aufgabe 3.3-A12)
Schritt 4: Berechnung der Wahrscheinlichkeit

$$f_G(10|\, 0{,}2034) = 0{,}2034 \cdot 0{,}7966^9$$
$$= 0{,}0263 \quad \text{bzw.} \quad 2{,}63\,\%$$

Die Wahrscheinlichkeit, dass Spieler A in der zehnten Spielrunde erstmals keinen Buben erhält, beträgt 2,63 %.

Anmerkung: Die Wahrscheinlichkeit, dass Spieler A in der zehnten Spielrunde keinen Buben erhält, wenn er zuvor stets Buben erhalten hatte, beträgt - wie in einer jeden Spielrunde - 20,34 %, da die zehnte Spielrunde unabhängig von den Spielrunden zuvor erfolgt und der Zufall kein Gedächtnis hat.

Aufgabe 3.3 - A14: Blutgruppe

In Deutschland haben 37 % der Bundesbürger die Blutgruppe "A Rhesus positiv", 35 % "0 Rhesus positiv", 9 % "B Rhesus positiv" und 19 % andere Blutgruppen. Wie groß ist die Wahrscheinlichkeit, dass von 4 Blutspendern je zwei die Blutgruppe "A Rhesus positiv" und "0 Rhesus positiv" haben?

Lösung 3.3 - A14: Blutgruppe

Schritt 1: Zufallsvariablen
Zufallsvariable X: Anzahl der Bundesbürger mit "A Rhesus positiv"
Zufallsvariable Y: Anzahl der Bundesbürger mit "0 Rhesus positiv"
Zufallsvariable Z: Anzahl der Bundesbürger mit sonstigen Blutgruppen

Schritt 2: Multinomialverteilung (es liegt zwar eine "Entnahme ohne Zurücklegen" vor. Bei der Auswahl von nur 4 Bundesbürgern aus über 80 Mio Bundesbürgern verändern sich die Eintrittswahrscheinlichkeiten für die Ereignisse trotz der Entnahme ohne Zurücklegen so gut wie nicht, sie sind gleichsam konstant.)

Schritt 3: Funktionalparameter
$n = 4$; $\Theta_1 = 0{,}37$; $\Theta_2 = 0{,}35$; $\Theta_3 = 0{,}09 + 0{,}19 = 0{,}28$

Schritt 4: Wahrscheinlichkeit

$$f_M(2;2;0|\,4;\,0{,}37;\,0{,}35;\,0{,}28)$$
$$= \frac{4!}{2! \cdot 2! \cdot 0!} \cdot 0{,}37^2 \cdot 0{,}35^2 \cdot 0{,}28^0 = 6 \cdot 0{,}0168$$
$$= 0{,}1008 \quad \text{bzw.} \quad 10{,}08\,\%$$

Aufgabe 3.3 - A15: Ampel

Eine zweispurige Straße ist wegen Bauarbeiten auf einer Länge von 1000 m nur einspurig befahrbar. Der Verkehr wird durch eine Ampelschaltung geregelt. Wegen der sehr langen Rotphase neigen Autofahrer dazu, auch noch innerhalb der ersten drei Sekunden der Rotphase die Ampel schnell zu passieren. Die Wahrscheinlichkeit dafür wird bei einem jeden Autofahrer auf 9 % geschätzt.

a) Wie groß ist die Wahrscheinlichkeit, dass von neun Autofahrern mehr als einer die Ampel bei Rot passiert?

b) Wie groß ist die Wahrscheinlichkeit, dass sich von 80 Autofahrern
   b1) höchstens 5,   b2) mindestens 8 verbotswidrig verhalten?

Lösung 3.3 - A15: Ampel

Schritt 1: X = Anzahl der sich verbotswidrig verhaltenden Autofahrer
Schritt 2: Binomialverteilung

Lösung zu a)
Schritt 3: Funktionalparameter: $n = 9$; $\Theta = 0,09$
Schritt 4: Wahrscheinlichkeit
$W(X>1) = 1 - W(X \leq 1) = 1 - F_B(1|\ 9;\ 0,09) =$
$\qquad 1 - 0,4279 - 0,3809 = 0,1912$ bzw. 19,12 %

Lösung zu b)
Schritt 3: Funktionalparameter: $n = 80$; $\Theta = 0,09$
Schritt 4: Approximation durch die Poissonverteilung
i) Zulässigkeit gegeben wegen $n = 80 \geq 30$; $\Theta = 0,09 \leq 0,1$
ii) Funktionalparameter $\mu = 80 \cdot 0,09 = 7,2$
iii) Wahrscheinlichkeiten

   b1) $F_B(5|\ 80;\ 0,09) \approx F_P(5|\ 7,2) = 0,2759$ bzw. 27,59 %

   b2) $1 - F_B(7|\ 80;\ 0,09) \approx 1 - F_P(7|\ 7,2) = 1 - 0,5689 = 0,4311$ bzw. 43,11 %

Aufgabe 3.3 - A16: Sportschütze

Von einem Sportschützen ist bekannt, dass er bei einem Schuss in normaler Tagesform mit einer Wahrscheinlichkeit von 92 % ins Schwarze trifft. Wie groß ist die Wahrscheinlichkeit, dass von 50 abgegebenen Schüssen in normaler Tagesform mindestens 45 ins Schwarze gehen?

Lösung 3.3 - A16: Sportschütze

Schritt 1: X = Anzahl der Treffer ins Schwarze
Schritt 2: Binomialverteilung
Schritt 3: Funktionalparameter: n = 50; Θ = 0,92
Schritt 4: Approximation durch die Poissonverteilung
i) Zulässigkeit gegeben wegen n = 50 ≥ 30 und Θ = 0,92 ≥ 0,90
ii) Funktionalparameter μ = 50 · 0,92 = 46
iii) Wahrscheinlichkeit

$$F_B(X \geq 45| 50; 0{,}92) \approx F_P(X \geq 45| 46)$$

Die Wahrscheinlichkeit kann in Tabelle 2b mittelbar nachgeschlagen werden. Mindestens 45 Treffer ins Schwarze bedeuten zugleich höchstens 5 Schüsse, die nicht ins Schwarze treffen. μ = 50 · (1 - 0,92) = 4.

$$F_P(X \leq 5| 4) = 0{,}7851 \quad \text{bzw.} \quad 78{,}51\,\%$$

Aufgabe 3.3 - A17: 11-er Wette

Gegenstand der 11-er Wette ist es, den Ausgang von 11 Fußballspielen vorherzusagen, wobei zwischen dem Sieg der Heimmannschaft, dem unentschiedenen Ergebnis und dem Sieg der Auswärtsmannschaft zu wählen ist. Bei der Wette gewinnt man, wenn man neun, zehn oder elf Spiele richtig vorhersagt.
Wie groß ist die Wahrscheinlichkeit, dass ein Spieler, der seine Vorhersagen rein zufällig abgibt, gewinnt?

Lösung 3.3 - A17: 11-er Wette

Schritt 1: X = Anzahl der richtig vorhergesagten Spiele
Schritt 2: Binomialverteilung
Schritt 3: Funktionalparameter n = 11; Θ = 1/3
Schritt 4: Wahrscheinlichkeit

$$F_B(X \geq 9| 11; 1/3) = 0{,}00124 + 0{,}00012 + 0{,}00001 = 0{,}00137$$

Bei rein zufälligen Vorhersagen beträgt die Gewinnchance 0,137 %.

Aufgabe 3.3 - A18: Statistische Qualitätskontrolle

Eine Unternehmung erhält monatlich 5.000 Mengeneinheiten eines Artikels, wobei sie Lieferungen mit mehr als 2,5 % Ausschuss nicht annimmt. Sie sind damit beauftragt, alternative Prüfpläne auf ihre Trennschärfe zu untersuchen, d.h. wie scharf diese zwischen "guter" und "schlechter" Lieferung trennen können. Für die Stichprobenumfänge n (60, 120, 180) gelten die Annahmezahlen c (2, 4, 6), d.h. z.B., bei einer Stichprobe von 120 Artikeln werden maximal 4 fehlerhafte Artikel geduldet. Als Ausschusssätze sind 1, 2, 3, 4 und 5 % zu verwenden. Ermitteln Sie die Annahmewahrscheinlichkeiten für alle möglichen Kombinationen aus Stichprobenumfang und Ausschusssatz! Analysieren Sie Ihre Ergebnisse!

Lösung 3.3 - A18: Statistische Qualitätskontrolle

Schritt 1: X = Anzahl der fehlerhaften Artikel

Schritt 2: Hypergeometrische Verteilung

Schritt 3: Funktionalparameter: N = 5.000; M = 50 (100, 150, 200, 250); n = 60 (120, 180)

Schritt 4: Approximation durch die Poissonverteilung

i) Zulässigkeit gegeben wegen: n = 60 (120, 180) ≥ 30; Ausschusssätze ≤ 0,10; Auswahlsätze n/N < 0,05.

ii) Wahrscheinlichkeiten

- Stichprobenumfang n = 60:
  Ausschusssatz 1%: $F_H(2|\ 5.000;\ 50;\ 60) \approx F_P(2|\ 0,60) = 0,9769$
  Ausschusssatz 2%: $F_H(2|\ 5.000;\ 100;\ 60) \approx F_P(2|\ 1,2) = 0,8795$; usw

- Stichprobenumfang n = 120:
  Ausschusssatz 1%: $F_H(4|\ 5.000;\ 50;\ 120) \approx F_P(4|\ 1,2) = 0,9923$
  Ausschusssatz 2%: $F_H(4|\ 5.000;\ 100;\ 120) \approx F_P(4|\ 2,4) = 0,9041$; usw.

- Stichprobenumfang n = 160:
  Ausschusssatz 1%: $F_H(6|\ 5.000;\ 50;\ 180) \approx F_P(6|\ 1,8) = 0,9974$; usw

Gesamtübersicht: Annahmewahrscheinlichkeit

n (c) M/N	60 (2)	120 (4)	180 (6)
1%	0,9769	0,9923	0,9974
2%	0,8795	0,9041	0,9267
3%	0,7306	0,7064	0,7017
4%	0,5697	0,4763	0,4204
5%	0,4232	0,2851	0,2068

Die Wahrscheinlichkeit, dass eine Lieferung mit 2 % Ausschuss irrtümlich abgelehnt wird, beträgt bei einer Stichprobe von 60 Artikeln 100 - 87,95 = 12,05 %, bei 180 Artikel 100 - 92,67 = 7,33 %. Die Wahrscheinlichkeit, eine Lieferung mit

3 % Ausschuss irrtümlicherweise anzunehmen, beträgt bei einer Stichprobe von 60 Artikeln 73,06 %, bei einer Stichprobe von 180 Artikel 70,17 %. Die beiden Beispiele zeigen, dass mit wachsendem Stichprobenumfang n die Risiken einer Fehlbeurteilung für Lieferant und Abnehmer kleiner werden.

3.4 Stetige Verteilungen

Einer stetigen Verteilung liegt eine Zufallsvariable zugrunde, die in einem festgelegten Intervall jeden beliebigen Werte annehmen kann.

Die folgenden Übungsaufgaben befassen sich mit den Bereichen

- **Normalverteilung bzw. Standardnormalverteilung**
- **Exponentialverteilung**
- **Approximationen**

Im Tabellenanhang 3a und 3b (S. 218 - 220) ist für die Standardnormalverteilung die Verteilungsfunktion angegeben.

Aufgabe 3.4 - A1: Exponentialverteilung

Ein Software-Hersteller hat für seine Kunden in Süddeutschland die Hotline SD eingerichtet. An Werktagen rufen zwischen 20.00 und 21.00 Uhr durchschnittlich 5 Kunden an. Wie groß ist die Wahrscheinlichkeit, dass zwischen zwei Anrufen höchstens 6 (15) Minuten vergehen?

Lösung 3.4 - A1: Exponentialverteilung

Schritt 1: Definition der Zufallsvariablen X

Zufallsvariable X = Zeitspanne (in Stunden) zwischen zwei Anrufen

Schritt 2: Erkennen der Verteilungsform

Die Zufallsvariable X ist exponentialverteilt, da Folgendes anzunehmen ist:
- Stationarität: Innerhalb des n-ten Teils einer Stunde gehen durchschnittlich 5/n Anrufe ein
- Nachwirkungsfreiheit: die Anzahl der Anrufe in einem Zeitsegment ist ohne Einfluss auf die Anzahl der Anrufe in einem anderen Zeitsegment
- Ordinarität: Bei genügend feiner, gleichmäßiger Zeitsegmentierung geht in einem Zeitsegment höchstens ein Anruf ein.

Schritt 3: Feststellen des Wertes des Funktionalparameters
Durchschnittliche Anzahl der Anrufe in einer Stunde: $\mu = 5$

Schritt 4: Berechnung der Wahrscheinlichkeiten
Mit Hilfe der Verteilungsfunktion der Exponentialverteilung

$$F_E(x|\mu) = \begin{cases} 0 & \text{für } x < 0 \\ 1 - e^{-\mu \cdot x} & \text{für } x \geq 0 \end{cases}$$

kann die Wahrscheinlichkeit für die Realisationen $X = 0,1$ Stunden (= 6 min) und $X = 0,25$ Stunden (= 15 min) berechnet werden.

$$F_E(0,1|5) = 1 - e^{-5 \cdot 0,1} = 1 - e^{-0,5}$$
$$= 1 - 0,6065 = 0,3935 \quad \text{bzw.} \quad 39,35\,\%$$

$$F_E(0,25|5) = 1 - e^{-5 \cdot 0,25} = 1 - e^{-1,25}$$
$$= 1 - 0,2865 = 0,7135 \quad \text{bzw.} \quad 71,35\,\%$$

Fehlerquelle: Der Wert der Zufallsvariablen X wird nicht auf die Dimension des Funktionalparameters μ (hier: Stunde) bezogen.
Es wird vergessen, den exponentiellen Wert von 1 zu subtrahieren.

Aufgabe 3.4 - A1: Standardnormalverteilung I

Eine fränkische Winzergenossenschaft füllt den "Wipfelder Zehntgraf" in Bocksbeutel ab. Messungen haben ergeben, dass die Füllmenge der Bocksbeutel normalverteilt ist mit einer durchschnittlichen Füllmenge von 753 ml bei einer Standardabweichung von 2 ml.
Wie groß ist die Wahrscheinlichkeit, dass
a) die Soll-Füllmenge von 750 ml eines Bocksbeutels unterschritten wird,
b) in einem Bocksbeutel mindestens 757 ml enthalten sind,
c) in einem Bocksbeutel zwischen 752 und 754 ml enthalten sind,

Lösung 3.4 - A1: Standardnormalverteilung I

Schritt 1: Definition der Zufallsvariablen X
Zufallsvariable X = Füllmenge eines Bocksbeutels

Fehlerquelle (häufig):
Die Zufallsvariable wird zahlenmäßig festgelegt (z.B. $X < 750$). Der Zufallsvariablen dürfen im Rahmen der Definition keine Realisationen zugeordnet werden.

3.4 Stetige Verteilungen

Schritt 2: Feststellen der Werte der Funktionalparameter
- durchschnittliche Füllmenge: $\mu = 753$
- Standardabweichung: $\sigma = 2$

Schritt 3: z-Transformation

Um die Wahrscheinlichkeiten tabellarisch nachschlagen zu können, muss die vorliegende Normalverteilung in die Standardnormalverteilung transformiert werden. Die Transformation erfolgt mit

$$z = \frac{x - \mu}{\sigma}$$

a) $z = \frac{750 - 753}{2} = -1{,}5;$ b) $z = \frac{757 - 753}{2} = 2{,}0;$

c) $z = \frac{754 - 753}{2} = 0{,}5$ und $z = \frac{752 - 753}{2} = -0{,}5$

Schritt 4: Nachschlagen der Wahrscheinlichkeiten

a) $F_N(750| 753; 2) = F_{SN}(-1{,}5| 0; 1) = 0{,}0668$ (Tabelle 3a)

Die Wahrscheinlichkeit, dass in einem Bocksbeutel die Soll-Füllmenge unterschritten wird, beträgt 6,68 %.

b) $1 - F_N(757| 753; 2) = 1 - F_{SN}(2| 0; 1) = 1 - 0{,}9772 = 0{,}0228$ (Tab. 3a)

Die Wahrscheinlichkeit, dass in einem Bocksbeutel die Füllmenge 757 ml überschritten wird, beträgt 2,28 %.

c) Die Soll-Füllmenge 753 ml liegt zentral im vorgegeben Intervall [752; 754]. Die z-Werte unterscheiden sich dann nur durch das Vorzeichen [-0,5; +0,5]. Die Wahrscheinlichkeit für dieses "zentrale Intervall"

$$F_N(754| 753; 2) - F_N(752| 753; 2) = F_{SN}(0{,}5| 0; 1) - F_{SN}(-0{,}5| 0; 1)$$

kann in der für diese Fälle geschaffenen Tabelle 3b nachgeschlagen werden:

$$F^*_{SN}(0{,}5| 0; 1) = 0{,}3829 \quad \text{(anstatt: } 0{,}6915 - 0{,}3085; \text{ Tabelle 3a)}$$

Die Wahrscheinlichkeit, dass in einem Bocksbeutel die Füllmenge zwischen 752 und 754 ml liegt, beträgt 38,29 %.

Aufgabe 3.4 - A2: Reproduktivität der Normalverteilung

Fortsetzung zu Aufgabe 3.4-A1: Eine Kunde der Winzergenossenschaft kauft drei Bocksbeutel "Wipfelder Zehntgraf".
Wie groß ist die Wahrscheinlichkeit, dass die Füllmenge der drei Flaschen die Soll-Füllmenge von 2.250 ml (3 · 750) unterschreitet?

Lösung 3.4 - A2: Reproduktivität der Normalverteilung

Schritt 1: Definition der Zufallsvariablen X
Zufallsvariable X = Füllmenge der drei Bocksbeutel
Zufallsvariable X_i = Füllmenge des Bocksbeutels Nr. i (i = 1, 2, 3)

$$X = X_1 + X_2 + X_3$$

Schritt 2: Feststellen der Funktionalparameter von X_i
- durchschnittliche Füllmenge: $\mu_i = 753$ (i = 1, 2, 3)
- Standardabweichung: $\sigma_i = 2$ (i = 1, 2, 3)

Schritt 3: Feststellen der Funktionalparameter von X
Mit Hilfe der Reproduktivitätseigenschaft der Normalverteilung können die Funktionalparameter der Zufallsvariablen X ermittelt werden. Ohne diese Eigenschaft wäre die Wahrscheinlichkeitsermittlung nicht möglich, da für die drei Flaschen unendlich viele Kombinationen von Füllmengen existieren.

Reproduktivität der Normalverteilung

Sind die Zufallsvariablen $X_1, X_2, ..., X_n$ unabhängig und normalverteilt mit $\mu_1, \mu_2, ..., \mu_n$ und $\sigma_1, \sigma_2, ..., \sigma_n$, dann ist die Zufallsvariable $X = X_1 + X_2 + ... + X_n$ ebenfalls normalverteilt mit

$$\mu = \sum_{i=1}^{n} \mu_i \quad \text{und} \quad \sigma^2 = \sum_{i=1}^{n} \sigma_i^2$$

Für das Beispiel ergibt sich damit:

$$\mu = \mu_1 + \mu_2 + \mu_3 = 3 \cdot 753 = 2.259 \text{ ml}$$
$$\sigma^2 = \sigma_1^2 + \sigma_2^2 + \sigma_3^2 = 3 \cdot 4 = 12 \quad \text{bzw.} \quad \sigma = 3{,}4641$$

Fehlerquelle (relativ häufig):
Die Berechnung von σ erfolgt mit $3 \cdot \sigma_i = 3 \cdot 2 = 6$.

Schritt 4: z-Transformation

$$z = \frac{2.250 - 2.259}{3{,}4641} = -2{,}60$$

Schritt 5: Nachschlagen der Wahrscheinlichkeit

$$F_N(2.250 | 2.259; 3{,}4641) = F_{SN}(-2{,}60 | 0; 1) = 0{,}0047$$

Die Wahrscheinlichkeit, dass die Füllmenge der drei Flaschen die Soll-Füllmenge 2.250 ml unterschreitet, beträgt 0,47 %.

Aufgabe 3.4 - A3: Standardnormalverteilung II

Fortsetzung zu Aufgabe 3.4-A1: Die fränkische Winzergenossenschaft will erreichen, dass die Wahrscheinlichkeit, dass in einem Bocksbeutel die Soll-Füllmenge von 750 ml unterschritten wird, nicht wie bisher 6,68 % (s.S. 151, A1a), sondern maximal 3 % beträgt.

a) Auf welche Füllmenge muss die Abfüllanlage eingestellt werden, wenn die Anlage weiterhin mit einer Ungenauigkeit von $\sigma = 2$ ml arbeitet?

b) Wie groß ist dann die Wahrscheinlichkeit, dass die Füllmenge von drei Bocksbeutel die Soll-Füllmenge von 2.250 ml (3 · 750) Wein unterschreitet?

Lösung 3.4 - A3: Standardnormalverteilung II

a) Im Unterschied zu den obigen Aufgaben ist die Wahrscheinlichkeit gegeben und der Funktionalparameter μ, die durchschnittliche Abfüllmenge, gesucht.

Schritt 1: Nachschlagen des z-Wertes

In Tabelle 3a (S. 218) kann für die Wahrscheinlichkeit 0,03 der Wert $z = -1,88$ nachgeschlagen werden.

Schritt 2: Berechnung von μ

Mit Hilfe der Formel für die z-Transformation ergibt sich

$$-1,88 = \frac{750 - \mu}{2} \rightarrow \mu = 753,76$$

$$F_{SN}(-1,88|\, 0;\, 1) \longrightarrow F_{N}(750|\, 753,76;\, 2)$$

Die Abfüllanlage ist auf die Füllmenge 753,76 ml einzustellen, wenn die Wahrscheinlichkeit maximal 3 % betragen soll, dass die Füllmenge eines Bocksbeutels die Soll-Füllmenge von 750 ml unterschreitet.

b) Reproduktivität der Normalverteilung

Die Schritte 1 bis 3 sind identisch mit denen aus Aufgabe 3.4-A2., wobei μ jetzt 2.261,28 ml (3·753,76) beträgt.

Schritt 4: z-Transformation

$$z = \frac{2.250 - 2.261,28}{3,4641} = -3,2563$$

Schritt 5: Nachschlagen der Wahrscheinlichkeit

$$F_N(2.250|\, 2.261,28;\, 3,4641) = F_{SN}(-3,2563|\, 0;\, 1) = 0,0006$$

Die Wahrscheinlichkeit, dass die Füllmenge der drei Flaschen die Soll-Füllmenge 2.250 ml unterschreitet, beträgt zirka 0,06 %.

Aufgabe 3.4 - A4: Approximation I

Eine Klausur besteht aus 48 Multiple-choice-Aufgaben. Für jede Aufgabe sind 4 Antworten vorgegeben, von denen jeweils genau eine richtig ist. Die Klausur ist bestanden, wenn mindestens 18 Aufgaben richtig gelöst worden sind. - Wie groß ist die Wahrscheinlichkeit, dass die Klausur durch rein zufälliges Ankreuzen der Antworten bestanden wird?

Lösung 3.4 - A4: Approximation I

Schritt 1: Definition der Zufallsvariablen X
Zufallsvariable X = Anzahl der richtig gelösten Aufgaben

Fehlerquelle (häufig): Die Zufallsvariable wird fehlerhafterweise zahlenmäßig festgelegt (z.B. $X \geq 18$). Der Zufallsvariablen dürfen jedoch im Rahmen der Definition keine Realisationen zugeordnet werden.

Schritt 2: Erkennen der Verteilungsform
Die Zufallsvariable X ist binomialverteilt, da

- 48-mal eine von vier Antworten angekreuzt wird
- eine Antwort richtig oder falsch angekreuzt wird
- die Wahrscheinlichkeit für eine richtige Antwort stets 25 % beträgt.

Fehlerquelle (häufig):
Verwechslung mit der hypergeometrischen Verteilung (mit N = 192; M = 48 und n = 48). Dazu müssten, und das würde keinen Sinn machen, 192 Einzelaufgaben vorliegen, von denen 48 richtig und 144 falsch sind.

Schritt 3: Feststellung der Funktionalparameter
$n = 48; \Theta = 0{,}25$

Die Berechnung der Wahrscheinlichkeit

$$F_B(X \geq 18 | 48; 0{,}25) = \sum_{a=18}^{48} \binom{48}{a} \cdot 0{,}25^a \cdot 0{,}75^{48-a}$$

ist offensichtlich sehr aufwändig.

Schritt 4: Zulässigkeitsprüfung der Normalverteilung
Die Approximation der Binomialverteilung durch die Normalverteilung ist vertretbar, da die entsprechenden Approximationsbedingungen erfüllt sind.

    i) $n \cdot \Theta \cdot (1 - \Theta) \geq 9$ (auch: $n \geq 30$) $48 \cdot 0{,}25 \cdot 0{,}75 = 9 \geq 9$

    ii) $0{,}1 < \Theta < 0{,}9$ $0{,}1 < 0{,}25 < 0{,}9$

3.4 Stetige Verteilungen

Schritt 5: Feststellung der Funktionalparameter der Normalverteilung

$\mu = n \cdot \Theta$ $\sigma = \sqrt{n \cdot \Theta \cdot (1 - \Theta)}$

$\mu = 48 \cdot 0,25 = 12$ $\sigma = \sqrt{48 \cdot 0,25 \cdot 0,75} = \sqrt{9} = 3$

Der Wert $\mu = 12$ bedeutet, dass bei zufälligem Ankreuzen der Antworten durchschnittlich 12 richtige Antworten zu erwarten sind.

Fehlerquelle (relativ oft):
Bei der Berechnung von σ wird vergessen, die Wurzel aus dem Produkt 9 zu ziehen.

Schritt 6: Berechnung der Wahrscheinlichkeit

$1 - F_B(17|\, 48;\, 0{,}25) \approx 1 - F_N(17{,}5|\, 12;\, 3)$

$= 1 - F_{SN}(\dfrac{17,5 - 12}{3} = 1{,}83|\, 0;\, 1) = 1 - 0{,}9664 = 0{,}0336$

Die Wahrscheinlichkeit, dass von 48 Aufgaben durch rein zufälliges Ankreuzen mindestens 18 richtig gelöst werden, beträgt approximativ 3,36 %. - Die exakte, über die Binomialverteilung ermittelte Wahrscheinlichkeit beträgt 3,74 %.

Fehlerquellen:
Die Stetigkeitskorrektur wird vergessen.
Fehlerhafte Bildung des Komplementärereignisses mit $W(X \leq 18)$.

Aufgabe 3.4 - A5: Approximation II

Ein Artikel wurde von 1.500 Kunden gekauft. 75 % der Kunden waren mit dem Artikel sehr zufrieden. Wie groß ist die Wahrscheinlichkeit, dass bei einer Befragung von 120 zufällig ausgewählten Kunden das Befragungsergebnis um höchstens 5 %-Punkte vom tatsächlichen Wert 75 % abweicht?

Lösung 3.4 - A5: Approximation II

Schritt 1: Definition der Zufallsvariablen X
Zufallsvariable X = Anzahl der sehr zufriedenen Kunden

Fehlerquelle (häufig):
Die Zufallsvariable wird fehlerhafterweise zahlenmäßig (z.B. $84 \leq X \leq 96$) festgelegt. Der Zufallsvariablen dürfen jedoch im Rahmen der Definition keine Realisationen zugeordnet werden.

Schritt 2: Erkennen der Verteilungsform

Die Zufallsvariable X ist hypergeometrisch verteilt, da
- von den 1.500 Kunden 75 % sehr zufrieden sind, die restlichen nicht
- von den 1.500 Kunden 120 "ohne Zurücklegen" befragt werden.

Fehlerquelle (häufig):

Verwechslung mit der Binomialverteilung. Dazu müsste jedoch bei jedem Kunden die Wahrscheinlichkeit, sehr zufrieden zu sein, 75 % betragen. - Hier ist die Menge der Kunden jedoch von vornherein in zwei Teile (1125 : 375) zerlegt.

Schritt 3: Feststellen der Werte der Funktionalparameter
- Anzahl der Kunden: N = 1.500
- Anzahl der sehr zufriedenen Kunden: M = 1.125
- Anzahl der befragten Kunden: n = 120

Die Berechnung der Wahrscheinlichkeit

$$F_H(84 \leq X \leq 96 | 1500; 1125; 120) = \sum_{a=84}^{96} \frac{\binom{1125}{a} \cdot \binom{375}{120-a}}{\binom{1500}{120}}$$

ist offensichtlich sehr aufwändig.

Schritt 4: Zulässigkeitsprüfung der Normalverteilung

Die Approximation der hypergeometrischen Verteilung durch die Normalverteilung ist vertretbar, da die entsprechenden Approximationsbedingungen erfüllt sind.

i) $n \geq 30$ $\qquad\qquad$ $n = 120 \geq 30$

ii) $0{,}1 < \frac{M}{N} < 0{,}9$ $\qquad\qquad$ $0{,}1 < 0{,}75 < 0{,}9$

iii) $n \cdot \frac{M}{N} \cdot (1 - \frac{M}{N}) \geq 9$ $\qquad\qquad$ $120 \cdot 0{,}75 \cdot 0{,}25 = 22{,}5 \geq 9$

Schritt 5: Feststellung der Funktionalparameter der Normalverteilung

$$\mu = n \cdot \frac{M}{N}; \qquad \sigma = \sqrt{n \cdot \frac{M}{N} \cdot (1 - \frac{M}{N}) \cdot \frac{N-n}{N-1}}$$

$$\mu = 120 \cdot \frac{1125}{1500} = 90; \qquad \sigma = \sqrt{120 \cdot \frac{1125}{1500} \cdot \frac{375}{1500} \cdot \frac{1380}{1499}} = 4{,}5512$$

3.4 Stetige Verteilungen

Der Wert $\mu = 90$ besagt, dass bei 120 befragten Kunden durchschnittlich mit 90 sehr zufriedenen Kunden zu rechnen ist.

Schritt 6: Berechnung der Wahrscheinlichkeit

$$F_H(84 \leq X \leq 96 | 1500; 1125; 120) \approx F_N(83,5 \leq X \leq 96,5 | 90; 4,5512)$$

$$= F^*_{SN}(\frac{96,5-90}{4,5512} = 1,43 | 0; 1) = 0,8473 \qquad \text{(s. Tab. 3b, S. 220)}$$

Die Wahrscheinlichkeit, dass das Befragungsergebnis in der Stichprobe um höchstens 5 %-Punkte vom Ergebnis der Grundgesamtheit 75 % abweicht, d.h. zwischen 70 und 80 % liegt, beträgt approximativ 84,73 %. - Die exakte, über die hypergeometrische Verteilung ermittelte Wahrscheinlichkeit beträgt 84,75 %.

Aufgabe 3.4 - A6: Approximation III

In einem Elektronik-Versandhaus treffen zwischen 10.00 und 11.00 Uhr durchschnittlich 90 telefonische Bestellungen ein.

a) Wie groß ist die Wahrscheinlichkeit, dass mindestens 100 Bestellungen zwischen 10.00 und 11.00 Uhr eingehen?

b) Wie viele Personen sind für die Entgegennahme der Bestellungen erforderlich, wenn eine Person pro Stunde 12 Bestellungen entgegennehmen kann und es mit einer Wahrscheinlichkeit von mindestens 95 % innerhalb einer Stunde nicht zu einer Überlastung kommen soll?

Lösung 3.4 - A6: Approximation III

a) Schritt 1: Definition der Zufallsvariablen X

Zufallsvariable X = Anzahl der eingehenden Anrufe

Schritt 2: Erkennen der Verteilungsform

Die Zufallsvariable X ist poissonverteilt, da Folgendes anzunehmen ist

- Stationarität: Innerhalb des n-ten Teils der Stunde gehen durchschnittlich 90/n Anrufe ein (z.B. zwischen 10.00 und 10.10 Uhr 15 Anrufe).
- Nachwirkungsfreiheit: die Anzahl der Anrufe in einem Zeitsegment ist ohne Einfluss auf die Anzahl der Anrufe in einem anderen Zeitsegment.
- Ordinarität: Bei genügend feiner, gleichmäßiger Zeitsegmentierung geht in einem Zeitsegment höchstens ein Anruf ein.

Schritt 3: Feststellen des Wertes des Funktionalparameters

Anzahl der durchschnittlichen Anrufe: $\mu = 90$

Die Berechnung der Wahrscheinlichkeit

$$1 - F_P(99|\,90) = 1 - e^{-90} \cdot \sum_{a=0}^{99} \frac{90^a}{a!}$$

ist offensichtlich sehr aufwändig.

Schritt 4: Zulässigkeitsprüfung der Normalverteilung

Die Approximation der Poissonverteilung durch die Normalverteilung ist vertretbar, da die entsprechende Approximationsbedingung erfüllt ist.

$\mu \geq 9 \qquad \mu = 90 \geq 9$

Schritt 5: Feststellen der Funktionalparameter der Normalverteilung

$\mu = \mu; \qquad \sigma = \sqrt{\mu}$

$\mu = 90; \qquad \sigma = \sqrt{90} = 9{,}4868$

Schritt 6: Berechnung der Wahrscheinlichkeit

$$1 - F_P(99|\,90) \approx 1 - F_N(99{,}5|\,90;\,9{,}4868)$$

$$= 1 - F_{SN}(\frac{99{,}5 - 90}{9{,}4868} = 1{,}00|\,0;\,1) = 1 - 0{,}8413 = 0{,}1587$$

Die Wahrscheinlichkeit, dass zwischen 10.00 und 11.00 Uhr mindestens 100 Kunden anrufen, beträgt approximativ 15,87 %. - Die exakte, über die Poissonverteilung ermittelte Wahrscheinlichkeit beträgt 15,82 %.

b) Die Wahrscheinlichkeit 95 % ist gegeben; gesucht ist die zugehörige Realisation x.

Schritt 1: Nachschlagen des z-Wertes

In Tabelle 3a (S. 219) kann für die Wahrscheinlichkeit 0,95 der Wert z = 1,645 näherungsweise nachgeschlagen werden.

Schritt 2: Berechnung von x

Mit Hilfe der Formel für die z-Transformation ergibt sich

$$1{,}645 = \frac{x - 90}{9{,}4868} \;\to\; x = 105{,}61$$

$F_{SN}(1{,}645|\,0;\,1) \longrightarrow F_N(105{,}61|\,90;\,9{,}4868)$

Es müssen 105,61 : 12 = 8,809 bzw. 9 Personen eingestellt werden, wenn mit einer Wahrscheinlichkeit von mindestens 95 % keine Überlastung eintreten soll.

Aufgabe 3.4 - A7: Elektriker I

Ein Betriebselektriker muss an seinem 8-Stunden-Arbeitstag u.a. durchschnittlich vier Störfälle an elektrischen Anlagen beheben. Wie groß ist die Wahrscheinlichkeit, dass der Elektriker sich nicht sofort der Behebung des nächsten Störfalles annehmen kann, wenn er soeben zu einem Störfall gerufen wurde, dessen Behebung 96 Minuten erfordert?

Lösung 3.4 - A7: Elektriker I

Schritt 1: X = Zeitspanne zwischen zwei Störfällen
Schritt 2: Exponentialverteilung
Schritt 3: Funktionalparameter: $\mu = 4$ [in 8 Stunden]
Schritt 4: $x = 96/(8 \cdot 60) = 0{,}2$; $F_E(0{,}2|\,4) = 1 - e^{-4 \cdot 0{,}2} = 0{,}5507$

Aufgabe 3.4 - A8: Elektriker II

Der Betriebselektriker benötigt für die Behebung eines Störfalles durchschnittlich 60 Minuten. Die Zeitspanne für die Behebung eines Störfalles sei exponentialverteilt. Wie groß ist die Wahrscheinlichkeit, dass die Behebung eines Störfalles höchstens 45 Minuten dauert?

Lösung 3.4 - A8: Elektriker II

Schritt 1: X = Dauer für die Behebung eines Störfalles
Schritt 2: Exponentialverteilung
Schritt 3: Funktionalparameter: $\mu = 1$ [in 1 Stunde]
Schritt 4: $x = 45/60 = 0{,}75$; $F_E(0{,}75|\,1) = 1 - e^{-1 \cdot 0{,}75} = 0{,}5276$

Aufgabe 3.4 - A9: Fachzeitschrift

Die Nachfrage nach einer Fachzeitschrift sei normalverteilt mit durchschnittlich 2.000 Exemplaren und einer Standardabweichung von 40 Exemplaren.

a) Wie groß ist die Wahrscheinlichkeit, dass die Nachfrage vollständig gedeckt werden kann, wenn 2.100 Exemplare gedruckt werden?
b) Wie groß ist die Wahrscheinlichkeit, dass mindestens 1.940 Exemplare nachgefragt werden?
c) Wie groß ist die Wahrscheinlichkeit, dass zwischen 1950 und 2050 Exemplare nachgefragt werden?
d) Wie viele Exemplare müssen gedruckt werden, damit die gesamte Nachfrage mit einer Wahrscheinlichkeit von 97,5 % gedeckt werden kann?

Lösung 3.4 - A9: Fachzeitschrift

Schritt 1: Zufallsvariable X = Anzahl der nachgefragten Fachzeitschriften
Schritt 2: Funktionalparameter: $\mu = 2.000$; $\sigma = 40$
Schritte 3 und 4: z-Transformation und Nachschlagen der Wahrscheinlichkeiten

a) $z = \dfrac{2100,5-2000}{40} = 2,51$; 99,40 % (Stetigkeitskorrektur, da X diskrete Größe)

b) $z = \dfrac{1939,5-2000}{40} = -1,51$; $1 - F_{SN}(-1,51) = 93,45$ %

c) $z = \dfrac{2050,5-2000}{40} = 1,26$; 79,23 % (siehe Tabelle 3b)

d) Schritt 3: z-Wert nachschlagen für die Wahrscheinlichkeit 0,975
   $F(z = 1,96) = 0,975$
   Schritt 4: "z-Transformation"
   $1,96 = \dfrac{(x+0,5)-2000}{40} \rightarrow x = 2.077,9$ bzw. 2.078 Fachzeitschriften

Aufgabe 3.4 - A10: Bearbeitungsdauer

Ein Auftrag wird in einem zweistufigen Prozess hergestellt. Die Bearbeitungsdauer auf der ersten Produktionsstufe ist normalverteilt mit durchschnittlich 120 Minuten bei einer Standardabweichung von 5 Minuten. Die Bearbeitungsdauer auf der zweiten Produktionsstufe ist ebenfalls normalverteilt mit durchschnittlich 240 Minuten bei einer Standardabweichung von 15 Minuten. - Wie groß ist die Wahrscheinlichkeit, dass die gesamte Bearbeitungsdauer
a) höchstens 380 Minuten
b) zwischen 340 und 370 Minuten dauert?

Lösung 3.4 - A10: Bearbeitungsdauer

Schritt 1: Zufallsvariable X = Gesamtbearbeitungsdauer
Schritt 2: Funktionalparameter: $\mu = 120 + 240 = 360$; $\sigma = \sqrt{25 + 225} = 15,81$
Schritte 3 und 4: z-Transformation und Nachschlagen der Wahrscheinlichkeiten

a) $z = \dfrac{380-360}{15,81} = 1,27$; $W(X \leq 380) = 0,8980$ bzw. 89,80 %

b) $z_u = \dfrac{340-360}{15,81} = -1,27$; $W(X \leq 340) = 0,1020$

$z^o = \dfrac{370-360}{15,81} = 0,63$; $W(X \leq 370) = 0,7357$

$W(340 \leq X \leq 370) = 0,7357 - 0,1020 = 0,6337$ bzw. 63,37 %

Aufgabe 3.4 - A11: Konkursmasse

Fortführung der Aufgabe 3.3-A6 (S. 138): Aus der Konkursmasse einer Porzellanfabrik wird u.a. ein Posten aus 800 Tellern preisgünstig angeboten. 70 % der Teller sind angeblich I. Wahl und die restlichen 30 % II. Wahl. Ein Interessent will den Posten erwerben, wenn von 50 Tellern, die er zufällig und ohne Zurücklegen aus dem Posten entnehmen darf, mindestens 35 Teller (= 70 %) I. Wahl sind. - Wie groß ist die Wahrscheinlichkeit, dass der Interessent den Posten erwirbt, obwohl von den 800 Tellern tatsächlich nur 60 % I. Wahl sind? Vergleichen Sie das Ergebnis mit dem aus Aufgabe 3.3-A6 (S. 139)!

Lösung 3.4 - A11: Konkursmasse

Der Interessent kauft die 800 Teller, von denen 480 I. Wahl und 320 II. Wahl sind, wenn er in einer Stichprobe von 50 Tellern mindestens 35 Teller I. Wahl findet bzw. höchstens 15 Teller II. Wahl findet.

Schritt 1: Zufallsvariable X = Anzahl der Teller II. Wahl
Schritt 2: hypergeometrische Verteilung
Schritt 3: Funktionalparameter: N = 800; M = 320; n = 50
Schritt 4: Zulässigkeit der Normalverteilung als Approximationsverteilung

$\quad$ i) $50 \geq 30$;$\quad$ ii) $0{,}1 < 0{,}60 < 0{,}9$;$\quad$ iii) $50 \cdot 0{,}6 \cdot 0{,}4 = 12 \geq 9$

Schritt 5: Funktionalparameter der Normalverteilung

$$\mu = 50 \cdot \frac{320}{800} = 20; \quad \sigma = \sqrt{50 \cdot \frac{320}{800} \cdot \frac{480}{800} \cdot \frac{750}{799}} = 3{,}3562$$

Schritt 6: Berechnung der Wahrscheinlichkeit (approximativ)

$\quad F_H(15|\,800;\,320;\,50) \approx F_N(15{,}5|\,20;\,3{,}3562) = F_{SN}(-1{,}34|\,0;\,1) = 0{,}0901$

Die Wahrscheinlichkeit eines "irrtümlichen" Kaufs sinkt aufgrund der größeren Stichprobe von approximativ 38,23 % (s.S. 139) auf approximativ 9,01 %.

Aufgabe 3.4 - A12: Hobbywinzer

Hobbywinzer Ortega hat auf seinem Hanggrundstück 40 Rebstöcke. Er möchte seinen Weingarten um 60 Rebstöcke erweitern. Er hat sich für die vegetative Vermehrung durch Stecklinge entschieden. Aus Erfahrung weiß er, dass es bei einem Steckling mit 80 % Wahrscheinlichkeit zur erwünschten Wurzelbildung kommt.
a) Wie groß ist die Wahrscheinlichkeit, dass Ortega seinen Rebstockbestand um 60 Rebstöcke erweitern kann, wenn er 75 Stecklinge setzt?

b) Wie groß ist die Wahrscheinlichkeit, dass Ortega seinen Rebstockbestand um 60 Rebstöcke erweitern kann, wenn er 80 Stecklinge setzt?

Lösung 3.4 - A12: Hobbywinzer

Schritt 1: Zufallsvariable X = Anzahl der Stecklinge mit Wurzelbildung
Schritt 2: Binomialverteilung
Schritt 3: Funktionalparameter: n = 75 (b: 80); Θ = 0,80
Schritt 4: Zulässigkeit der Normalverteilung als Approximationsverteilung

    i) $75 \cdot 0,80 \cdot 0,20 = 12 \geq 9$ (b: 12,8);   ii) $0,1 < 0,8 < 0,9$

Schritt 5: Funktionalparameter der Normalverteilung

    $\mu = 75 \cdot 0,8 = 60$; $\sigma = \sqrt{75 \cdot 0,8 \cdot 0,2} = 3,4641$ (b: 64; 3,5777)

Schritt 6: Berechnung der Wahrscheinlichkeit (approximativ)

a) $1 - F_B(59|\,75;\,0,8) \approx 1 - F_N(59,5|\,60;\,3,4641) = 1 - F_{SN} = (-0,14|\,0;\,1)$

    = 1 - 0,4443 = 0,5557 bzw. 55,57 %

b) $1 - F_B(59|\,80;\,0,8) \approx 1 - F_N(59,5|\,64;\,3,5777) = 1 - F_{SN}(-1,26|\,0;\,1)$

    = 1 - 0,1038 = 0,8962 bzw. 89,62 %

Aufgabe 3.4 - A13: Eilbestellung

Bei einem Versandhandel treffen durchschnittlich 184 Eilbestellungen pro Tag ein. 200 Eilbestellungen können am Tag des Auftragseingangs ausgeliefert werden. Der Versandhandel wirbt damit, dass mit einer Wahrscheinlichkeit von mindestens 95 % alle Eilbestellungen noch am selben Tag ausgeliefert werden. Kann der Werbung des Verandhandels vertraut werden? Wie ist die Aussage gegebenenfalls zu korrigieren?

Lösung 3.4 - A13: Eilbestellung

Schritt 1: Zufallsvariable X = Anzahl der Eilbestellungen
Schritt 2: Poissonverteilung
Schritt 3: Funktionalparameter: μ = 184
Schritt 4: Zulässigkeit der Normalverteilung als Approximationsverteilung
    $\mu = 184 \geq 9$

Schritt 5: Funktionalparameter der Normalverteilung

    $\mu = \mu = 184$; $\sigma = \sqrt{184} = 13,5647$

3.4 Stetige Verteilungen

Schritt 6: Berechnung der Wahrscheinlichkeit (approximativ)

$$F_P(200|\ 184) \approx F_N(200,5|\ 184;\ 13,5647) = F_{SN}(1,22|\ 0;\ 1) = 0,8888$$

Die Wahrscheinlichkeit ist von 95 % auf 88,88 % herabzusetzen.

Aufgabe 3.4 - A14: Ladenöffnungszeit

Von den 300 Einzelhändlern in einer Stadt sind 100 für und 200 gegen eine Verlängerung der Ladenöffnungszeit. Im Rahmen einer Umfrage werden 60 zufällig ausgewählte Einzelhändler nach ihrer Meinung befragt.

a) Wie groß ist die Wahrscheinlichkeit, dass sich, wie in der Grundgesamtheit, ein Drittel der befragten Einzelhändler für eine Verlängerung der Ladenöffnungszeit ausspricht?

b) Wie groß ist die Wahrscheinlichkeit, dass sich mindestens die Hälfte der befragten Händler für eine Verlängerung der Ladenöffnungszeit ausspricht? Analysieren Sie den Unterschied gegenüber der Aufgabe 3.3-A2 (s.S. 130)!

c) Wie viele Einzelhändler sind in der Umfrage zu erwarten, die sich für eine Verlängerung der Ladenöffnungszeit aussprechen?

Lösung 3.4 - A14: Ladenöffnungszeit

Schritt 1: Zufallsvariable X = Anzahl der Einzelhändler, die sich für eine Verlängerung der Ladenöffnungszeit aussprechen

Schritt 2: hypergeometrische Verteilung

Schritt 3: Funktionalparameter: N = 300; M = 100; n = 60

Schritt 4: Zulässigkeit der Normalverteilung als Approximationsverteilung

$$\text{i) } 50 \geq 30;\quad \text{ii) } 0,1 < 0,33 < 0,9;\quad \text{iii) } 60 \cdot \frac{100}{300} \cdot \frac{200}{300} = 13,33 \geq 9$$

Schritt 5: Funktionalparameter der Normalverteilung

$$\mu = 60 \cdot \frac{100}{300} = 20;\quad \sigma = \sqrt{60 \cdot \frac{100}{300} \cdot \frac{200}{300} \cdot \frac{240}{299}} = 3,2714$$

Schritt 6: Berechnung der Wahrscheinlichkeit (approximativ)

a) $f_H(20|\ 300;\ 100;\ 60) \approx F_N(19,5 \leq X \leq 20,5|\ 20;\ 3,2714)$

$= F_{SN}^*(0,15|\ 0;\ 1) = 0,1192$ bzw. 11,92 %

b) $F_H(X \geq 30|\ 300;\ 100;\ 60) \approx F_N(X \geq 29,5|\ 20;\ 3,2714)$

$= 1 - F_N(29,5|20;\ 3,2714) = 1 - F_{SN}(2,90|\ 0;\ 1)$

$= 1 - 0,9981 = 0,0019$ bzw. 0,19 %

Das Risiko des fehlerhaften Rückschlusses, dass bei der Befragung mindestens 50 % für eine Verlängerung der Öffnungszeiten sind, obwohl nur ein Drittel aller Einzelhändler für eine Verlängerung ist, nimmt mit größerem absoluten Stichprobenumfang deutlich ab, es sinkt von 30,64 % (s.S. 131) auf 0,19 %.

c) $\mu = 20$

In der Umfrage sind durchschnittlich 20 Einzelhändler zu erwarten, die sich für eine Verlängerung der Ladenöffnungszeit aussprechen.

4 Schließende Statistik

Mit Hilfe der schließenden Statistik (auch: induktive, beurteilende, analytische, inferentielle Statistik) werden Aussagen über die Grundgesamtheit getroffen, ohne dass alle Elemente dieser Gesamtheit untersucht bzw. erhoben worden sind. Die Aussagen stützen sich auf Informationen, die nur für einen Teil der Elemente (Stichprobe) vorliegen. Auf dieser Basis sind Aussagen über unbekannte Parameter der übergeordneten Grundgesamtheit zu treffen oder es sind Vermutungen über Parameter oder über die Verteilungsform der Grundgesamtheit zu überprüfen. - In diesem Kapitel werden Aufgaben zu den Themenbereichen Schätzverfahren und Testverfahren gestellt.

4.1 Schätzverfahren

Schätzverfahren haben die Aufgabe, den oder die unbekannten Parameter der Verteilung eines Merkmals anhand der Daten einer Stichprobe zu schätzen.

Die folgenden Übungsaufgaben befassen sich mit den Bereichen

- **Konfidenzintervall für das arithmetische Mittel**
- **Konfidenzintervall für den Anteilswert**
- **Konfidenzintervall für die Varianz**
- **Ermittlung des notwendigen Stichprobenumfangs**

Aufgabe 4.1 - A1: Konfidenzintervall für das arithmetische Mittel μ (I)

Die Molkerei Alpmilch liefert an eine Lebensmittelkette werktäglich 40.000 Flaschen Milch mit einer Soll-Füllmenge von je 1.000 ml. Der letzten Lieferung wurden 25 Flaschen entnommen; in dieser Stichprobe betrug die durchschnittliche Füllmenge 1000,55 ml. Aufgrund zahlreicher Kontrollen weiß man, dass die Ist-Füllmenge normalverteilt ist mit einer Streuung von $\sigma = 1,2$ ml.
a) Erstellen Sie das zentrale 95 %-Konfidenzintervall für die durchschnittliche Füllmenge μ der 40.000 Flaschen!
b) Erstellen Sie das zentrale 99 %-Konfidenzintervall für μ!
c) Erstellen Sie das zentrale 95 %-Konfidenzintervall für μ für den Fall, dass der Stichprobenumfang n 36 Flaschen umfasst!

d) Erstellen Sie das nach unten begrenzte 95 %-Konfidenzintervall für µ.
e) Ermitteln Sie die Konfidenz für das mit 1.000 ml nach unten begrenzte Intervall für µ!
f) Ermitteln Sie die Konfidenz für das mit 1.000 ml nach oben begrenzte Intervall für µ!
g) Ermitteln Sie die Konfidenz für das mit 1.000 ml nach unten begrenzte Intervall für µ für den Fall, dass die durchschnittliche Füllmenge in der Stichprobe nur 999,88 ml betragen hat!

Lösung 4.1 - A1: Konfidenzintervall für das arithmetische Mittel µ (I)

a) zentrales 95 %-Konfidenzintervall

Schritt 1: Feststellung der Verteilungsform von $\overline{X}$ (s. Anhang, Tab. 6)

$\left.\begin{array}{l} \text{X ist normalverteilt} \\ \text{Varianz } \sigma^2 \text{ bekannt} \end{array}\right\} \Rightarrow \overline{X}$ ist normalverteilt

Schritt 2: Feststellung der Standardabweichung von $\overline{X}$ (s. Anhang, Tab. 6)

$\left.\begin{array}{l} \text{Varianz } \sigma^2 \text{ ist bekannt} \\ \text{Stichprobe ohne Zurücklegen} \\ \text{Auswahlsatz } 0{,}000625 < 0{,}05 \end{array}\right\} \Rightarrow \sigma_{\overline{X}} = \frac{\sigma}{\sqrt{n}} = \frac{1{,}2}{\sqrt{25}} = 0{,}24$

Schritt 3: Ermittlung von z

Für $1 - \alpha = 0{,}95$ ist $z = 1{,}96$ (s. Anhang, Tab. 3b)

Fehlerquelle:
Der z-Wert wird fehlerhafterweise in Tabelle 3a mit 1,65 (einseitiges Intervall) nachgeschlagen.

Schritt 4: Berechnung des maximalen Schätzfehlers

$z \cdot \sigma_{\overline{X}} = 1{,}96 \cdot 0{,}24 = 0{,}47$

Schritt 5: Berechnung der Konfidenzgrenzen

$W(1.000{,}55 - 0{,}47 \leq \mu \leq 1.000{,}55 + 0{,}47) = 0{,}95$

$W(1.000{,}08 \leq \mu \leq 1.001{,}02) = 0{,}95$

Die durchschnittliche Füllmenge der 40.000 Flaschen wird mit einer Wahrscheinlichkeit von 95 % vom Intervall [1.000,08 ml; 1.001,02 ml] überdeckt.

4.1 Schätzverfahren

b) zentrales 99 %-Konfidenzintervall

Schritte 1 und 2: wie unter Aufgabe a)

Schritt 3: Ermittlung von z

Für $1 - \alpha = 0,99$ ist $z = 2,58$ (s. Anhang, Tab. 3b)

Schritt 4: Berechnung des maximalen Schätzfehlers

$z \cdot \sigma_{\overline{X}} = 2,58 \cdot 0,24 = 0,62$

Schritt 5: Berechnung der Konfidenzgrenzen

$W(1.000,55 - 0,62 \leq \mu \leq 1.000,55 + 0,62) = 0,99$

$W(999,93 \leq \mu \leq 1.001,17) = 0,99$

Die durchschnittliche Füllmenge der 40.000 Flaschen wird mit einer Wahrscheinlichkeit von 99 % vom Intervall [999,93 ml; 1.001,17 ml] überdeckt.

c) zentrales 95 %-Konfidenzintervall bei n = 36

Schritte 1 bis 3: wie unter Aufgabe a). In Schritt 2 ist lediglich der Stichprobenumfang n = 25 gegen n = 36 auszutauschen.

$\sigma_{\overline{X}} = \dfrac{\sigma}{\sqrt{n}} = \dfrac{1,2}{\sqrt{36}} = 0,2$

Schritt 4: Berechnung des maximalen Schätzfehlers

$z \cdot \sigma_{\overline{X}} = 1,96 \cdot 0,2 = 0,39$

Schritt 5: Berechnung der Konfidenzgrenzen

$W(1.000,55 - 0,39 \leq \mu \leq 1.000,55 + 0,39) = 0,95$

$W(1.000,16 \leq \mu \leq 1.000,94) = 0,95$

Die durchschnittliche Füllmenge der 40.000 Flaschen wird mit einer Wahrscheinlichkeit von 95 % vom Intervall [1.000,16 ml; 1.000,94 ml] überdeckt. - Aufgrund der Erhöhung des Stichprobenumfangs von 25 auf 36 hat sich der maximale Schätzfehler von 0,47 ml (Aufgabe a)) auf 0,39 ml reduziert.

d) das nach unten begrenzte 95 %-Konfidenzintervall

Schritte 1 und 2: wie unter Aufgabe a).

Schritt 3: Ermittlung von z

Für $1 - \alpha = 0{,}95$ ist $z = 1{,}65$ (genauer: 1,645)   (s. Anhang, Tab. 3a)

Fehlerquelle:
Der z-Wert wird fehlerhafterweise in Tabelle 3b mit 1,96 (zentrales Intervall) nachgeschlagen.

Schritt 4: Berechnung des maximalen Schätzfehlers

$$z \cdot \sigma_{\overline{X}} = 1{,}65 \cdot 0{,}24 = 0{,}40$$

Schritt 5: Berechnung der unteren Konfidenzgrenze (Mindestinhalt)

$$W(1.000{,}55 - 0{,}40 \leq \mu) = 0{,}95$$
$$W(1.000{,}15 \leq \mu) = 0{,}95$$

Die durchschnittliche Füllmenge der 40.000 Flaschen wird mit einer Wahrscheinlichkeit von 95 % vom Intervall [1.000,15 ml. ; ∞ ml] überdeckt.

e) Konfidenz für das mit 1.000 ml nach unten begrenzte Intervall

Schritt 1: Erstellung des Konfidenzintervalls (Ansatz)

$$W(1.000{,}55 - z \cdot \sigma_{\overline{X}} = 1.000 \leq \mu) = 1 - \alpha$$

Fehlerquelle (relativ häufig):
Fehlerhafterweise wird "$\mu \leq 1.000 = 1.000{,}55 - z \cdot \sigma_{\overline{X}}$" angesetzt.

Schritt 2: Berechnung des maximalen Schätzfehlers

$$1.000{,}55 - z \cdot \sigma_{\overline{X}} = 1.000$$
$$z \cdot \sigma_{\overline{X}} = +0{,}55 \text{ ml}$$

Schritt 3: Ermittlung der Konfidenz $1 - \alpha$

$$z \cdot \frac{1{,}2}{\sqrt{25}} = 0{,}55$$

$$z = 2{,}29 \quad \rightarrow \quad 1 - \alpha = 0{,}9890 \quad \text{(s. Anhang, Tab. 3a)}$$

Die durchschnittliche Füllmenge der 40.000 Flaschen wird mit einer Wahrscheinlichkeit von 98,90 % vom Intervall [1.000 ml; ∞ ml] überdeckt.

4.1 Schätzverfahren

f) Konfidenz für das mit 1.000 ml nach oben begrenzte Intervall

Das Ergebnis ist das Komplement zum Ergebnis aus Aufgabe e) und beträgt daher 1 - 0,9890 = 0,0110. Da dieser Aufgabentyp den Studierenden relativ häufig Schwierigkeiten bereitet, wird die ausführliche Lösung dargestellt.

Schritt 1: Erstellung des Konfidenzintervalls (Ansatz)

$$W(\mu \leq 1.000 = 1.000{,}55 + z \cdot \sigma_{\overline{X}}) = 1 - \alpha$$

Schritt 2: Berechnung des maximalen Schätzfehlers

$$1.000 = 1.000{,}55 + z \cdot \sigma_{\overline{X}}$$

$$z \cdot \sigma_{\overline{X}} = -0{,}55 \text{ ml}$$

Schritt 3: Ermittlung der Konfidenz $1 - \alpha$

$$z \cdot \frac{1{,}2}{\sqrt{25}} = -0{,}55$$

$$z = -2{,}29 \quad \rightarrow \quad 1 - \alpha = 0{,}0110 \quad \text{(s. Anhang, Tab. 3a)}$$

Die durchschnittliche Füllmenge der 40.000 Flaschen wird mit einer Wahrscheinlichkeit von 1,1 % vom Intervall [0 ml; 1.000 ml] überdeckt.

g) Konfidenz für das mit 1.000 ml nach unten begrenzte Intervall; $\overline{x} = 999{,}88$ ml

Schritt 1: Erstellung des Konfidenzintervalls (Ansatz)

$$W(999{,}88 - z \cdot \sigma_{\overline{X}} = 1.000 \leq \mu) = 1 - \alpha$$

Schritt 2: Berechnung des maximalen Schätzfehlers

$$999{,}88 - z \cdot \sigma_{\overline{X}} = 1.000$$

$$z \cdot \sigma_{\overline{X}} = -0{,}12 \text{ ml}$$

Schritt 3: Ermittlung der Konfidenz $1 - \alpha$

$$z \cdot \frac{1{,}2}{\sqrt{25}} = -0{,}12$$

$$z = -0{,}5 \quad \rightarrow \quad 1 - \alpha = 0{,}3085 \quad \text{(s. Anhang, Tab. 3a)}$$

Die durchschnittliche Füllmenge der 40.000 Flaschen wird mit einer Wahrscheinlichkeit von 30,85 % vom Intervall [1.000 ml; ∞] überdeckt.

Aufgabe 4.1 - A2: Notwendiger Stichprobenumfang

Fortsetzung zu Aufgabe 4.1-A1: Wie viele Flaschen Milch müssen der Lieferung entnommen und geprüft werden, wenn

a) das zentrale 95 %-Konfidenzintervall für µ eine Genauigkeit von e = 0,25 ml aufweisen soll,

b) die Lebensmittelkette sich mit einer Wahrscheinlichkeit von 99,5 % sicher sein möchte, dass die Soll-Füllmenge in der Grundgesamtheit nicht unterschritten wird.

Lösung 4.1 - A2: Notwendiger Stichprobenumfang

a) Aus Aufgabe 4.1-A1a) sind bekannt: N = 40.000, σ = 1,2, z = 1,96. Die Genauigkeit e ist mit 0,25 ml vorgegeben.

$$n \geq \frac{z^2 \cdot N \cdot \sigma^2}{e^2 \cdot (N-1) + z^2 \cdot \sigma^2} = \frac{1,96^2 \cdot 40.000 \cdot 1,2^2}{0,25^2 \cdot 39.999 + 1,96^2 \cdot 1,2^2} = 88,31$$

Es sind mindestens 89 Flaschen Milch zu entnehmen und zu prüfen.

Oder unter Vernachlässigung der Endlichkeitskorrektur:

$$n \geq \frac{z^2 \cdot \sigma^2}{e^2} = \frac{1,96^2 \cdot 1,2^2}{0,25^2} = 88,51$$

b) Mit e = 1000,55 - 1000,00 = 0,55 und z = 2,58 (s. Anhang, Tab. 3a) ergibt sich

$$n \geq \frac{z^2 \cdot N \cdot \sigma^2}{e^2 \cdot (N-1) + z^2 \cdot \sigma^2} = \frac{2,58^2 \cdot 40.000 \cdot 1,2^2}{0,55^2 \cdot 39.999 + 2,58^2 \cdot 1,2^2} = 31,66$$

Soll die Genauigkeit von e = 0,55 ml mit einer Konfidenz von 99,5 % erreicht werden, dann müssen 32 Flaschen Milch entnommen und geprüft werden.

Oder unter Vernachlässigung der Endlichkeitskorrektur:

$$n \geq \frac{z^2 \cdot \sigma^2}{e^2} = \frac{2,58^2 \cdot 1,2^2}{0,55^2} = 31,68$$

Aufgabe 4.1 - A3: Konfidenzintervall für das arithmetische Mittel II

Zur Beschreibung der wirtschaftlichen und sozialen Lage der 1.300 BWL-Studenten einer Fachhochschule wurden 120 Studenten zufällig und "ohne Zurücklegen" ausgewählt und befragt. Die befragten Studenten gaben ihre zeitliche Gesamtbelastung durch Studium und Erwerbstätigkeit während der Vorlesungszeit

4.1 Schätzverfahren

mit durchschnittlich 42,8 Stunden pro Woche an; die Standardabweichung betrug dabei 11,3 Stunden.

a) Bestimmen Sie das zentrale 97,5 %-Konfidenzintervall für die durchschnittliche Gesamtbelastung μ aller Studierenden!
b) Bestimmen Sie das nach unten begrenzte 95 %-Konfidenzintervall für μ!
c) Bestimmen Sie das nach oben begrenzte 90 %-Konfidenzintervall für μ!
d) Ermitteln Sie die Konfidenz für das mit 40 Stunden nach unten begrenzte Intervall für μ!
e) Ermitteln Sie die Konfidenz für das mit 45 Stunden nach oben begrenzte Intervall für μ!
f) Der maximale Schätzfehler soll höchstens eine Stunde betragen. Bestimmen Sie für das zentrale 97,5 %- Konfidenzintervall den notwendigen Stichprobenumfang!

Lösung 4.1 - A3: Konfidenzintervall für das arithmetische Mittel II

a) zentrales 97,5 %-Konfidenzintervall

Schritt 1: Feststellung der Verteilungsform von $\overline{X}$ (s. Anhang, Tab. 6)

$$\left.\begin{array}{l}\text{Verteilung von X unbekannt} \\ \text{Varianz } \sigma^2 \text{ ist unbekannt}\end{array}\right\} \Rightarrow \begin{array}{l}\text{wegen n > 30 ist } \overline{X} \\ \text{appr. normalverteilt}\end{array}$$

Schritt 2: Feststellung der Standardabweichung von $\overline{X}$ (s. Anhang, Tab. 6)

$$\left.\begin{array}{l}\text{Varianz } \sigma^2 \text{ ist unbekannt} \\ \text{Stichprobe ohne Zurücklegen} \\ \text{mit Auswahlsatz} \geq 5\,\%\end{array}\right\} \Rightarrow \hat{\sigma}_{\overline{X}} = \frac{s}{\sqrt{n-1}} \cdot \sqrt{1 - \frac{n}{N}}$$

$$\hat{\sigma}_{\overline{X}} = \frac{11{,}3}{\sqrt{120-1}} \cdot \sqrt{1 - \frac{120}{1.300}} = 1{,}036 \cdot 0{,}953 = 0{,}987 \text{ h}$$

Fehlerquelle (relativ oft):
Bei der Berechnung von $\hat{\sigma}_{\overline{X}}$ wird vergessen, die Wurzel zu ziehen.

Schritt 3: Ermittlung von z

Für $1 - \alpha = 0{,}975$ ist $z = 2{,}24$ (s. Anhang, Tab. 3b)

Fehlerquelle:
Nachschlagen des z-Wertes in Tabelle 3a anstatt 3b.

Schritt 4: Berechnung des maximalen Schätzfehlers

$z \cdot \hat{\sigma}_{\overline{X}} = 2{,}24 \cdot 0{,}987 = 2{,}21$ Stunden

Schritt 5: Berechnung der Konfidenzgrenzen

$W(42{,}8 - 2{,}21 \leq \mu \leq 42{,}8 + 2{,}21) = 0{,}975$

$W(40{,}59 \leq \mu \leq 45{,}01) = 0{,}975$

Die durchschnittliche Gesamtbelastung der 1.300 Studenten wird mit einer Wahrscheinlichkeit von 97,5 % vom Intervall [40,59 h; 45,01 h] überdeckt.

b) nach unten begrenztes 95 %-Konfidenzintervall (Mindestdauer)

Schritte 1 und 2: wie unter Aufgabe a).

Schritt 3: Ermittlung von z

Für $1 - \alpha = 0{,}95$ ist $z = 1{,}65$ (s. Anhang, Tab. 3a)

Schritt 4: Berechnung des maximalen Schätzfehlers

$z \cdot \hat{\sigma}_{\overline{X}} = 1{,}65 \cdot 0{,}987 = 1{,}63$ h

Schritt 5: Berechnung der unteren Konfidenzgrenze

$W(42{,}8 - 1{,}63 \leq \mu) = 0{,}95$

$W(41{,}17 \leq \mu) = 0{,}95$

Die durchschnittliche Gesamtbelastung der 1.300 Studenten wird mit einer Wahrscheinlichkeit von 95 % vom Intervall [41,17 h; ∞] überdeckt.

c) nach oben begrenztes 90 %-Konfidenzintervall (Höchstdauer)

Schritte 1 und 2: wie unter Aufgabe a)

Schritt 3: Ermittlung von z

Für $1 - \alpha = 0{,}90$ ist $z = 1{,}28$ (s. Anhang, Tab. 3a)

Schritt 4: Berechnung des maximalen Schätzfehlers

$z \cdot \hat{\sigma}_{\overline{X}} = 1{,}28 \cdot 0{,}987 = 1{,}26$ h

Schritt 5: Berechnung der oberen Konfidenzgrenze

$W(\mu \leq 42{,}8 + 1{,}26) = 0{,}90$

$W(\mu \leq 44{,}06) = 0{,}90$

Die durchschnittliche Gesamtbelastung der 1.300 Studenten wird mit einer Wahrscheinlichkeit von 90 % vom Intervall [0 h; 44,06 h] überdeckt.

d) Konfidenz für das mit 40 Stunden nach unten begrenzte Intervall

Schritt 1: Erstellung des Konfidenzintervalls (Ansatz)

$$W(42{,}8 - z \cdot \hat{\sigma}_{\overline{X}} = 40 \leq \mu) = 1 - \alpha$$

Schritt 2: Berechnung des maximalen Schätzfehlers

$$42{,}8 - z \cdot \hat{\sigma}_{\overline{X}} = 40$$

$$z \cdot \hat{\sigma}_{\overline{X}} = +2{,}8 \text{ h}$$

Schritt 3: Ermittlung der Konfidenz $1 - \alpha$

$$z \cdot \hat{\sigma}_{\overline{X}} = z \cdot 0{,}987 = 2{,}8$$

$$z = 2{,}84 \quad \rightarrow \quad 1 - \alpha = 0{,}9977 \quad \text{(s. Anhang, Tab. 3a)}$$

Die durchschnittliche Gesamtbelastung der 1.300 Studenten wird mit einer Wahrscheinlichkeit von 99,77 % vom Intervall [40 h; ∞ h] überdeckt.

e) Konfidenz für das mit 45 Stunden nach oben begrenzte Intervall

Schritt 1: Erstellung des Konfidenzintervalls (Ansatz)

$$W(\mu \leq 45 = 42{,}8 + z \cdot \hat{\sigma}_{\overline{X}}) = 1 - \alpha$$

Schritt 2: Berechnung des maximalen Schätzfehlers

$$45 = 42{,}8 + z \cdot \hat{\sigma}_{\overline{X}}$$

$$z \cdot \hat{\sigma}_{\overline{X}} = 2{,}2 \text{ h}$$

Schritt 3: Ermittlung der Konfidenz $1 - \alpha$

$$z \cdot \hat{\sigma}_{\overline{X}} = z \cdot 0{,}987 = 2{,}2$$

$$z = 2{,}23 \quad \rightarrow \quad 1 - \alpha = 0{,}9871 \quad \text{(s. Anhang, Tab. 3a)}$$

Die durchschnittliche Gesamtbelastung der 1.300 Studenten wird mit einer Wahrscheinlichkeit von 98,71 % vom Intervall [0 h; 45h] überdeckt.

f) notwendiger Stichprobenumfang für das zentrale 97,5 %- Konfidenzintervall

Mit N = 1.300, s = 11,3, z = 2,24 und e = 1 ergibt sich

$$n \geq \frac{z^2 \cdot N \cdot s^2}{e^2 \cdot (N-1) + z^2 \cdot s^2} = \frac{2,24^2 \cdot 1.300 \cdot 11,3^2}{1^2 \cdot 1.299 + 2,24^2 \cdot 11,3^2} = 429,4$$

Es sind mindestens 430 Studenten auszuwählen und zu befragen.

Aufgabe 4.1 - A4: Konfidenzintervall für den Anteilswert Θ

Zur Beschreibung der wirtschaftlichen und sozialen Lage der 5.200 Studierenden einer Hochschule wurden 200 Studierende zufällig und "ohne Zurücklegen" ausgewählt und befragt. Von den befragten Studierenden gingen 60 % während der Vorlesungszeit einer Erwerbstätigkeit nach.

a) Bestimmen Sie das zentrale 95 %-Konfidenzintervall für den Anteil Θ der Studierenden der Hochschule, die einer Erwerbstätigkeit nachgehen!
b) Bestimmen Sie das zentrale 95 %-Konfidenzintervall für die Anzahl der Studierenden der Hochschule, die einer Erwerbstätigkeit nachgehen!
c) Bestimmen Sie das nach oben begrenzte 90 %-Konfidenzintervall für Θ!
d) Bestimmen Sie die Konfidenz für das mit 55 % nach unten begrenzte Konfidenzintervall für Θ!
e) Wie viele Studierende müssen befragt werden, wenn mit einer Genauigkeit von 2 %-Punkten und einer Konfidenz von 95 % der Anteil der Studierenden, die einer Erwerbstätigkeit nachgehen, zu bestimmen ist?
f) Wie verändert sich das Konfidenzintervall unter Augabe a), wenn von 600 anstatt 200 zufällig ausgewählten Studierenden ebenfalls 60 % während der Vorlesungszeit erwerbstätig gewesen wären.

Lösung 4.1 - A4: Konfidenzintervall für den Anteilswert Θ

a) zentrales 95 %-Konfidenzintervall

Schritt 1: Feststellung der Verteilungsform von P (s. Anhang, Tab. 7)

$$n \cdot P \cdot (1-P) = 200 \cdot \frac{120}{200} \cdot \frac{80}{200} = 48 > 9$$

P ist daher approximativ normalverteilt.

Schritt 2: Feststellung der Standardabweichung von P (s. Anhang, Tab. 7)

$$\left. \begin{array}{l} \text{Varianz von } \Theta \text{ unbekannt} \\ \text{Stichprobe ohne Zurücklegen} \\ \text{mit Auswahlsatz } < 0{,}05 \end{array} \right\} \quad \hat{\sigma}_P = \sqrt{\frac{P \cdot (1-P)}{n-1}}$$

4.1 Schätzverfahren

$$\hat{\sigma}_P = \sqrt{\frac{0,60 \cdot 0,40}{200-1}} = 0,0347$$

Schritt 3: Ermittlung von z

Für $1 - \alpha = 0,95$ ist $z = 1,96$ (s. Anhang, Tab. 3b)

Schritt 4: Berechnung des maximalen Schätzfehlers

$z \cdot \hat{\sigma}_P = 1,96 \cdot 0,0347 = 0,0680$ bzw. 6,80 %-Punkte

Schritt 5: Berechnung der Konfidenzgrenzen

W(0,600 - 0,068 ≤ Θ ≤ 0,600 + 0,068) = 0,95

W(0,532 ≤ Θ ≤ 0,668) = 0,95

Der Anteil der Studierenden, die während der Vorlesungszeit einer Erwerbstätigkeit nachgehen, wird mit einer Wahrscheinlichkeit von 95 % vom Intervall [53,2 %; 66,8 %] überdeckt.

b) zentrales 95 %-Konfidenzintervall für die Anzahl

Zur Ermittlung des Intervalls für die Anzahl der erwerbstätigen Studierenden sind die unter a) errechneten relativen Werte in absolute Werte umzurechnen.

W(0,532 · 5.200 ≤ 5.200 · Θ ≤ 0,668 · 5.200) = 0,95

W(2.766 ≤ 5.200 · Θ ≤ 3.474) = 0,95

Die Anzahl der Studierenden, die erwerbstätig sind, wird mit einer Wahrscheinlichkeit von 95 % vom Intervall [2.766; 3.474] überdeckt.

c) das nach oben begrenzte 90 %-Konfidenzintervall für Θ

Schritte 1 und 2: wie unter Aufgabe a).

Schritt 3: Ermittlung von z

Für $1 - \alpha = 0,90$ ist $z = 1,28$ (s. Anhang, Tab. 3a)

Schritt 4: Berechnung des maximalen Schätzfehlers

$z \cdot \hat{\sigma}_P = 1,28 \cdot 0,0347 = 0,0444$ bzw. 4,44 %-Punkte

Schritt 5: Berechnung der Konfidenzgrenze

W(Θ ≤ 0,600 + 0,0444) = 0,90

W(Θ ≤ 0,6444) = 0,90

Der Anteil der Studierenden, die erwerbstätig sind, wird mit einer Wahrscheinlichkeit von 95 % vom Intervall [0 %; 64,44 %] überdeckt.

d) Konfidenz für das mit 55 % nach unten begrenzte Intervall

Schritt 1: Erstellung des Konfidenzintervalls (Ansatz)

$$W(0{,}60 - z \cdot \hat{\sigma}_P = 0{,}55 \leq \Theta) = 1 - \alpha$$

Schritt 2: Berechnung des maximalen Schätzfehlers

$$0{,}60 - z \cdot \hat{\sigma}_P = 0{,}55$$

$$z \cdot \hat{\sigma}_P = 0{,}05$$

Schritt 3: Ermittlung der Konfidenz $1 - \alpha$

$$z \cdot 0{,}0347 = 0{,}05$$

$$z = 1{,}44 \quad \rightarrow \quad 1 - \alpha = 0{,}9251 \quad \text{(s. Anhang, Tab. 3a)}$$

Der Anteil der Studierenden, die erwerbstätig sind, wird mit einer Wahrscheinlichkeit von 95 % vom Intervall [55 %; 100 %] überdeckt.

e) notwendiger Stichprobenumfang für das zentrale 95 %- Konfidenzintervall

Mit N = 5.200, P = 0,6 (die Befragung der 200 Studierenden wird als Vorstichprobe verwendet und der Anteilswert von 60 % wird als Schätzwert für den Anteilswert P der Stichprobe herangezogen), z = 1,96 und e = 0,02 ergibt sich mit

$$n \geq \frac{z^2 \cdot N \cdot P \cdot (1-P)}{e^2 \cdot (N-1) + z^2 \cdot P \cdot (1-P)}$$

$$n \geq \frac{1{,}96^2 \cdot 5{.}200 \cdot 0{,}6 \cdot 0{,}4}{0{,}02^2 \cdot 5{.}199 + 1{,}96^2 \cdot 0{,}6 \cdot 0{,}4} = \frac{4{.}794{,}32}{3{,}00} = 1{.}598{,}1$$

Um die Genauigkeit von 2 %-Punkten zu erreichen, müssten 1.599 Studierende befragt werden.

f) zentrales 95 %-Konfidenzintervall für den Fall n = 600

Schritt 1: Feststellung der Verteilungsform von P (s. Anhang, Tab. 7)

$$n \cdot P \cdot (1-P) = 600 \cdot \frac{360}{600} \cdot \frac{240}{600} = 144 > 9$$

P ist daher approximativ normalverteilt.

Schritt 2: Feststellung der Standardabweichung von P   (s. Anhang, Tab. 7)

$$\left.\begin{array}{l}\text{Varianz von } \Theta \text{ unbekannt} \\ \text{Stichprobe ohne Zurücklegen} \\ \text{mit Auswahlsatz } \geq 0{,}05\end{array}\right\} \quad \hat{\sigma}_P = \sqrt{\frac{P \cdot (1-P)}{n-1}} \cdot \sqrt{1 - \frac{n}{N}}$$

$$\hat{\sigma}_P = \sqrt{\frac{0{,}6 \cdot 0{,}4}{600-1}} \cdot \sqrt{1 - \frac{600}{5200}} = 0{,}0188$$

Schritt 3: Ermittlung von z

Für $1 - \alpha = 0{,}95$ ist $z = 1{,}96$ (s. Anhang, Tab. 3b)

Schritt 4: Berechnung des maximalen Schätzfehlers

$z \cdot \hat{\sigma}_P = 1{,}96 \cdot 0{,}0188 = 0{,}0368$ bzw.   3,68 %-Punkte

Schritt 5: Berechnung der Konfidenzgrenzen

$W(0{,}6000 - 0{,}0368 \leq \Theta \leq 0{,}6000 + 0{,}0368) = 0{,}95$

$W(0{,}5632 \leq \Theta \leq 0{,}6368) = 0{,}95$

Der Anteil der Studierenden, die erwerbstätig sind, wird mit einer Wahrscheinlichkeit von 95 % vom Intervall [56,32 %; 63,68 %] überdeckt. - Durch die Erhöhung des Stichprobenumfangs von 200 auf 600 hat sich die Genauigkeit der Aussage um mehr als 3 %-Punkte erhöht.

Aufgabe 4.1 - A5: Konfidenzintervall für die Varianz

Auf einer Anlage wird Zucker in Tüten abgefüllt. Das Soll-Füllgewicht beträgt 1.000 g. Aufgrund zahlreicher Messreihen ist bekannt, dass die Füllmenge der Tüten normalverteilt ist. Um die Anlage so einstellen zu können, dass höchstens 3 % der Tüten das Soll-Füllgewicht unterschreiten, muss die Ungenauigkeit der Anlage in Form der Varianz bekannt sein. - Aus der Tagesproduktion von 90.000 Zuckertüten wurden 25 Tüten zufällig entnommen und gewogen. Die Varianz s^2 in dieser Stichprobe betrug 0,6 g.

a) Erstellen Sie das zweiseitige 95 %-Konfidenzintervall für die Varianz σ^2!
b) Ermitteln Sie das nach oben begrenzte 95 %-Konfidenzintervall für die Varianz σ^2!
c) Ermitteln Sie das nach oben begrenzte 99 %-Konfidenzintervall für die Varianz σ^2!

Lösung 4.1 - A5: Konfidenzintervall für die Varianz

a) zweiseitiges 95 %-Konfidenzintervall

Das Konfidenzintervall für die Varianz wird erstellt mit

$$W\left(\frac{(n-1) \cdot S^2}{y_{1-\frac{\alpha}{2},\, k=n-1}} \leq \sigma^2 \leq \frac{(n-1) \cdot S^2}{y_{\frac{\alpha}{2},\, k=n-1}}\right) = 1 - \alpha$$

wobei $y_{\frac{\alpha}{2},\, k=n-1}$ und $y_{1-\frac{\alpha}{2},\, k=n-1}$ die Symbole für den $\alpha/2$-Quantilswert bzw. $(1 - \alpha/2)$-Quantilswert der Chi-Quadrat-Verteilung bei n - 1 Freiheitsgraden sind.

Mit $n = 25$, $s^2 = 0{,}6$ und $\alpha = 0{,}05$ ergibt sich

$$W\left(\frac{(25-1) \cdot 0{,}6}{y_{0{,}975,\, 24}} \leq \sigma^2 \leq \frac{(25-1) \cdot 0{,}6}{y_{0{,}025,\, 24}}\right) = 0{,}95 \quad \text{(s. Anhang, Tab. 4)}$$

$$W\left(\frac{24 \cdot 0{,}6}{39{,}3641} \leq \sigma^2 \leq \frac{24 \cdot 0{,}6}{12{,}4011}\right) = 0{,}95$$

$$W(0{,}3658 \leq \sigma^2 \leq 1{,}1611) = 0{,}95$$

Die Varianz der 90.000 Zuckertüten wird mit einer Wahrscheinlichkeit von 95 % vom Intervall [0,3658; 1,1611] überdeckt.

b) nach oben begrenztes 95 %-Konfidenzintervall

Das nach oben begrenzte Konfidenzintervall für die Varianz wird erstellt mit

$$W\left(\sigma^2 \leq \frac{(n-1) \cdot S^2}{y_{\alpha,\, k=n-1}}\right) = 1 - \alpha$$

Mit $n = 25$, $s^2 = 0{,}6$ und $\alpha = 1 - 0{,}95 = 0{,}05$ ergibt sich

$$W\left(\sigma^2 \leq \frac{(25-1) \cdot 0{,}6}{y_{0{,}05,\, 24}}\right) = W\left(\sigma^2 \leq \frac{24 \cdot 0{,}6}{13{,}8484}\right) = 0{,}95$$

$$W(\sigma^2 \leq 1{,}0398) = 0{,}95$$

Die Varianz der 90.000 Zuckertüten wird mit einer Wahrscheinlichkeit von 95 % vom Intervall [0; 1,0398] überdeckt.

c) nach oben begrenztes 99 %-Konfidenzintervall

Mit $n = 25$, $s^2 = 0{,}6$ und $\alpha = 1 - 0{,}99 = 0{,}01$ ergibt sich

$$W\left(\sigma^2 \leq \frac{(25-1) \cdot 0{,}6}{y_{0{,}01,\, 24}}\right) = W\left(\sigma^2 \leq \frac{24 \cdot 0{,}6}{10{,}8563}\right) = 0{,}99$$

4.1 Schätzverfahren

$W(\sigma^2 \leq 1{,}3264) = 0{,}99$

Die Varianz der 90.000 Zuckertüten wird mit einer Wahrscheinlichkeit von 99 % vom Intervall [0; 1,3264] überdeckt.

Aufgabe 4.1 - A6: Aufenthaltsdauer

In einem Ferienort wurde eine Urlauber-Befragung durchgeführt, um u.a. die Aufenthaltsdauer der Urlauber in Erfahrung zu bringen. Von den 4.300 Urlaubsgästen wurden 250 befragt. Die durchschnittliche Aufenthaltsdauer betrug 12,4 Tage bei einer Standardabweichung von 4,7 Tagen.

a) Erstellen Sie das zentrale 90 %-Konfidenzintervall für die durchschnittliche Aufenthaltsdauer µ!
b) Erstellen Sie das zentrale 95 %-Konfidenzintervall für µ!
c) Erstellen Sie das nach unten begrenzte 99 %-Konfidenzintervall für µ.
d) Ermitteln Sie die Konfidenz für das mit 12 Tagen nach unten begrenzte Intervall für µ!
e) Ermitteln Sie die Konfidenz für das mit 13 Tagen nach oben begrenzte Intervall für µ!
f) Wie viele Urlauber hätten befragt werden müssen, wenn das zentrale 95 %-Konfidenzintervall für µ eine Genauigkeit von 0,25 Tagen hätte aufweisen sollen?

Lösung 4.1 - A6: Aufenthaltsdauer

a) zentrales 90 %-Konfidenzintervall

Schritt 1: Feststellung der Verteilungsform von $\overline{X}$ (s. Anhang, Tab. 6)

Verteilung von X unbekannt
Varianz σ^2 ist unbekannt $\bigg\} \Rightarrow$ wegen n > 30 ist $\overline{X}$ appr. normalverteilt

Schritt 2: Feststellung der Standardabweichung von $\overline{X}$ (s. Anhang, Tab. 6)

Varianz σ^2 ist unbekannt
Stichprobe ohne Zurücklegen $\bigg\} \Rightarrow \hat{\sigma}_{\overline{X}} = \dfrac{s}{\sqrt{n-1}} \cdot \sqrt{1 - \dfrac{n}{N}}$
mit Auswahlsatz $\geq$ 5 %

$$\hat{\sigma}_{\overline{X}} = \dfrac{4{,}7}{\sqrt{250-1}} \cdot \sqrt{1 - \dfrac{250}{4.300}} = 0{,}298 \cdot 0{,}971 = 0{,}289 \text{ Tage}$$

Schritt 3: Für $1 - \alpha = 0{,}90$ ist $z = 1{,}65$

Schritt 4: Maximaler Schätzfehler: $z \cdot \hat{\sigma}_{\overline{X}} = 1{,}65 \cdot 0{,}289 = 0{,}48$ Tage

Schritt 5: $W(12{,}4 - 0{,}48 \leq \mu \leq 12{,}4 + 0{,}48) = 0{,}90$

$W(11{,}92 \leq \mu \leq 12{,}88) = 0{,}90$

b) Zentrales 95 %-Konfidenzintervall

Schritte 1 und 2: wie unter a)

Schritt 3: Für $1 - \alpha = 0{,}95$ ist $z = 1{,}96$

Schritt 4: Maximaler Schätzfehler: $z \cdot \hat{\sigma}_{\overline{X}} = 1{,}96 \cdot 0{,}289 = 0{,}57$ Tage

Schritt 5: $W(12{,}4 - 0{,}57 \leq \mu \leq 12{,}4 + 0{,}57) = 0{,}95$

$W(11{,}83 \leq \mu \leq 12{,}97) = 0{,}95$

c) nach unten begrenztes 99 %-Konfidenzintervall

Schritte 1 und 2: wie unter a)

Schritt 3: Für $1 - \alpha = 0{,}99$ ist $z = 2{,}33$

Schritt 4: Maximaler Schätzfehler: $z \cdot \hat{\sigma}_{\overline{X}} = 2{,}33 \cdot 0{,}289 = 0{,}67$

Schritt 5: $W(12{,}4 - 0{,}67 \leq \mu) = 0{,}99$; $W(11{,}73 \leq \mu) = 0{,}99$

d) Konfidenz für das mit 12 Tagen nach unten begrenzte Intervall

Schritt 1: Konfidenzintervall (Ansatz): $W(12{,}4 - z \cdot \hat{\sigma}_{\overline{X}} = 12 \leq \mu) = 1 - \alpha$

Schritt 2: Maximaler Schätzfehler: $12{,}4 - z \cdot \hat{\sigma}_{\overline{X}} = 12$; $z \cdot \hat{\sigma}_{\overline{X}} = +0{,}4$ Tage

Schritt 3: Konfidenz $1 - \alpha$: $z \cdot 0{,}289 = 0{,}4$; $z = 1{,}38$ → $1 - \alpha = 0{,}9162$

e) Konfidenz für das mit 13 Tagen nach oben begrenzte Intervall

Schritt 1: Konfidenzintervall (Ansatz): $W(\mu \leq 13 = 12{,}4 + z \cdot \hat{\sigma}_{\overline{X}}) = 1 - \alpha$

Schritt 2: Maximaler Schätzfehler: $13 = 12{,}4 + z \cdot \hat{\sigma}_{\overline{X}}$; $z \cdot \hat{\sigma}_{\overline{X}} = +0{,}6$ Tage

Schritt 3: Konfidenz $1 - \alpha$: $z \cdot 0{,}289 = 0{,}6$; $z = 2{,}08$ → $1 - \alpha = 0{,}9812$

f) notwendiger Stichprobenumfang

$$n \geq \frac{z^2 \cdot N \cdot s^2}{e^2 \cdot (N-1) + z^2 \cdot s^2} = \frac{1{,}96^2 \cdot 4.300 \cdot 4{,}7^2}{0{,}25^2 \cdot 4.299 + 1{,}96^2 \cdot 4{,}7^2} = 1.032{,}1$$

Aufgabe 4.1 - A7: Benzinverbrauch

Ein Automobilclub befragte seine Mitglieder, die ihr Fahrzeug überwiegend im Stadtverkehr einsetzen, u.a. nach dem Benzinverbrauch. Für die 32 VW Golf-Fahrer, die sich u.a. an der Umfrage beteiligten, errechnete der Automobilclub einen durchschnittlichen Verbrauch von 8,32 l auf 100 km bei einer Standardabweichung von 1,2 l.

a) Erstellen Sie das zentrale 95 %-Konfidenzintervall für den durchschnittlichen Benzinverbrauch µ!
b) Erstellen Sie das zentrale 97,5 %-Konfidenzintervall für µ!
c) Erstellen Sie das nach unten begrenzte 97,5 %-Konfidenzintervall für µ.
d) Ermitteln Sie die Konfidenz für das mit 8,5 Litern nach oben begrenzte Intervall für µ!
e) Ermitteln Sie die Konfidenz für das mit 7,7 Litern nach oben begrenzte Intervall für µ!
f) Wie viele Golf-Fahrer hätten für das zentrale 95 %-Konfidenzintervall, das eine Genauigkeit von 0,1 Litern besitzt, befragt werden müssen?

Lösung 4.1 - A7: Benzinverbrauch

a) zentrales 95 %-Konfidenzintervall

Schritt 1: Feststellung der Verteilungsform von $\overline{X}$ (s. Anhang, Tab. 6)

Verteilung von X unbekannt
Varianz σ^2 ist unbekannt $\Rightarrow$ wegen n > 30 ist $\overline{X}$ appr. normalverteilt

Schritt 2: Feststellung der Standardabweichung von $\overline{X}$ (s. Anhang, Tab. 6)

Varianz σ^2 ist unbekannt
Stichprobe ohne Zurücklegen
mit Auswahlsatz < 5 % $\Rightarrow \hat{\sigma}_{\overline{X}} = \dfrac{s}{\sqrt{n-1}}$

$$\hat{\sigma}_{\overline{X}} = \dfrac{1,2}{\sqrt{32-1}} = 0,22 \text{ l}$$

Schritt 3: Für $1 - \alpha = 0,95$ ist $z = 1,96$

Schritt 4: Maximaler Schätzfehler: $z \cdot \hat{\sigma}_{\overline{X}} = 1,96 \cdot 0,22 = 0,43$ l

Schritt 5: W(8,32 - 0,43 ≤ μ ≤ 8,32 + 0,43) = 0,95

W(7,89 ≤ μ ≤ 8,75) = 0,95

b) zentrales 97,5 %-Konfidenzintervall

Schritte 1 und 2: wie unter a)

Schritt 3: Für 1 - α = 0,975 ist z = 2,24

Schritt 4: Maximaler Schätzfehler: $z \cdot \hat{\sigma}_{\overline{X}} = 2{,}24 \cdot 0{,}22 = 0{,}49$ l

Schritt 5: W(8,32 - 0,49 ≤ μ ≤ 8,32 + 0,49) = 0,975

W(7,83 ≤ μ ≤ 8,81) = 0,975

c) nach unten begrenztes 97,5 %-Konfidenzintervall

Schritte 1 und 2: wie unter a)

Schritt 3: Für 1 - α = 0,975 ist z = 1,96

Schritt 4: Maximaler Schätzfehler: $z \cdot \hat{\sigma}_{\overline{X}} = 1{,}96 \cdot 0{,}22 = 0{,}43$ l

Schritt 5: W(8,32 - 0,43 ≤ μ) = 0,975; W(7,89 ≤ μ) = 0,975

d) das mit 8,5 Litern nach oben begrenzte Intervall

Schritt 1: Konfidenzintervall (Ansatz): $W(\mu \leq 8{,}5 = 8{,}32 + z \cdot \hat{\sigma}_{\overline{X}}) = 1 - \alpha$

Schritt 2: Maximaler Schätzfehler: $8{,}5 = 8{,}32 + z \cdot \hat{\sigma}_{\overline{X}}$

$z \cdot \hat{\sigma}_{\overline{X}} = 0{,}18$ l

Schritt 3: Konfidenz 1 - α: z · 0,22 = 0,18; z = 0,82 → 1 - α = 0,7939

e) das mit 7,7 Litern nach oben begrenzte Intervall

Schritt 1: Konfidenzintervall (Ansatz): $W(\mu \leq 7{,}7 = 8{,}32 + z \cdot \hat{\sigma}_{\overline{X}}) = 1 - \alpha$

Schritt 2: Maximaler Schätzfehler: $7{,}7 = 8{,}32 + z \cdot \hat{\sigma}_{\overline{X}}$

$z \cdot \hat{\sigma}_{\overline{X}} = -0{,}62$ l

Schritt 3: Konfidenz 1 - α: z · 0,22 = - 0,62; z = - 2,82 → 1 - α = 0,0024

f) notwendiger Stichprobenumfang

$$n \geq \frac{z^2 \cdot s^2}{e^2} = \frac{1{,}96^2 \cdot 1{,}2^2}{0{,}1^2} = \frac{5{,}5319}{0{,}01} = 553{,}2$$

Aufgabe 4.1 - A8: Teigwarenfabrik

In einer Teigwarenfabrik werden u.a. Spaghetti hergestellt. Das Soll-Gewicht einer Packung Spaghetti beträgt 500 g. Das Gewicht, dies ist aus vielen Messreihen bekannt, ist normalverteilt. Der Tagesproduktion von 10.000 Packungen werden 21 Packungen zufällig entnommen und gewogen. Die Messergebnisse betrugen

500,12	499,95	501,10	502,25	503,45	502,88	504,12
502,23	503,78	502,54	503,65	501,44	502,21	502,65
501,69	504,87	502,41	503,33	501,89	502,01	501,95

a) Ermitteln Sie das arithmetische Mittel, die Varianz und die Standardabweichung für die Stichprobe!
b) Erstellen Sie das zentrale 95 %-Konfidenzintervall für das durchschnittliche Gewicht µ der Packungen in der Grundgesamtheit!
c) Erstellen Sie das nach unten begrenzte 99 %-Konfidenzintervall für µ!
d) Erstellen Sie das 95 %-Konfidenzintervall für die Varianz!
e) Ein Einzelhändler hat von der Teigwarenfabrik 200 Packungen Spaghetti bezogen. Bei einer Stichprobe von 21 Packungen mögen sich die unter a) ermittelten Werte ergeben haben. - Erstellen Sie das zentrale 95 %-Konfidenzintervall für das durchschnittliche Gewicht µ der Packungen in der Lieferung!

Lösung 4.1 - A8: Teigwarenfabrik

a) arithmetisches Mittel und Varianz der Stichprobe

$$\bar{x} = \frac{1}{21} \cdot \sum_{i=1}^{21} x_i = 502{,}4057 \text{ g} = 502{,}41 \text{ g}$$

$$s^2 = \frac{1}{21-1} \cdot \sum_{i=1}^{21} (x_i - 502{,}4057)^2 = 1{,}4912$$

$$s = \sqrt{1{,}4912} = 1{,}22$$

b) zentrales 95 %-Konfidenzintervall

Schritt 1: Feststellung der Verteilungsform von $\bar{X}$ (s. Anhang, Tab. 6)

$\left.\begin{array}{l} \text{X ist normalverteilt} \\ \text{Varianz } \sigma^2 \text{ unbekannt} \end{array}\right\} \Rightarrow \bar{X}$ ist t-verteilt mit n-1 Freiheitsgraden

Schritt 2: Feststellung der Standardabweichung von $\overline{X}$ (s. Anhang, Tab. 6)

$$\left.\begin{array}{l}\text{Varianz } \sigma^2 \text{ unbekannt} \\ \text{Stichprobe ohne Zurücklegen} \\ \text{mit Auswahlsatz} < 5\%\end{array}\right\} \Rightarrow \hat{\sigma}_{\overline{X}} = \frac{s}{\sqrt{n-1}}$$

$$\hat{\sigma}_{\overline{X}} = \frac{1,22}{\sqrt{21-1}} = 0,2728 \text{ g}$$

Schritt 3: Ermittlung von t

Für $1 - \alpha = 0,95$ und $k = n - 1 = 20$ → $t = 2,086$ (s. Anhang, Tab. 5b)

Schritt 4: Maximaler Schätzfehler: $t \cdot \hat{\sigma}_{\overline{X}} = 2,086 \cdot 0,2728 = 0,57$ g

Schritt 5: $W(502,41 - 0,57 \leq \mu \leq 502,41 + 0,57) = 0,95$

$W(501,84 \leq \mu \leq 502,98) = 0,95$

c) nach unten begrenztes 99 %-Konfidenzintervall

Schritte 1 und 2: wie unter a).

Schritt 3: Ermittlung von t

Für $1 - \alpha = 0,99$ und $k = n - 1 = 20$ → $t = 2,528$ (s. Anhang, Tab. 5a)

Schritt 4: Maximaler Schätzfehler: $t \cdot \hat{\sigma}_{\overline{X}} = 2,528 \cdot 0,2728 = 0,69$ g

Schritt 5: $W(502,41 - 0,69 \leq \mu) = 0,99$; $W(501,72 \leq \mu) = 0,99$

d) 95 %-Konfidenzintervall für die Varianz

$$W\left(\frac{(n-1)\cdot S^2}{y_{1-\frac{\alpha}{2},\, k=n-1}} \leq \sigma^2 \leq \frac{(n-1)\cdot S^2}{y_{\frac{\alpha}{2},\, k=n-1}}\right) = 1 - \alpha$$

$$W\left(\frac{(21-1)\cdot 1,4912}{y_{0,975,\, 20}} \leq \sigma^2 \leq \frac{(21-1)\cdot 1,4912}{y_{0,025,\, 20}}\right) = 0,95$$

$$W\left(\frac{29,824}{34,1696} \leq \sigma^2 \leq \frac{29,824}{9,5908}\right) = 0,95; \quad W(0,8728 \leq \sigma^2 \leq 3,1096) = 0,95$$

e) zentrales 95 %-Konfidenzintervall für μ bei $N = 200$

Schritt 1: Feststellung der Verteilungsform von $\overline{X}$ (s. Anhang, Tab. 6)

$$\left.\begin{array}{l}\text{X ist normalverteilt} \\ \text{Varianz } \sigma^2 \text{ unbekannt}\end{array}\right\} \Rightarrow \overline{X} \text{ ist t-verteilt mit n-1 Freiheitsgraden}$$

4.1 Schätzverfahren

Schritt 2: Feststellung der Standardabweichung von $\overline{X}$ (s. Anhang, Tab. 6)

$$\left.\begin{array}{l}\text{Varianz } \sigma^2 \text{ unbekannt} \\ \text{Stichprobe ohne Zurücklegen} \\ \text{mit Auswahlsatz } \geq 5\%\end{array}\right\} \Rightarrow \hat{\sigma}_{\overline{X}} = \frac{s}{\sqrt{n-1}} \cdot \sqrt{1 - \frac{n}{N}}$$

$$\hat{\sigma}_{\overline{X}} = \frac{1,22}{\sqrt{21-1}} \cdot \sqrt{1 - \frac{21}{200}} = 0,2728 \cdot 0,946 = 0,258 \text{ g}$$

Schritt 3: Ermittlung von t

Für $1 - \alpha = 0,95$ und $k = n - 1 = 20 \rightarrow t = 2,086$ (s. Anhang, Tab. 5b)

Schritt 4: Maximaler Schätzfehler: $t \cdot \hat{\sigma}_{\overline{X}} = 2,086 \cdot 0,258 = 0,54$ g

Schritt 5: $W(502,41 - 0,54 \leq \mu \leq 502,41 + 0,54) = 0,95$

$W(501,87 \leq \mu \leq 502,95) = 0,95$

Aufgabe 4.1 - A9: Urlauberzufriedenheit

Bei der in Aufgabe 4.1 - A6 beschriebenen Urlauber-Befragung wurden die aus 4.300 Urlaubsgästen zufällig ausgewählten 250 Urlauber auch danach befragt, ob sie den Ferienort im nächsten Jahr wieder besuchen werden. 90 beantworteten die Frage positiv.

a) Bestimmen Sie das zentrale 90 %-Konfidenzintervall für den Anteil Θ der Urlauber, die den Ferienort im nächsten Jahr wieder besuchen werden!
b) Bestimmen Sie das zentrale 90 %-Konfidenzintervall für die Anzahl der Urlauber, die den Ferienort im nächsten Jahr wieder besuchen werden!
c) Bestimmen Sie das nach unten begrenzte 90 %-Konfidenzintervall für Θ!
d) Bestimmen Sie die Konfidenz für das mit 40 % nach oben begrenzte Intervall für Θ!
e) Wie viele Urlauber müssen befragt werden, wenn mit einer Genauigkeit von 3 %-Punkten und einer Konfidenz von 95 % der Anteil der Urlauber, die den Ferienort im nächsten Jahr wieder besuchen werden, zu bestimmen ist?
f) Wie verändert sich das Konfidenzintervall unter Aufgabe a), wenn von 500 anstatt 250 zufällig ausgewählten Urlaubern ebenfalls 36 % den Ferienort im nächsten Jahr wieder besuchen werden.

Lösung 4.1 - A9: Urlauberzufriedenheit

a) zentrales 90 %-Konfidenzintervall

Schritt 1: Feststellung der Verteilungsform von P (s. Anhang, Tab. 7)

$$n \cdot P \cdot (1-P) = 250 \cdot \frac{90}{250} \cdot \frac{160}{250} = 57{,}6 > 9$$

P ist daher approximativ normalverteilt.

Schritt 2: Feststellung der Standardabweichung von P (s. Anhang, Tab. 7)

$$\left.\begin{array}{l}\text{Varianz von } \Theta \text{ unbekannt} \\ \text{Stichprobe ohne Zurücklegen} \\ \text{mit Auswahlsatz} > 0{,}05\end{array}\right\} \quad \hat{\sigma}_P = \sqrt{\frac{P \cdot (1-P)}{n-1}} \cdot \sqrt{1 - \frac{n}{N}}$$

$$\hat{\sigma}_P = \sqrt{\frac{0{,}36 \cdot 0{,}64}{250-1}} \cdot \sqrt{1 - \frac{250}{4.300}} = 0{,}0295$$

Schritt 3: Ermittlung von z

Für $1 - \alpha = 0{,}90$ ist $z = 1{,}65$ (s. Anhang, Tab. 3b)

Schritt 4: Maximaler Schätzfehler: $z \cdot \hat{\sigma}_P = 1{,}65 \cdot 0{,}0295 = 0{,}0487$

Schritt 5: $W(0{,}36 - 0{,}0487 \leq \Theta \leq 0{,}36 + 0{,}0487) = 0{,}90$

$W(0{,}3113 \leq \Theta \leq 0{,}4087) = 0{,}90$

b) zentrales 90 %-Konfidenzintervall für die Anzahl

$W(0{,}3113 \cdot 4.300 \leq 4.300 \cdot \Theta \leq 0{,}4087 \cdot 4.300) = 0{,}90$

$W(1.338{,}59 \leq 4.300 \cdot \Theta \leq 1.757{,}41) = 0{,}90$

c) das nach unten begrenzte 90 %-Konfidenzintervall

Schritte 1 und 2: wie unter a).

Schritt 3: Ermittlung von z

Für $1 - \alpha = 0{,}90$ ist $z = 1{,}28$ (s. Anhang, Tab. 3a)

Schritt 4: Maximaler Schätzfehler: $z \cdot \hat{\sigma}_P = 1{,}28 \cdot 0{,}0295 = 0{,}0378$

Schritt 5: $W(0{,}36 - 0{,}0378 \leq \Theta) = 0{,}90$; $W(0{,}3222 \leq \Theta) = 0{,}90$

d) Konfidenz für das mit 40 % nach oben begrenzte Intervall

Schritt 1: Konfidenzintervall (Ansatz): $W(\Theta \leq 0{,}40 = 0{,}36 + z \cdot \hat{\sigma}_P) = 1 - \alpha$

Schritt 2: Maximaler Schätzfehler: $0{,}40 = 0{,}36 + z \cdot \hat{\sigma}_P$; $z \cdot \hat{\sigma}_P = 0{,}04$

Schritt 3: Konfidenz $1 - \alpha$: $z \cdot 0{,}0295 = 0{,}04$; $z = 1{,}36 \rightarrow 1 - \alpha = 0{,}9131$

e) notwendiger Stichprobenumfang

Mit $e = 0{,}03$ und $z = 1{,}96$ für $1 - \alpha = 0{,}95$ ergibt sich

$$n \geq \frac{1{,}96^2 \cdot 4.300 \cdot 0{,}36 \cdot 0{,}64}{0{,}03^2 \cdot 4.299 + 1{,}96^2 \cdot 0{,}36 \cdot 0{,}64} = \frac{3.805{,}95}{4{,}754} = 800{,}58$$

f) zentrales 90 %-Konfidenzintervall für den Fall $n = 500$

Schritt 1: Feststellung der Verteilungsform von P   (s. Anhang, Tab. 7)

$$n \cdot P \cdot (1 - P) = 500 \cdot \frac{90}{250} \cdot \frac{160}{250} = 115{,}2 > 9$$

P ist daher approximativ normalverteilt.

Schritt 2: Feststellung der Standardabweichung von P

$$\left. \begin{array}{l} \text{Varianz von } \Theta \text{ unbekannt} \\ \text{Stichprobe ohne Zurücklegen} \\ \text{mit Auswahlsatz} \geq 0{,}05 \end{array} \right\} \quad \hat{\sigma}_P = \sqrt{\frac{P \cdot (1 - P)}{n - 1}} \cdot \sqrt{1 - \frac{n}{N}}$$

$$\hat{\sigma}_P = \sqrt{\frac{0{,}36 \cdot 0{,}64}{500 - 1}} \cdot \sqrt{1 - \frac{500}{4.300}} = 0{,}0202$$

Schritt 3: Ermittlung von z: Für $1 - \alpha = 0{,}90$ ist $z = 1{,}65$

Schritt 4: Maximaler Schätzfehler: $z \cdot \hat{\sigma}_P = 1{,}65 \cdot 0{,}0202 = 0{,}0333$

Schritt 5: $W(0{,}36 - 0{,}0333 \leq \Theta \leq 0{,}36 + 0{,}0333) = 0{,}90$

$W(0{,}3267 \leq \Theta \leq 0{,}3933) = 0{,}90$

4.2 Testverfahren

Testverfahren haben die Aufgabe, auf der Basis von Stichprobeninformationen zu testen bzw. festzustellen, ob eine Hypothese über interessierende Eigenschaften der Grundgesamtheit, die der Stichprobe übergeordnet ist, beibehalten werden kann oder abzulehnen ist. Die Hypothese kann auf die Parameter einer Verteilung, auf die Form der Verteilung oder auf die Unabhängigkeit von Merkmalen bezogen sein.

Die folgenden Übungsaufgaben befassen sich mit den Bereichen

- **Testverfahren für das arithmetische Mittel**
- **Testverfahren für den Anteilswert**
- **Chi-Quadrat-Verteilungstest**
- **Chi-Quadrat-Unabhängigkeitstest**

Aufgabe 4.2 - A1: Testverfahren für das arithmetische Mittel μ

Herr Meier behauptet, die zeitliche Gesamtbelastung von Studenten durch Studium und Erwerbstätigkeit während der Vorlesungszeit betrage durchschnittlich höchstens 40 Stunden pro Woche. Die Studentin Heike Müller dagegen meint, dass die Gesamtbelastung bei mindestens 43 Stunden liege.
Verwenden Sie zur Lösung der folgenden Aufgaben die unter Aufgabe 4.1-A3 beschriebenen Stichprobenergebnisse (N = 4.300; n = 120; $\bar{x}$ = 42,8; s = 11,3)!

a) Prüfen Sie bei einem Signifikanzniveau von 5 %, ob die Behauptung von Herrn Meier widerlegt werden kann!
b) Die tatsächliche durchschnittliche Gesamtbelastung aller Studenten möge 39,9 Stunden pro Woche betragen. Wie groß ist die Wahrscheinlichkeit, dass die Behauptung von Herrn Müller irrtümlich nicht beibehalten wird?
c) Die tatsächliche durchschnittliche Gesamtbelastung aller Studenten möge 42,3 Stunden pro Woche betragen. Wie groß ist die Wahrscheinlichkeit, dass die Behauptung von Herrn Meier irrtümlich beibehalten wird?
d) Wie würden die Ergebnisse unter a) bis c) ausfallen, wenn die Stichprobe n 360 anstatt 120 Studenten umfasst hätte?
e) Prüfen Sie bei einem Signifikanzniveau von 2,5 %, ob die Behauptung von Studentin Heike Müller widerlegt werden kann!

Aufgabe 4.2 - A1: Testverfahren für das arithmetische Mittel μ

a) Behauptung von Herrn Meier

Schritt 1: Erstellen der Hypothesen
Der Test ist laut Aufgabenstellung so zu konstruieren, dass die Wahrscheinlichkeit für ein fälschlicherweises Ablehnen der Behauptung von Herrn Müller maximal 5 % (α-Fehler) beträgt. Die Behauptung von Herrn Müller ist damit zur Null-Hypothese zu machen.

$$H_0: \mu \leq \mu_0 = 40\,h; \quad H_1: \mu > \mu_0 = 40\,h$$

4.2 Testverfahren

Fehlerquelle:
Entgegen der Aufgabenstellung wird die Behauptung "$\mu > 40$" zur Null-Hypothese gemacht. Es ist aber die Behauptung zur Nullhypothese zu machen, die widerlegt werden soll bzw. für die das Risiko der fälschlichen Ablehnung mit dem Signifikanzniveau α kontrolliert werden soll ($\mu \leq 40$).

Schritt 2: Verteilungsform und Standardabweichung von $\overline{X}$ (s. Anhang, Tab. 6)

$$\left.\begin{array}{l}\text{Verteilung von X ist unbekannt}\\ \text{Varianz } \sigma^2 \text{ ist unbekannt}\end{array}\right\} \Rightarrow \begin{array}{l}\text{wegen } n > 30 \text{ ist } \overline{X}\\ \text{appr. normalverteilt}\end{array}$$

$$\left.\begin{array}{l}\text{Varianz } \sigma^2 \text{ ist unbekannt}\\ \text{Stichprobe ohne Zurücklegen}\\ \text{mit Auswahlsatz} \geq 0{,}05\end{array}\right\} \Rightarrow \hat{\sigma}_{\overline{X}} = \frac{s}{\sqrt{n-1}} \cdot \sqrt{1 - \frac{n}{N}}$$

$$\hat{\sigma}_{\overline{X}} = \frac{11{,}3}{\sqrt{120-1}} \cdot \sqrt{1 - \frac{120}{4.300}} = 1{,}021 \text{ h}$$

Schritt 3: Feststellung des Signifikanzniveaus

Die Signifikanzniveaus α ist 0,05 vorgegeben.

Schritt 4: Ermittlung des Beibehaltungsbereichs

Beibehaltungsbereich: $[0;\ 40 + z \cdot \hat{\sigma}_{\overline{X}}]$

Für $1 - \alpha = 0{,}95 \rightarrow z = 1{,}65$

$z \cdot \hat{\sigma}_{\overline{X}} = 1{,}65 \cdot 1{,}021 = 1{,}685$

Beibehaltungsbereich: $[0;\ 41{,}685]$

Schritt 5: Entscheidung

Das Stichprobenmittel bzw. der Testfunktionswert 42,8 Stunden liegt im Ablehnungsbereich. Die Behauptung von Herrn Meier, die Gesamtbelastung der Studenten betrage höchstens 40 Stunden, wird bei einem Signifikanzniveau von 5 % nicht beibehalten.

b) Fehlentscheidung: α-Fehler bei $\mu = 39{,}9$ h

Es ist die Wahrscheinlichkeit zu berechnen, dass das Stichprobenmittel größer als die obere Grenze des Beibehaltungsbereich 41,685 h ist, wenn $\mu = 39{,}9$ h beträgt.

$$F_N(\overline{X} \geq 41{,}685 | \mu = 39{,}9; \sigma = 1{,}021) = 1 - F_N(\overline{X} < 41{,}685) =$$

$$1 - F_{SN}(\frac{41{,}685 - 39{,}9}{1{,}021} = 1{,}75 | 0; 1) = 1 - 0{,}9599 = 0{,}0401$$

Die Wahrscheinlichkeit, dass H_0 irrtümlich abgelehnt wird, wenn die tatsächliche zeitliche Belastung 39,9 Stunden beträgt, beläuft sich auf 4,01 %.

c) Fehlentscheidung: β-Fehler bei $\mu = 42{,}3$ h

Es ist die Wahrscheinlichkeit zu berechnen, dass das Stichprobenmittel kleiner gleich der oberen Grenze des Beibehaltungsbereichs 41,685 h ist, wenn $\mu = 42{,}3$ Stunden beträgt.

$$F_N(\overline{X} \leq 41{,}685 | \mu = 42{,}3; \sigma = 1{,}021) =$$

$$F_{SN}(z = \frac{41{,}685 - 42{,}3}{1{,}021} = -0{,}60 | 0; 1) = 0{,}2743$$

Die Wahrscheinlichkeit, dass H_0 irrtümlich beibehalten wird, wenn die tatsächliche zeitliche Belastung 42,3 Stunden beträgt, beläuft sich auf 27,43 %.

d) Stichprobenumfang n = 360

i) Beibehaltungsbereich:

$$[0;\ 40{,}0 + z \cdot \hat{\sigma}_{\overline{X}}] = [0;\ 40{,}0 + 1{,}65 \cdot \frac{11{,}3}{\sqrt{360-1}} \cdot \sqrt{1 - \frac{360}{4.300}}] =$$

$$[0;\ 40{,}0 + 1{,}65 \cdot 0{,}57] = [0;\ 40{,}94]$$

Die obere Grenze des Beibehaltungsbereichs sinkt von 41,63 auf 40,94; die Behauptung von Herrn Meier, die Gesamtbelastung der Studenten betrage höchstens 40 Stunden, wird bei einem Signifikanzniveau von 5 % nicht beibehalten.

ii) Fehlentscheidung: α-Fehler bei $\mu = 39{,}9$ h

$$1 - F_{SN}(\frac{40{,}94 - 39{,}9}{0{,}57} = 1{,}82 | 0; 1) = 1 - 0{,}9656 = 0{,}0344$$

Die Wahrscheinlichkeit, dass H_0 irrtümlich abgelehnt wird, wenn die tatsächliche zeitliche Belastung 39,9 Stunden beträgt, sinkt von 4,01 % auf 3,44 %.

iii) Fehlentscheidung: β-Fehler bei $\mu = 42{,}3$ h

$$F_{SN}(\frac{40{,}94 - 42{,}3}{0{,}57} = -2{,}39 | 0; 1) = 0{,}0084$$

Die Wahrscheinlichkeit, dass H_0 irrtümlich beibehalten wird, wenn die tatsächliche zeitliche Belastung 42,3 Stunden beträgt, sinkt von 27,43 % auf 0,84 %.

e) Behauptung von Frau Müller

Schritt 1: Erstellen der Hypothesen

$H_0 : \mu \geq \mu_0 = 43$ h; $H_1 : \mu < \mu_0 = 43$ h

Schritt 2: wie Schritt 2 unter a)

Schritt 3: Feststellung des Signifikanzniveaus

Das Signifikanzniveau α ist mit 0,025 vorgegeben.

Schritt 4: Ermittlung des Beibehaltungsbereichs

Beibehaltungsbereich: $[43{,}0 - z \cdot \hat{\sigma}_{\overline{X}}; \infty]$

Für $1 - \alpha = 0{,}975 \rightarrow z = 1{,}96$

$z \cdot \hat{\sigma}_{\overline{X}} = 1{,}96 \cdot 1{,}021 = 2{,}00$

Beibehaltungsbereich: $[41{,}00; \infty]$

Schritt 5: Entscheidung

Das Stichprobenmittel bzw. der Testfunktionswert 42,8 Stunden liegt im Beibehaltungsbereich. Die Behauptung von Frau Müller, die Gesamtbelastung der Studenten betrage mindestens 43 Stunden, wird bei einem Signifikanzniveau von 2,5 % beibehalten.

Aufgabe 4.2 - A2: Testverfahren für den Anteilswert Θ

In einer Glashütte wird eine neue Maschine zur Herstellung von Pressgläsern eingesetzt. Der Hersteller der Maschine behauptet, dass höchstens 2,5 % der hergestellten Gläser Ausschuss darstelle. Von den ersten 10.000 hergestellten Gläsern werden 500 zufällig entnommen und geprüft; von diesen weisen 14 Gläser bzw. 2,8 % der Gläser Fehler auf.

a) Testen Sie die Behauptung des Herstellers der Maschine bei einem Signifikanzniveau von 10 %!
b) Wie groß ist der α-Fehler (Fehler 1. Art) bei $\Theta = 2{,}4$ %?
c) Wie groß ist der β-Fehler (Fehler 2. Art) bei $\Theta = 2{,}7$ %?
d) Testen Sie die Behauptung des Herstellers der Maschine bei einem Signifikanzniveau von 5 %!

Lösung 4.2 - A2: Testverfahren für den Anteilswert Θ

a) Behauptung des Herstellers

Schritt 1: Erstellen der Hypothesen

Die Behauptung des Herstellers, die Maschine produziere höchstens 2,5 % Ausschuss, wird gleichsam angezweifelt. Das Gegenteil ist daher nachzuweisen. Die Behauptung des Herstellers ist zur Null-Hypothese zu machen.

$$H_0: \quad \Theta \leq \Theta_0 = 0{,}025; \quad H_1: \quad \Theta > \Theta_0 = 0{,}025$$

Anmerkung: Hätte dagegen der Hersteller der Maschine die Richtigkeit seiner Behauptung nachzuweisen, dann müsste dies über den Weg einer Ablehnung der dann anzusetzenden Null-Hypothese $\Theta > 2{,}5\%$ geschehen.

Schritt 2: Verteilungsform und Standardabweichung von P (s. Anhang, Tab. 7)

Wegen

$$n \cdot \Theta_0 \cdot (1 - \Theta_0) = 500 \cdot 0{,}025 \cdot 0{,}975 = 12{,}1875 > 9$$

ist P approximativ normalverteilt.

$$\left.\begin{array}{l}\text{Varianz } \sigma^2 \text{ ist "bekannt"}\\ \text{Stichprobe ohne Zurücklegen}\\ \text{mit Auswahlsatz } \geq 5\,\%\end{array}\right\} \Rightarrow \sigma_P = \sqrt{\frac{\Theta_0 \cdot (1 - \Theta_0)}{n}} \cdot \sqrt{\frac{N-n}{N-1}}$$

$$\sigma_P = \sqrt{\frac{0{,}025 \cdot 0{,}975}{500}} \cdot \sqrt{\frac{10.000 - 500}{10.000 - 1}} = 0{,}0068$$

Fehlerquelle:

Für Θ_0 wird fälschlicherweise der in der Stichprobe gefundene Anteilswert 0,28 verwendet.

Schritt 3: Festlegung des Signifikanzniveaus

Das Signifikanzniveau ist mit 0,10 vorgegeben.

Schritt 4: Ermittlung des Beibehaltungsbereichs

Beibehaltungsbereich: $[0;\ 0{,}025 + z \cdot \sigma_P]$

Mit $1 - \alpha = 0{,}90 \quad \rightarrow \quad z = 1{,}28 \quad$ (s. Anhang, Tab. 3a)

$z \cdot \sigma_P = 1{,}28 \cdot 0{,}0068 = 0{,}0087 \quad$ bzw. $\quad 0{,}87\,\%$-Punkte

Beibehaltungsbereich: $[0;\ 0{,}0337]$

4.2 Testverfahren

Schritt 5: Entscheidung

Der für die Stichprobe ermittelte Anteilswert 2,8 % liegt im Beibehaltungsbereich von H_0. Die Behauptung des Herstellers, der Ausschussanteil der auf der Maschine hergestellten Gläser betrage höchstens 2,5 %, wird beibehalten.

b) Fehlentscheidung: α-Fehler bei $\Theta = 0{,}024$

Es ist die Wahrscheinlichkeit zu berechnen, dass das Stichprobenmittel größer als die obere Grenze des Beibehaltungsbereichs 0,0337 ist, wenn $\Theta = 0{,}024$ beträgt.

$$W(P > 0{,}0337 | \Theta = 0{,}024) = 1 - W(P \leq 0{,}0337 | \Theta = 0{,}024) =$$

$$1 - F_{SN}(z = \frac{P - \Theta}{\sigma_P} = \frac{0{,}0337 - 0{,}024}{\sqrt{\frac{0{,}024 \cdot 0{,}976}{500}} \cdot \sqrt{\frac{10{,}000 - 500}{10{,}000 - 1}}} | 0; 1) =$$

$$1 - F_{SN}(\frac{0{,}0097}{0{,}0067} = 1{,}45 | 0; 1) = 1 - 0{,}9265 = 0{,}0735$$

Beträgt der Ausschussanteil 2,4 %, dann wird mit einer Wahrscheinlichkeit von 7,35 % die Behauptung des Herstellers irrtümlich abgelehnt.

c) Fehlentscheidung: β-Fehler (Fehler 2. Art) bei $\Theta = 0{,}027$ %

Es ist die Wahrscheinlichkeit zu berechnen, dass das Stichprobenmittel kleiner gleich der oberen Grenze des Beibehaltungsbereichs 0,0337 ist, wenn $\Theta = 0{,}027$ beträgt.

$$W(P \leq 0{,}0337 | \Theta = 0{,}027) =$$

$$F_{SN}(z = \frac{P - \Theta}{\sigma_P} = \frac{0{,}0337 - 0{,}027}{\sqrt{\frac{0{,}027 \cdot 0{,}973}{500}} \cdot \sqrt{\frac{10{,}000 - 500}{10{,}000 - 1}}} | 0; 1) =$$

$$F_{SN}(\frac{0{,}0067}{0{,}0071} = 0{,}94 | 0; 1) = 0{,}8264$$

Beträgt der Ausschussanteil 2,7 %, dann wird mit einer Wahrscheinlichkeit von 82,64 % die Behauptung des Herstellers irrtümlich beibehalten.

d) Signifikanzniveau von 5 %

Schritte 1 und 2: wie unter Aufgabe a)

Schritt 3: Festlegung des Signifikanzniveaus

Das Signifikanzniveau ist mit 0,05 vorgegeben.

Schritt 4: Ermittlung des Beibehaltungsbereichs

Beibehaltungsbereich: $[0;\ 0{,}025 + z \cdot \sigma_P]$

Mit $1 - \alpha = 0{,}95 \;\rightarrow\; z = 1{,}65$ (s. Anhang, Tab. 3a)

$z \cdot \sigma_P = 1{,}65 \cdot 0{,}0068 = 0{,}0112$ bzw. 1,12 %-Punkte

Beibehaltungsbereich: $[0;\ 0{,}0362]$

Schritt 5: Entscheidung

Der für die Stichprobe ermittelte Anteilswert 2,8 % liegt im Beibehaltungsbereich von H_0. Die Behauptung des Herstellers, der Ausschussanteil der auf der Maschine hergestellten Gläser betrage höchstens 2,5 %, wird irrtümlich beibehalten.

Aufgabe 4.2 - A3: Chi-Quadrat-Verteilungstest

Eine Wohnungsbaugenossenschaft hat an ihre Genossen 1200 Wohnungen vermietet. Die Mieter können an jedem Werktag zwischen 09.00 und 10.00 Uhr Beschwerden über die Wohnung und Wohnverhältnisse bei der Geschäftsführung vorbringen. Die Anzahl der Beschwerden an den letzten 200 Tagen kann der nachfolgenden Tabelle entnommen werden.

Anzahl der Beschwerden	0	1	2	3	4	5
Häufigkeit	96	67	25	7	3	2

Prüfen Sie bei einem Signifikanzniveau von 5 %, ob der Geschäftsführer S. Ellmann mit seiner Vermutung Recht hat, die Anzahl der Beschwerden pro Werktag sei poissonverteilt mit $\mu = 0{,}7$.

Lösung 4.2 - A3: Chi-Quadrat-Verteilungstest

Vor der Anwendung des Chi-Quadrat-Verteilungstestes ist zunächst die zu erwartende Häufigkeitsverteilung für die Anzahl der Beschwerden zu ermitteln, die sich bei Vorliegen einer Poissonverteilung theoretisch ergeben müsste. Die Häufigkeiten können mit Hilfe der in Tabelle 2a (s. Anhang) für $\mu = 0{,}7$ angegebenen Wahrscheinlichkeiten einfach berechnet werden. So ist beispielsweise mit keiner Beschwerde an $200 \cdot 0{,}4966 = 99{,}32$ Tagen zu rechnen.

In der folgenden Tabelle sind die in der Stichprobe von 200 Tagen vorgefundene (empirische) Häufigkeitsverteilung und die (theoretische) Häufigkeitsverteilung, die bei der behaupteten Verteilungsform zu erwarten wäre, gegenübergestellt.

4.2 Testverfahren

Symbole:

h_i^s = Häufigkeit des Merkmalswerts x_i in der Stichprobe (i = 1, ..., 6)

h_i^e = Häufigkeit des Merkmalswerts x_i, die bei der unterstellten Verteilungsform zu erwarten wäre (i = 1, ..., 6)

Beschwerden	0	1	2	3	4	5
h_i^s	96	67	25	7	3	2
h_i^e	99	70	24	6	1	0

Schritt 1: Erstellen der Hypothesen

H_0 : Die Anzahl der Beschwerden ist poissonverteilt.

H_1 : Die Anzahl der Beschwerden ist nicht poissonverteilt.

Schritt 2: Festlegung des Signifikanzniveaus

Das Signifikanzniveau ist mit 0,05 vorgegeben.

Schritt 3: Berechnung des Testwertes y

Der Testwert wird mit folgender Formel errechnet:

$$y = \sum_{i=1}^{v} \frac{\left(h_i^s - h_i^e\right)^2}{h_i^e}$$

v ist die Anzahl der verschiedenen Werte für das Merkmal X Beschwerden. Die ursprüngliche Anzahl v = 6 reduziert sich auf 4, da für die Durchführung des Tests die zu erwartenden Häufigkeiten größer gleich 5 sein müssen. Im Beispiel sind daher die Merkmalswerte 3, 4 und 5 zu dem "Merkmalswert" "3 - 5" zusammenzufassen und damit einhergehend auch die entsprechenden Häufigkeiten zu 12 (7+3+2) bzw. 7 (6+1+0). Auf diese Weise reduziert sich v von 6 auf 4.

$$y = \frac{(96 - 99)^2}{99} + \frac{(67 - 70)^2}{70} + \frac{(25 - 24)^2}{25} + \frac{(12 - 7)^2}{7} = 3{,}83$$

Schritt 4: Ermittlung des Beibehaltungsbereichs

Die "Abweichungssumme" y ist näherungsweise chi-Quadrat-verteilt mit k = v-1 Freiheitsgraden. - Für den Beibehaltungsbereich gilt

$[0;\ y_{1-\alpha,\ k=v-1}] = [0;\ y_{0{,}95,\ k=4-1=3}] = [0;\ 7{,}8147]$ (Anhang, Tab. 4)

Schritt 5: Entscheidung

Der Stichprobenfunktionswert liegt mit 3,83 im Beibehaltungsbereich. Die Vermutung des Geschäftsführers, die Anzahl der Beschwerden pro Werktag sei poissonverteilt mit $\mu = 0{,}7$, ist nicht widerlegt worden.

Aufgabe 4.2 - A4: Chi-Quadrat-Unabhängigkeitstest

Ein Unternehmen möchte wissen, ob bei seinen 20- bis 49-jährigen Kunden Alter und Kundenzufriedenheit voneinander abhängig sind oder nicht. 500 zufällig ausgewählte Kunden dieser Altersklasse wurden nach ihrer Zufriedenheit mit dem Produkt befragt. Die Kunden wurden dazu in die Altersklassen 20 - 29, 30 - 39 und 40 - 49 Jahre eingeteilt. Als mögliche Antworten für die Zufriedenheit wurden die Werte sehr zufrieden, zufrieden und unzufrieden vorgegeben. Das Ergebnis der Befragung ist in der nachstehenden Tabelle angegeben.

Urteil Alter	sehr zufrieden	zufrieden	unzufrieden	Summe
20 - 29	80	100	20	200
30 - 39	40	66	14	120
40 - 49	60	94	26	180
Summe	180	260	60	500

Prüfen Sie bei einem Signifikanzniveau von 5 %, ob die Merkmale Alter (X) und Kundenzufriedenheit (Y) voneinander unabhängig sind!

Lösung 4.2 - A4: Chi-Quadrat-Unabhängigkeitstest

Zur Prüfung der Unabhängigkeit ist zunächst die für die Stichprobe (theoretische) zweidimensionale Häufigkeitsverteilung, die bei vollständiger Unabhängigkeit der beiden Merkmale zu erwarten wäre, zu erstellen.

Symbole:

h_i^S = Häufigkeit des Merkmalswertes x_i in der Stichprobe ($i = 1, 2, 3$)

h_j^S = Häufigkeit der Merkmalswertes y_j in der Stichprobe ($j = 1, 2, 3$)

h_{ij}^S = Häufigkeit der Merkmalswertkombination (x_i, y_j) in der Stichprobe

4.2 Testverfahren

h_{ij}^e = Häufigkeit der Merkmalswertkombination (x_i, y_j), die bei vollständiger Unabhängigkeit zu erwarten wäre. Die Berechnung erfolgt mit

$$h_{ij}^e = \frac{h_i^s \cdot h_j^s}{n}$$

In der folgenden Tabelle ist die Berechnung der theoretischen Häufigkeiten bei Unabhängigkeit wiedergegeben.

Alter \ Urteil	sehr zufrieden	zufrieden	unzufrieden	Summe
20 - 29	$\frac{200 \cdot 180}{500} = 72$	$\frac{200 \cdot 260}{500} = 104$	$\frac{200 \cdot 60}{500} = 24$	200
30 - 39	$\frac{120 \cdot 180}{500} = 43,2$	$\frac{120 \cdot 260}{500} = 62,4$	$\frac{120 \cdot 60}{50} = 14,4$	120
40 - 49	$\frac{180 \cdot 180}{500} = 64,8$	$\frac{180 \cdot 260}{500} = 93,6$	$\frac{180 \cdot 60}{500} = 21,6$	180
Summe	180	260	60	500

Schritt 1: Erstellen der Hypothesen

H_0: Alter und Kundenzufriedenheit sind voneinander unabhängig.

H_1: Alter und Kundenzufriedenheit sind nicht voneinander unabhängig.

Schritt 2: Festlegung des Signifikanzniveaus

Das Signifikanzniveau ist mit 0,05 vorgegeben.

Schritt 3: Berechnung des Testwerts y

Der Testwert wird mit folgender Formel errechnet:

$$y = \sum_{i=1}^{v} \sum_{j=1}^{w} \frac{\left(h_{ij}^s - h_{ij}^e\right)^2}{h_{ij}^e}$$

v ist die Anzahl der verschiedenen Werte für das Merkmal X Alter; w ist die Anzahl der verschiedenen Werte für das Merkmal Y Kundenzufriedenheit. Für die Durchführung des Tests müssen die zu erwartenden Häufigkeiten größer gleich 5 sein. Gegebenenfalls sind - wie in Aufgabe 4.2-A3 aufgezeigt - benachbarte

Werte und die entsprechenden Häufigkeiten zusammenzufassen, was zu einer Reduzierung von v und/oder w führt.

$$y = \frac{(80-72)^2}{72} + \frac{(100-104)^2}{104} + \frac{(20-24)^2}{24} +$$

$$\frac{(40-43,2)^2}{43,2} + \frac{(66-62,4)^2}{62,4} + \frac{(14-14,4)^2}{14,4} +$$

$$\frac{(60-64,8)^2}{64,8} + \frac{(94-93,6)^2}{93,6} + \frac{(26-21,6)^2}{21,6}$$

$$= 0,8889 + 0,1538 + 0,6667 + 0,2370 + 0,2077 + 0,0111 +$$

$$0,3556 + 0,0017 + 0,8963 = 3,4188$$

Die "Abweichungssumme" y ist näherungsweise chi-Quadrat-verteilt mit $k = (v-1) \cdot (w-1)$ Freiheitsgraden.

Schritt 4: Ermittlung des Beibehaltungsbereichs

$$[0; \, y_{1-\alpha, \, k=(v-1)\cdot(w-1)}] = [0; \, y_{0,95, \, k=(3-1)\cdot(3-1)}] =$$

$$[0; \, y_{0,95, \, 4}] = [0; \, 9,4877] \quad \text{(s. Anhang, Tab. 4)}$$

Schritt 5: Entscheidung

Der Stichprobenfunktionswert liegt mit 3,4188 im Beibehaltungsbereich. Die Hypothese, Alter und Kundenzufriedenheit sind voneinander unabhängig, wird beibehalten bzw. ist nicht widerlegt worden.

Aufgabe 4.2 - A5: Benzinverbrauch

Bei der unter Aufgabe 4.1-A7 (S. 181) beschriebenen Umfrage beträgt der durchschnittliche Benzinverbrauch der 32 VW Golf 8,32 l pro 100 km bei einer Standardabweichung von 1,2 l.

a) Testen Sie bei einem Signifikanzniveau von 5 % die Behauptung, die Fahrzeuge VW Golf verbrauchen mindestens 8,3 l pro 100 km!

b) Der tatsächliche Durchschnittsverbrauch möge 8,2 l pro 100 km betragen. Wie groß ist die Wahrscheinlichkeit, dass die Behauptung unter a) beibehalten wird?

c) Testen Sie bei einem Signifikanzniveau von 10 % die Behauptung des Herstellers, die Fahrzeuge VW Golf verbrauchen weniger als 8,5 l pro 100 km!

d) Geben Sie die Auswirkungen auf die Lösung unter c) für den Fall an, dass den Umfrageergebnissen eine Befragung von 128 Golf-Fahrern zugrunde gelegen wäre!

Lösung 4.2 - A5: Benzinverbrauch

a) Behauptung: Mindestverbrauch 8,3 l

Schritt 1: Erstellen der Hypothesen

Der Test ist laut Aufgabenstellung so zu konstruieren, dass die Wahrscheinlichkeit für ein fälschlicherweises Ablehnen der Behauptung, die Fahrzeuge würden mindestens 8,3 l brauchen, maximal 5 % (α-Fehler) beträgt. Die Behauptung ist damit zur Null-Hypothese zu machen.

$$H_0 : \mu \geq \mu_0 = 8,3 \text{ l}; \qquad H_1 : \mu < \mu_0 = 8,3 \text{ l}$$

Schritt 2: Verteilungsform und Standardabweichung von $\overline{X}$ (s. Anhang, Tab. 6)

$$\left.\begin{array}{l}\text{Verteilung von X ist unbekannt}\\ \text{Varianz } \sigma^2 \text{ ist unbekannt}\end{array}\right\} \Rightarrow \begin{array}{l}\text{wegen n > 30 ist } \overline{X}\\ \text{appr. normalverteilt}\end{array}$$

$$\left.\begin{array}{l}\text{Varianz } \sigma^2 \text{ ist unbekannt}\\ \text{Stichprobe ohne Zurücklegen}\\ \text{mit Auswahlsatz < 5 \%}\end{array}\right\} \Rightarrow \hat{\sigma}_{\overline{X}} = \frac{s}{\sqrt{n-1}}$$

$$\hat{\sigma}_{\overline{X}} = \frac{1,2}{\sqrt{32-1}} = 0,22 \text{ l}$$

Schritt 3: Festlegung des Signifikanzniveaus

Das Signifikanzniveau ist mit $\alpha = 0,05$ vorgegeben.

Schritt 4: Ermittlung des Beibehaltungsbereichs

$$[8,3 - z \cdot \hat{\sigma}_{\overline{X}}; \infty] = [8,3 - 1,65 \cdot 0,22; \infty] = [7,937; \infty]$$

Schritt 5: Entscheidung: Beibehaltung von H_0

b) Fehlentscheidung: β-Fehler bei $\mu = 8,2$ l

$$1 - F_N(7,937 \mid 8,2; 0,22) = 1 - F_{SN}(\frac{7,937 - 8,2}{0,22} = -1,20 \mid 0; 1) =$$

$$1 - 0,1151 = 0,8849 \quad \text{bzw.} \quad 88,49 \%$$

c) Höchstverbrauch 8,5 l

Schritt 1: Erstellen der Hypothesen

Der Hersteller hat den statistischen Nachweis zu erbringen, dass die Fahrzeuge weniger als 8,5 l pro 100 km verbrauchen. D.h. die entgegengesetzte Behauptung (Mindestverbrauch 8,5 l) ist zur Null-Hypothese zu machen. Für sie hat die Wahrscheinlichkeit, fälschlicherweise abgelehnt zu werden, maximal 10 % zu betragen.

$$H_0: \mu \geq \mu_0 = 8,5 \text{ l}; \quad H_1: \mu < \mu_0 = 8,5 \text{ l}$$

Schritt 2: wie Schritt 2 unter a)

Schritt 3: Signifikanzniveau 10 %

Schritt 4: Ermittlung des Beibehaltungsbereichs

$$[8,5 - z \cdot \hat{\sigma}_{\overline{X}}; \infty] = [8,5 - 1,28 \cdot 0,22; \infty] = [8,2184; \infty]$$

Schritt 5: Entscheidung: Beibehaltung von H_0

d) Stichprobenumfang n = 128

Schritt 1: wie Schritt 1 unter c)

Schritt 2: wie Schritt 2 unter a) außer

$$\hat{\sigma}_{\overline{X}} = \frac{1,2}{\sqrt{128-1}} = 0,11 \text{ l}$$

Schritt 3: Signifikanzniveau 10 %

Schritt 4: Ermittlung des Beibehaltungsbereichs

$$[8,5 - 1,28 \cdot 0,11; \infty] = [8,3592; \infty]$$

Schritt 5: Entscheidung: Nicht-Beibehaltung von H_0 bzw. Annahme von H_1

Aufgabe 4.2 - A6: Limonadenabfüllung

Ein Getränkehersteller füllt Limonade in 700 ml-Flaschen ab. Die Anlage ist auf das Abfüllvolumen 702 ml eingestellt. Dem Hersteller ist sehr daran gelegen, dass das Abfüllvolumen in den Flaschen dem eingestellten Volumen entspricht. - Das durchschnittliche Abfüllvolumen von 17 zufällig ausgewählten Flaschen betrug 701,7 ml bei einer Standardabweichung von 1 ml. Das Abfüllvolumen in der Grundgesamtheit kann als normalverteilt angenommen werden.

a) Prüfen Sie bei einem Signifikanzniveau von 2,5 %, ob das Abfüllvolumen μ dem eingestellten Abfüllvolumen entspricht!

b) Prüfen Sie bei einem Signifikanzniveau von 5 %, ob das Mindest-Abfüllvolumen von 700 ml eingehalten wird. Den statistischen Nachweis soll dabei der Getränkehersteller erbringen!

Lösung 4.2 - A6: Limonadenabfüllung

a) Einhaltung des eingestellten Abfüllvolumens

Schritt 1: Erstellen der Hypothesen

$$H_0: \mu = \mu_0 = 702 \text{ ml}; \quad H_1: \mu \neq \mu_0 = 702 \text{ ml}$$

Schritt 2: Verteilungsform und Standardabweichung von $\overline{X}$ (s. Anhang, Tab. 6)

$$\left.\begin{array}{l} \text{X ist normalverteilt} \\ \text{Varianz } \sigma^2 \text{ unbekannt} \end{array}\right\} \Rightarrow \overline{X} \text{ ist t-verteilt mit n-1 Freiheitsgraden}$$

$$\left.\begin{array}{l} \text{Varianz } \sigma^2 \text{ ist unbekannt} \\ \text{Stichprobe ohne Zurücklegen} \\ \text{mit Auswahlsatz } < 0{,}05 \end{array}\right\} \Rightarrow \hat{\sigma}_{\overline{X}} = \frac{s}{\sqrt{n-1}}$$

$$\hat{\sigma}_{\overline{X}} = \frac{0{,}001}{\sqrt{17-1}} = 0{,}25 \text{ ml}$$

Schritt 3: Signifikanzniveau 2,5 %

Schritt 4: Ermittlung des Beibehaltungsbereichs

$$[702 - t \cdot \hat{\sigma}_{\overline{X}}; \; 702 + t \cdot \hat{\sigma}_{\overline{X}}] =$$

$$[702 - 2{,}473 \cdot 0{,}25; \; 702 + 2{,}473 \cdot 0{,}25] = [701{,}4; \; 702{,}6]$$

Schritt 5: Entscheidung: Beibehaltung von H_0.

b) Einhaltung des Mindest-Abfüllvolumens

Schritt 1: Erstellen der Hypothesen

$$H_0: \mu < \mu_0 = 700; \quad H_1: \mu \geq \mu_0 = 700$$

Schritt 2: wie Schritt 2 unter a)

Schritt 3: Signifikanzniveau 5 %

Schritt 4: Ermittlung des Beibehaltungsbereichs

$$[0;\ 700 + t \cdot \sigma_{\overline{X}}] = [0;\ 700 + 1{,}746 \cdot 0{,}25] = [0;\ 700{,}4]$$

Schritt 5: Entscheidung: Ablehnung von H_0 bzw. Annahme von H_1.

Aufgabe 4.2 - A7: Bürgermeisterwahl

In einer Stadt mit zirka 80.000 Wahlberechtigten ist in drei Wochen der Bürgermeister zu wählen. Zur Wahl stehen die beiden Kandidaten A und B. Kandidat A möchte seine Chancen mit Hilfe einer Umfrage ausloten. Von 1.250 zufällig ausgewählten Wahlberechtigten votierten 655 für A und 595 für B.

a) Kandidat A wünscht, dass bei dem durchzuführenden Test die Behauptung, er habe weniger als 50 % Zustimmung, zur Nullhypothese gemacht wird. Warum wünscht Kandidat A dies?

b) Testen Sie bei einem Signifikanzniveau von 5 %, dass Kandidat A eine Zustimmung von mindestens 50 % hat!

c) A möge bei allen Wählern nur 49,9 % Zustimmung haben. Wie groß ist die Wahrscheinlichkeit, dass die Null-Hypothese dennoch abgelehnt wird?

Lösung 4.2 - A7: Bürgermeisterwahl

a) Kandidat A will die Hypothese, er bekäme weniger als 50 % der Stimmen, mit einer bekannten Irrtumswahrscheinlichkeit abgelehnt wissen. Er will nicht, dass die Hypothese, er bekäme mindestens 50 % der Stimmen, "lediglich" beibehalten wird verbunden mit dem unbekannten β-Fehler.

b) A erhält mindestens 50 %

Schritt 1: Erstellen der Hypothesen

$$H_0: \Theta < \Theta_0 = 0{,}50; \qquad H_1: \Theta \geq \Theta_0 = 0{,}50$$

Schritt 2: Verteilungsform und Standardabweichung von P (s. Anhang, Tab. 7)

Wegen

$$n \cdot \Theta_0 \cdot (1 - \Theta_0) = 1.250 \cdot 0{,}50 \cdot 0{,}50 = 312{,}5 > 9$$

ist P approximativ normalverteilt.

$$\left. \begin{array}{l} \text{Varianz } \sigma^2 \text{ "bekannt"} \\ \text{Stichprobe ohne Zurücklegen} \\ \text{mit Auswahlsatz} < 5\ \% \end{array} \right\} \Rightarrow \sigma_P = \sqrt{\frac{\Theta_0 \cdot (1 - \Theta_0)}{n}}$$

$$\sigma_P = \sqrt{\frac{0,50 \cdot 0,50}{1.250}} = 0,0141$$

Schritt 3: Signifikanzniveau 5 %

Schritt 4: Ermittlung des Beibehaltungsbereichs

[0; 0,50 + z · σ_P] = [0; 1,65 · 0,0141] = [0; 0,5232]

Schritt 5: Entscheidung: H_0 wird abgelehnt, da 52,4 % für A gestimmt haben.

c) Fehlentscheidung bei 49,9 % Stimmen für A

$W(P > 0,5232 | \Theta = 0,499) = 1 - W(P \leq 0,5232 | \Theta = 0,499) =$

$1 - F_{SN}(\dfrac{p - \Theta}{\sqrt{\dfrac{\Theta \cdot (1-\Theta)}{n}}} = \dfrac{0,5232 - 0,499}{\sqrt{\dfrac{0,499 \cdot 0,501}{1250}}} | 0; 1) = 1 - F_{SN}(1,71 | 0; 1) =$

1 - 0,9564 = 0,0436 bzw. 4,36 %

Aufgabe 4.2 - A8: Stichprobenplan

Ein Großhändler bekommt von einem Lieferanten zugesichert, dass weniger als 3 % der gelieferten Artikel kleinere Fehler aufweisen. Der gemeinsam erstellte Stichprobenplan schreibt vor, dass einer Lieferung 40 Mengeneinheiten zufällig zu entnehmen und dann zu prüfen sind. Sind alle 40 Einheiten ohne kleinere Mängel, dann wird die gesamte Lieferung akzeptiert, anderenfalls wird ein Preisnachlass gewährt.

a) Wie hoch ist bei diesem Stichprobenplan das Signifikanzniveau für die Null-Hypothese "$\Theta < 0,03$"? Gehen Sie nur von ganzen Zahlen für Θ (in %) aus!
b) Welche Risiken gehen Lieferant (β-Fehler) und Abnehmer (α-Fehler) bei diesem Stichprobenplan ein? Verwenden Sie für Ihre Untersuchungen die Mängelquoten 0, 1, 2, 3, 4 und 5 (in %)!

Lösung 4.2 - A8: Stichprobenplan

a) Das Risiko, eine "schlechte" Lieferung anzunehmen, ist am größten, wenn die Mängelquote genau 3 % beträgt.

$F_B(X \leq 0 | 40; 0,03) = 0,2957$

Das Risiko (= Signifikanzniveau), eine Lieferung anzunehmen, obwohl sie nicht den Anforderungen entspricht, beträgt maximal 29,57 %.

b) Abnehmerrisiko und Lieferantenrisiko

Das Abnehmerrisiko (α-Fehler) tritt bei Θ-Werten $\geq 3\%$ auf:

$F_B(X = 0| 40; 0{,}03) = 0{,}2957;\quad F_B(X = 0| 40; 0{,}04) = 0{,}1954;$

$F_B(X = 0| 40; 0{,}05) = 0{,}1285$

Das Lieferantenrisiko (β-Fehler) tritt bei Θ-Werten $\leq 2\%$ auf:

$F_B(X \geq 1| 40; 0{,}00) = 0{,}0000\ (!);\quad F_B(X \geq 1| 40; 0{,}01) = 0{,}3310;$

$F_B(X \geq 1| 40; 0{,}02) = 0{,}5543$

Aufgabe 4.2 - A9: Lotto-Statistik

In der Lotto-Statistik wird u.a. festgehalten, welche Zahlen (ohne Zusatzzahl) seit der ersten Ausspielung am 09.10.1955 wie häufig gezogen worden sind. In der folgenden Übersicht sind die Ziehungshäufigkeiten für die Zahlen 1 bis 49 in den 3.308 Ausspielungen bis zum 21.01.2010 angegeben.

408	413	414	410	408	431	410
377	423	405	412	389	343	389
381	382	414	398	398	388	396
421	390	402	422	431	420	375
386	389	426	446	422	393	397
413	405	435	408	409	411	419
423	398	376	384	396	417	445

Prüfen Sie bei einem Signifikanzniveau von 10 %, ob jede Zahl die gleiche Chance hat, ausgespielt zu werden! (Lösungshilfen: Durchschnittliche Ausspielungshäufigkeit: 405,06; Varianz: 379,0371; $y_{0{,}90;\,48} = 60{,}9$)

Lösung 4.2 - A9: Lotto-Statistik

Schritt 1: Erstellen der Hypothesen

H_0 : Die Ziehungshäufigkeiten sind gleich verteilt.

H_1 : Die Ziehungshäufigkeiten sind nicht gleich verteilt.

Schritt 2: Festlegung des Signifikanzniveaus

Das Signifikanzniveau ist mit 0,10 vorgegeben.

Schritt 3: Berechnung des Testwertes y

Mit der Lösungshilfe ergibt sich für den Testwert

$$y = \sum_{i=1}^{v} \frac{\left(h_i^s - h_i^e\right)^2}{h_i^e} = \frac{v \cdot \sigma^2}{h_i^e} = \frac{49 \cdot 379{,}0371}{405{,}06} = 45{,}85$$

Schritt 4: Ermittlung des Beibehaltungsbereichs

$$[0;\ y_{1-\alpha,\ k=v-1}] = [0;\ y_{0{,}90,\ 48}] = [0;\ 60{,}9]$$

Schritt 5: Entscheidung

Der Stichprobenfunktionswert liegt mit 45,85 im Beibehaltungsbereich. Die Behauptung, das Auftreten der Zahlen 1 - 49 ist gleich verteilt, wird bei einem Signifikanzniveau von 10 % beibehalten.

Aufgabe 4.2 - A10: Alter und Wahlverhalten

In einer repräsentativen Umfrage wurden 2002 weibliche Wahlberechtigte aus dem früheren Bundesgebiet nach ihrem Wahlverhalten befragt. Die Befragten wurden in fünf Altersklassen eingeteilt. In der nachstehenden Tabelle sind die Befragungsergebnisse für die CDU/CSU, SPD, die Grünen und die FDP wiedergegeben.

Partei / Alter	CDU/CSU	SPD	Grüne	FDP
18 - 24	50	63	19	13
25 - 34	92	110	37	24
35 - 44	134	169	62	26
45 - 59	213	191	50	35
60 und mehr	360	280	32	42

Prüfen Sie bei einem Signifikanzniveau von 1 %, ob Alter und Wahlentscheid der weiblichen Wahlberechtigten im früheren Bundesgebiet voneinander abhängig waren!

Lösung 4.2 - A10: Alter und Wahlverhalten

Schritt 1: Erstellen der Hypothesen

H_0: Alter der Frauen und Wahlentscheid sind voneinander unabhängig.

H_1: Alter der Frauen und Wahlentscheid sind voneinander abhängig.

Schritt 2: Signifikanzniveau 1 %

Schritt 3: Berechnung des Testwerts y

- theoretische Häufigkeiten bei Unabhängigkeit h_{ij}^e

61,49	58,88	14,49	10,14
111,53	106,80	26,27	18,39
165,81	158,78	39,06	27,34
207,37	198,58	48,85	34,2
302,79	289,95	71,33	49,93

- Abweichungsberechnungen für den Testwert y $(h_{ij}^s - h_{ij}^e)^2 / h_{ij}^e$

2,15	0,29	1,40	0,81
3,42	0,10	4,38	1,71
6,10	0,66	13,47	0,07
0,15	0,29	0,03	0,02
10,81	0,34	21,69	1,26

- Testwert y (Summe aller Abweichungen)
y = 69,15

Schritt 4: Ermittlung des Beibehaltungsbereichs

$[0; y_{1-\alpha, k=(v-1)\cdot(w-1)}] = [0; y_{0,99, k=4\cdot 3=12}] =$

$[0; y_{0,99, 12}] = [0; 26,2170]$ (s. Anhang, Tab. 4)

Schritt 5: Entscheidung

Der Stichprobenfunktionswert y liegt mit 69,15 im Ablehnungsbereich. Die Hypothese, das Alter der weiblichen Wahlberechtigten und das Wahlverhalten seien voneinander unabhängig, wird bei einer Irrtumswahrscheinlichkeit von 1 % nicht beibehalten. Anders ausgedrückt: Die Behauptung, das Alter der weiblichen Wähler sei ohne Einfluss auf das Wahlverhalten, wird bei einer Irrtumswahrscheinlichkeit von 1 % nicht beibehalten.

Aufgabe 4.2 - A11: Pausenregelung

In Aufgabe 2.5-A5 (s.S. 93) ist das Ergebnis einer Befragung von 500 Studenten zu ihrer Einstellung zu einer Verlängerung der Pause wiedergegeben. Prüfen Sie mit Hilfe des Chi-Quadrat-Unabhängigkeitstests bei einem Signifikanzniveau von 10 %, ob zwischen Geschlecht und Einstellung zur Pausenregelung eine Abhängigkeit besteht oder nicht!

Lösung 4.2 - A11: Pausenregelung

Schritt 1:   Erstellen der Hypothesen

H_0: Geschlecht und Einstellung sind voneinander unabhängig.

H_1: Geschlecht und Einstellung sind voneinander abhängig.

Schritt 2:   Signifikanzniveau 10 %

Schritt 3:   Berechnung des Testwerts y
Die Berechnung der Größe χ^2 bzw. des Testwerts y ist unter der Lösung 2.5-A5 (S. 95) ausführlich aufgezeigt.

$y = 2{,}73$

Schritt 4:   Ermittlung des Beibehaltungsbereichs

$[0;\ y_{0{,}90,\ k=2}] = [0;\ 4{,}6052]$ (s. Anhang, Tab. 4)

Schritt 5:   Entscheidung

Der Stichprobenfunktionswert y liegt mit 2,73 im Beibehaltungsbereich. Die Hypothese, Geschlecht und Einstellung sind voneinander unabhängig, wird bei einer Irrtumswahrscheinlichkeit von 10 % beibehalten.

Tabellenanhang

Tabelle 1a: Binomialverteilung; Wahrscheinlichkeitsfunktion $f_B(x)$

n	x	Θ 0,05	0,10	0,15	0,20	0,25	0,30	0,35	0,40	0,45	0,50
1	0	0,9500	0,9000	0,8500	0,8000	0,7500	0,7000	0,6500	0,6000	0,5500	0,5000
1	1	0,0500	0,1000	0,1500	0,2000	0,2500	0,3000	0,3500	0,4000	0,4500	0,5000
2	0	0,9025	0,8100	0,7225	0,6400	0,5625	0,4900	0,4225	0,3600	0,3025	0,2500
2	1	0,0950	0,1800	0,2550	0,3200	0,3750	0,4200	0,4550	0,4800	0,4950	0,5000
2	2	0,0025	0,0100	0,0225	0,0400	0,0625	0,0900	0,1225	0,1600	0,2025	0,2500
3	0	0,8574	0,7290	0,6141	0,5120	0,4219	0,3430	0,2746	0,2160	0,1664	0,1250
3	1	0,1354	0,2430	0,3251	0,3840	0,4219	0,4410	0,4436	0,4320	0,4084	0,3750
3	2	0,0071	0,0270	0,0574	0,0960	0,1406	0,1890	0,2389	0,2880	0,3341	0,3750
3	3	0,0001	0,0010	0,0034	0,0080	0,0156	0,0270	0,0429	0,0640	0,0911	0,1250
4	0	0,8145	0,6561	0,5220	0,4096	0,3164	0,2401	0,1785	0,1296	0,0915	0,0625
4	1	0,1715	0,2916	0,3685	0,4096	0,4219	0,4116	0,3845	0,3456	0,2995	0,2500
4	2	0,0135	0,0486	0,0975	0,1536	0,2109	0,2646	0,3105	0,3456	0,3675	0,3750
4	3	0,0005	0,0036	0,0115	0,0256	0,0469	0,0756	0,1115	0,1536	0,2005	0,2500
4	4	0,0000	0,0001	0,0005	0,0016	0,0039	0,0081	0,0150	0,0256	0,0410	0,0625
5	0	0,7738	0,5905	0,4437	0,3277	0,2373	0,1681	0,1160	0,0778	0,0503	0,0313
5	1	0,2036	0,3281	0,3915	0,4096	0,3955	0,3602	0,3124	0,2592	0,2059	0,1563
5	2	0,0214	0,0729	0,1382	0,2048	0,2637	0,3087	0,3364	0,3456	0,3369	0,3125
5	3	0,0011	0,0081	0,0244	0,0512	0,0879	0,1323	0,1811	0,2304	0,2757	0,3125
5	4	0,0000	0,0005	0,0022	0,0064	0,0146	0,0284	0,0488	0,0768	0,1128	0,1563
5	5	0,0000	0,0000	0,0001	0,0003	0,0010	0,0024	0,0053	0,0102	0,0185	0,0313
6	0	0,7351	0,5314	0,3771	0,2621	0,1780	0,1176	0,0754	0,0467	0,0277	0,0156
6	1	0,2321	0,3543	0,3993	0,3932	0,3560	0,3025	0,2437	0,1866	0,1359	0,0938
6	2	0,0305	0,0984	0,1762	0,2458	0,2966	0,3241	0,3280	0,3110	0,2780	0,2344
6	3	0,0021	0,0146	0,0415	0,0819	0,1318	0,1852	0,2355	0,2765	0,3032	0,3125
6	4	0,0001	0,0012	0,0055	0,0154	0,0330	0,0595	0,0951	0,1382	0,1861	0,2344
6	5	0,0000	0,0001	0,0004	0,0015	0,0044	0,0102	0,0205	0,0369	0,0609	0,0938
6	6	0,0000	0,0000	0,0000	0,0001	0,0002	0,0007	0,0018	0,0041	0,0083	0,0156
7	0	0,6983	0,4783	0,3206	0,2097	0,1335	0,0824	0,0490	0,0280	0,0152	0,0078
7	1	0,2573	0,3720	0,3960	0,3670	0,3115	0,2471	0,1848	0,1306	0,0872	0,0547
7	2	0,0406	0,1240	0,2097	0,2753	0,3115	0,3177	0,2985	0,2613	0,2140	0,1641
7	3	0,0036	0,0230	0,0617	0,1147	0,1730	0,2269	0,2679	0,2903	0,2918	0,2734
7	4	0,0002	0,0026	0,0109	0,0287	0,0577	0,0972	0,1442	0,1935	0,2388	0,2734
7	5	0,0000	0,0002	0,0012	0,0043	0,0115	0,0250	0,0466	0,0774	0,1172	0,1641
7	6	0,0000	0,0000	0,0001	0,0004	0,0013	0,0036	0,0084	0,0172	0,0320	0,0547
7	7	0,0000	0,0000	0,0000	0,0000	0,0001	0,0002	0,0006	0,0016	0,0037	0,0078
8	0	0,6634	0,4305	0,2725	0,1678	0,1001	0,0576	0,0319	0,0168	0,0084	0,0039
8	1	0,2793	0,3826	0,3847	0,3355	0,2670	0,1977	0,1373	0,0896	0,0548	0,0313
8	2	0,0515	0,1488	0,2376	0,2936	0,3115	0,2965	0,2587	0,2090	0,1569	0,1094
8	3	0,0054	0,0331	0,0839	0,1468	0,2076	0,2541	0,2786	0,2787	0,2568	0,2188
8	4	0,0004	0,0046	0,0185	0,0459	0,0865	0,1361	0,1875	0,2322	0,2627	0,2734
8	5	0,0000	0,0004	0,0026	0,0092	0,0231	0,0467	0,0808	0,1239	0,1719	0,2188
8	6	0,0000	0,0000	0,0002	0,0011	0,0038	0,0100	0,0217	0,0413	0,0703	0,1094
8	7	0,0000	0,0000	0,0000	0,0001	0,0004	0,0012	0,0033	0,0079	0,0164	0,0313
8	8	0,0000	0,0000	0,0000	0,0000	0,0000	0,0001	0,0002	0,0007	0,0017	0,0039

Tabelle 1a: Binomialverteilung $f_B(x)$; Fortsetzung

		Θ									
n	x	0,05	0,10	0,15	0,20	0,25	0,30	0,35	0,40	0,45	0,50
9	0	0,6302	0,3874	0,2316	0,1342	0,0751	0,0404	0,0207	0,0101	0,0046	0,0020
9	1	0,2985	0,3874	0,3679	0,3020	0,2253	0,1556	0,1004	0,0605	0,0339	0,0176
9	2	0,0629	0,1722	0,2597	0,3020	0,3003	0,2668	0,2162	0,1612	0,1110	0,0703
9	3	0,0077	0,0446	0,1069	0,1762	0,2336	0,2668	0,2716	0,2508	0,2119	0,1641
9	4	0,0006	0,0074	0,0283	0,0661	0,1168	0,1715	0,2194	0,2508	0,2600	0,2461
9	5	0,0000	0,0008	0,0050	0,0165	0,0389	0,0735	0,1181	0,1672	0,2128	0,2461
9	6	0,0000	0,0001	0,0006	0,0028	0,0087	0,0210	0,0424	0,0743	0,1160	0,1641
9	7	0,0000	0,0000	0,0000	0,0003	0,0012	0,0039	0,0098	0,0212	0,0407	0,0703
9	8	0,0000	0,0000	0,0000	0,0000	0,0001	0,0004	0,0013	0,0035	0,0083	0,0176
9	9	0,0000	0,0000	0,0000	0,0000	0,0000	0,0000	0,0001	0,0003	0,0008	0,0020
10	0	0,5987	0,3487	0,1969	0,1074	0,0563	0,0282	0,0135	0,0060	0,0025	0,0010
10	1	0,3151	0,3874	0,3474	0,2684	0,1877	0,1211	0,0725	0,0403	0,0207	0,0098
10	2	0,0746	0,1937	0,2759	0,3020	0,2816	0,2335	0,1757	0,1209	0,0763	0,0439
10	3	0,0105	0,0574	0,1298	0,2013	0,2503	0,2668	0,2522	0,2150	0,1665	0,1172
10	4	0,0010	0,0112	0,0401	0,0881	0,1460	0,2001	0,2377	0,2508	0,2384	0,2051
10	5	0,0001	0,0015	0,0085	0,0264	0,0584	0,1029	0,1536	0,2007	0,2340	0,2461
10	6	0,0000	0,0001	0,0012	0,0055	0,0162	0,0368	0,0689	0,1115	0,1596	0,2051
10	7	0,0000	0,0000	0,0001	0,0008	0,0031	0,0090	0,0212	0,0425	0,0746	0,1172
10	8	0,0000	0,0000	0,0000	0,0001	0,0004	0,0014	0,0043	0,0106	0,0229	0,0439
10	9	0,0000	0,0000	0,0000	0,0000	0,0000	0,0001	0,0005	0,0016	0,0042	0,0098
10	10	0,0000	0,0000	0,0000	0,0000	0,0000	0,0000	0,0000	0,0001	0,0003	0,0010

Tabelle 1b: Binomialverteilung; Verteilungsfunktion $F_B(x)$

		Θ									
n	x	0,05	0,10	0,15	0,20	0,25	0,30	0,35	0,40	0,45	0,50
1	0	0,9500	0,9000	0,8500	0,8000	0,7500	0,7000	0,6500	0,6000	0,5500	0,5000
1	1	1,0000	1,0000	1,0000	1,0000	1,0000	1,0000	1,0000	1,0000	1,0000	1,0000
2	0	0,9025	0,8100	0,7225	0,6400	0,5625	0,4900	0,4225	0,3600	0,3025	0,2500
2	1	0,9975	0,9900	0,9775	0,9600	0,9375	0,9100	0,8775	0,8400	0,7975	0,7500
2	2	1,0000	1,0000	1,0000	1,0000	1,0000	1,0000	1,0000	1,0000	1,0000	1,0000
3	0	0,8574	0,7290	0,6141	0,5120	0,4219	0,3430	0,2746	0,2160	0,1664	0,1250
3	1	0,9928	0,9720	0,9393	0,8960	0,8438	0,7840	0,7183	0,6480	0,5748	0,5000
3	2	0,9999	0,9990	0,9966	0,9920	0,9844	0,9730	0,9571	0,9360	0,9089	0,8750
3	3	1,0000	1,0000	1,0000	1,0000	1,0000	1,0000	1,0000	1,0000	1,0000	1,0000
4	0	0,8145	0,6561	0,5220	0,4096	0,3164	0,2401	0,1785	0,1296	0,0915	0,0625
4	1	0,9860	0,9477	0,8905	0,8192	0,7383	0,6517	0,5630	0,4752	0,3910	0,3125
4	2	0,9995	0,9963	0,9880	0,9728	0,9492	0,9163	0,8735	0,8208	0,7585	0,6875
4	3	1,0000	0,9999	0,9995	0,9984	0,9961	0,9919	0,9850	0,9744	0,9590	0,9375
4	4	1,0000	1,0000	1,0000	1,0000	1,0000	1,0000	1,0000	1,0000	1,0000	1,0000

Tabelle 1b: Binomialverteilung $F_B(x)$; Fortsetzung

		Θ								
n	x	0,05	0,10	0,15	0,20	0,25	0,30	0,35	0,40	0,45	0,50
5	0	0,7738	0,5905	0,4437	0,3277	0,2373	0,1681	0,1160	0,0778	0,0503	0,0313
5	1	0,9774	0,9185	0,8352	0,7373	0,6328	0,5282	0,4284	0,3370	0,2562	0,1875
5	2	0,9988	0,9914	0,9734	0,9421	0,8965	0,8369	0,7648	0,6826	0,5931	0,5000
5	3	1,0000	0,9995	0,9978	0,9933	0,9844	0,9692	0,9460	0,9130	0,8688	0,8125
5	4	1,0000	1,0000	0,9999	0,9997	0,9990	0,9976	0,9947	0,9898	0,9815	0,9688
5	5	1,0000	1,0000	1,0000	1,0000	1,0000	1,0000	1,0000	1,0000	1,0000	1,0000
6	0	0,7351	0,5314	0,3771	0,2621	0,1780	0,1176	0,0754	0,0467	0,0277	0,0156
6	1	0,9672	0,8857	0,7765	0,6554	0,5339	0,4202	0,3191	0,2333	0,1636	0,1094
6	2	0,9978	0,9842	0,9527	0,9011	0,8306	0,7443	0,6471	0,5443	0,4415	0,3438
6	3	0,9999	0,9987	0,9941	0,9830	0,9624	0,9295	0,8826	0,8208	0,7447	0,6563
6	4	1,0000	0,9999	0,9996	0,9984	0,9954	0,9891	0,9777	0,9590	0,9308	0,8906
6	5	1,0000	1,0000	1,0000	0,9999	0,9998	0,9993	0,9982	0,9959	0,9917	0,9844
6	6	1,0000	1,0000	1,0000	1,0000	1,0000	1,0000	1,0000	1,0000	1,0000	1,0000
7	0	0,6983	0,4783	0,3206	0,2097	0,1335	0,0824	0,0490	0,0280	0,0152	0,0078
7	1	0,9556	0,8503	0,7166	0,5767	0,4449	0,3294	0,2338	0,1586	0,1024	0,0625
7	2	0,9962	0,9743	0,9262	0,8520	0,7564	0,6471	0,5323	0,4199	0,3164	0,2266
7	3	0,9998	0,9973	0,9879	0,9667	0,9294	0,8740	0,8002	0,7102	0,6083	0,5000
7	4	1,0000	0,9998	0,9988	0,9953	0,9871	0,9712	0,9444	0,9037	0,8471	0,7734
7	5	1,0000	1,0000	0,9999	0,9996	0,9987	0,9962	0,9910	0,9812	0,9643	0,9375
7	6	1,0000	1,0000	1,0000	1,0000	0,9999	0,9998	0,9994	0,9984	0,9963	0,9922
7	7	1,0000	1,0000	1,0000	1,0000	1,0000	1,0000	1,0000	1,0000	1,0000	1,0000
8	0	0,6634	0,4305	0,2725	0,1678	0,1001	0,0576	0,0319	0,0168	0,0084	0,0039
8	1	0,9428	0,8131	0,6572	0,5033	0,3671	0,2553	0,1691	0,1064	0,0632	0,0352
8	2	0,9942	0,9619	0,8948	0,7969	0,6785	0,5518	0,4278	0,3154	0,2201	0,1445
8	3	0,9996	0,9950	0,9786	0,9437	0,8862	0,8059	0,7064	0,5941	0,4770	0,3633
8	4	1,0000	0,9996	0,9971	0,9896	0,9727	0,9420	0,8939	0,8263	0,7396	0,6367
8	5	1,0000	1,0000	0,9998	0,9988	0,9958	0,9887	0,9747	0,9502	0,9115	0,8555
8	6	1,0000	1,0000	1,0000	0,9999	0,9996	0,9987	0,9964	0,9915	0,9819	0,9648
8	7	1,0000	1,0000	1,0000	1,0000	1,0000	0,9999	0,9998	0,9993	0,9983	0,9961
8	8	1,0000	1,0000	1,0000	1,0000	1,0000	1,0000	1,0000	1,0000	1,0000	1,0000
9	0	0,6302	0,3874	0,2316	0,1342	0,0751	0,0404	0,0207	0,0101	0,0046	0,0020
9	1	0,9288	0,7748	0,5995	0,4362	0,3003	0,1960	0,1211	0,0705	0,0385	0,0195
9	2	0,9916	0,9470	0,8591	0,7382	0,6007	0,4628	0,3373	0,2318	0,1495	0,0898
9	3	0,9994	0,9917	0,9661	0,9144	0,8343	0,7297	0,6089	0,4826	0,3614	0,2539
9	4	1,0000	0,9991	0,9944	0,9804	0,9511	0,9012	0,8283	0,7334	0,6214	0,5000
9	5	1,0000	0,9999	0,9994	0,9969	0,9900	0,9747	0,9464	0,9006	0,8342	0,7461
9	6	1,0000	1,0000	1,0000	0,9997	0,9987	0,9957	0,9888	0,9750	0,9502	0,9102
9	7	1,0000	1,0000	1,0000	1,0000	0,9999	0,9996	0,9986	0,9962	0,9909	0,9805
9	8	1,0000	1,0000	1,0000	1,0000	1,0000	1,0000	0,9999	0,9997	0,9992	0,9980
9	9	1,0000	1,0000	1,0000	1,0000	1,0000	1,0000	1,0000	1,0000	1,0000	1,0000
10	0	0,5987	0,3487	0,1969	0,1074	0,0563	0,0282	0,0135	0,0060	0,0025	0,0010
10	1	0,9139	0,7361	0,5443	0,3758	0,2440	0,1493	0,0860	0,0464	0,0233	0,0107
10	2	0,9885	0,9298	0,8202	0,6778	0,5256	0,3828	0,2616	0,1673	0,0996	0,0547
10	3	0,9990	0,9872	0,9500	0,8791	0,7759	0,6496	0,5138	0,3823	0,2660	0,1719
10	4	0,9999	0,9984	0,9901	0,9672	0,9219	0,8497	0,7515	0,6331	0,5044	0,3770
10	5	1,0000	0,9999	0,9986	0,9936	0,9803	0,9527	0,9051	0,8338	0,7384	0,6230
10	6	1,0000	1,0000	0,9999	0,9991	0,9965	0,9894	0,9740	0,9452	0,8980	0,8281
10	7	1,0000	1,0000	1,0000	0,9999	0,9996	0,9984	0,9952	0,9877	0,9726	0,9453
10	8	1,0000	1,0000	1,0000	1,0000	1,0000	0,9999	0,9995	0,9983	0,9955	0,9893
10	9	1,0000	1,0000	1,0000	1,0000	1,0000	1,0000	1,0000	0,9999	0,9997	0,9990
10	10	1,0000	1,0000	1,0000	1,0000	1,0000	1,0000	1,0000	1,0000	1,0000	1,0000

Tabelle 2a: Poissonverteilung; Wahrscheinlichkeitsfunktion $f_P(x)$

μ		0,01	0,02	0,03	0,04	0,05	0,06	0,07	0,08	0,09	0,1
x	0	0,9900	0,9802	0,9704	0,9608	0,9512	0,9418	0,9324	0,9231	0,9139	0,9048
	1	0,0099	0,0196	0,0291	0,0384	0,0476	0,0565	0,0653	0,0738	0,0823	0,0905
	2	0,0000	0,0002	0,0004	0,0008	0,0012	0,0017	0,0023	0,0030	0,0037	0,0045
	3	0,0000	0,0000	0,0000	0,0000	0,0000	0,0000	0,0001	0,0001	0,0001	0,0002
μ		0,1	0,2	0,3	0,4	0,5	0,6	0,7	0,8	0,9	1
x	0	0,9048	0,8187	0,7408	0,6703	0,6065	0,5488	0,4966	0,4493	0,4066	0,3679
	1	0,0905	0,1637	0,2222	0,2681	0,3033	0,3293	0,3476	0,3595	0,3659	0,3679
	2	0,0045	0,0164	0,0333	0,0536	0,0758	0,0988	0,1217	0,1438	0,1647	0,1839
	3	0,0002	0,0011	0,0033	0,0072	0,0126	0,0198	0,0284	0,0383	0,0494	0,0613
	4	0,0000	0,0001	0,0003	0,0007	0,0016	0,0030	0,0050	0,0077	0,0111	0,0153
	5	0,0000	0,0000	0,0000	0,0001	0,0002	0,0004	0,0007	0,0012	0,0020	0,0031
	6	0,0000	0,0000	0,0000	0,0000	0,0000	0,0000	0,0001	0,0002	0,0003	0,0005
	7	0,0000	0,0000	0,0000	0,0000	0,0000	0,0000	0,0000	0,0000	0,0000	0,0001
μ		1,1	1,2	1,3	1,4	1,5	1,6	1,7	1,8	1,9	2
x	0	0,3329	0,3012	0,2725	0,2466	0,2231	0,2019	0,1827	0,1653	0,1496	0,1353
	1	0,3662	0,3614	0,3543	0,3452	0,3347	0,3230	0,3106	0,2975	0,2842	0,2707
	2	0,2014	0,2169	0,2303	0,2417	0,2510	0,2584	0,2640	0,2678	0,2700	0,2707
	3	0,0738	0,0867	0,0998	0,1128	0,1255	0,1378	0,1496	0,1607	0,1710	0,1804
	4	0,0203	0,0260	0,0324	0,0395	0,0471	0,0551	0,0636	0,0723	0,0812	0,0902
	5	0,0045	0,0062	0,0084	0,0111	0,0141	0,0176	0,0216	0,0260	0,0309	0,0361
	6	0,0008	0,0012	0,0018	0,0026	0,0035	0,0047	0,0061	0,0078	0,0098	0,0120
	7	0,0001	0,0002	0,0003	0,0005	0,0008	0,0011	0,0015	0,0020	0,0027	0,0034
	8	0,0000	0,0000	0,0001	0,0001	0,0001	0,0002	0,0003	0,0005	0,0006	0,0009
	9	0,0000	0,0000	0,0000	0,0000	0,0000	0,0000	0,0001	0,0001	0,0001	0,0002
μ		2,1	2,2	2,3	2,4	2,5	2,6	2,7	2,8	2,9	3
x	0	0,1225	0,1108	0,1003	0,0907	0,0821	0,0743	0,0672	0,0608	0,0550	0,0498
	1	0,2572	0,2438	0,2306	0,2177	0,2052	0,1931	0,1815	0,1703	0,1596	0,1494
	2	0,2700	0,2681	0,2652	0,2613	0,2565	0,2510	0,2450	0,2384	0,2314	0,2240
	3	0,1890	0,1966	0,2033	0,2090	0,2138	0,2176	0,2205	0,2225	0,2237	0,2240
	4	0,0992	0,1082	0,1169	0,1254	0,1336	0,1414	0,1488	0,1557	0,1622	0,1680
	5	0,0417	0,0476	0,0538	0,0602	0,0668	0,0735	0,0804	0,0872	0,0940	0,1008
	6	0,0146	0,0174	0,0206	0,0241	0,0278	0,0319	0,0362	0,0407	0,0455	0,0504
	7	0,0044	0,0055	0,0068	0,0083	0,0099	0,0118	0,0139	0,0163	0,0188	0,0216
	8	0,0011	0,0015	0,0019	0,0025	0,0031	0,0038	0,0047	0,0057	0,0068	0,0081
	9	0,0003	0,0004	0,0005	0,0007	0,0009	0,0011	0,0014	0,0018	0,0022	0,0027
	10	0,0001	0,0001	0,0001	0,0002	0,0002	0,0003	0,0004	0,0005	0,0006	0,0008
	11	0,0000	0,0000	0,0000	0,0000	0,0000	0,0001	0,0001	0,0001	0,0002	0,0002
	12	0,0000	0,0000	0,0000	0,0000	0,0000	0,0000	0,0000	0,0000	0,0000	0,0001
μ		3,1	3,2	3,3	3,4	3,5	3,6	3,7	3,8	3,9	4
x	0	0,0450	0,0408	0,0369	0,0334	0,0302	0,0273	0,0247	0,0224	0,0202	0,0183
	1	0,1397	0,1304	0,1217	0,1135	0,1057	0,0984	0,0915	0,0850	0,0789	0,0733
	2	0,2165	0,2087	0,2008	0,1929	0,1850	0,1771	0,1692	0,1615	0,1539	0,1465
	3	0,2237	0,2226	0,2209	0,2186	0,2158	0,2125	0,2087	0,2046	0,2001	0,1954
	4	0,1733	0,1781	0,1823	0,1858	0,1888	0,1912	0,1931	0,1944	0,1951	0,1954
	5	0,1075	0,1140	0,1203	0,1264	0,1322	0,1377	0,1429	0,1477	0,1522	0,1563
	6	0,0555	0,0608	0,0662	0,0716	0,0771	0,0826	0,0881	0,0936	0,0989	0,1042
	7	0,0246	0,0278	0,0312	0,0348	0,0385	0,0425	0,0466	0,0508	0,0551	0,0595

Tabelle 2a: Poissonverteilung $f_P(x)$, Fortsetzung

μ		3,1	3,2	3,3	3,4	3,5	3,6	3,7	3,8	3,9	4
x	8	0,0095	0,0111	0,0129	0,0148	0,0169	0,0191	0,0215	0,0241	0,0269	0,0298
	9	0,0033	0,0040	0,0047	0,0056	0,0066	0,0076	0,0089	0,0102	0,0116	0,0132
	10	0,0010	0,0013	0,0016	0,0019	0,0023	0,0028	0,0033	0,0039	0,0045	0,0053
	11	0,0003	0,0004	0,0005	0,0006	0,0007	0,0009	0,0011	0,0013	0,0016	0,0019
	12	0,0001	0,0001	0,0001	0,0002	0,0002	0,0003	0,0003	0,0004	0,0005	0,0006
	13	0,0000	0,0000	0,0000	0,0000	0,0001	0,0001	0,0001	0,0001	0,0002	0,0002
	14	0,0000	0,0000	0,0000	0,0000	0,0000	0,0000	0,0000	0,0000	0,0000	0,0001
μ		4,1	4,2	4,3	4,4	4,5	4,6	4,7	4,8	4,9	5
x	0	0,0166	0,0150	0,0136	0,0123	0,0111	0,0101	0,0091	0,0082	0,0074	0,0067
	1	0,0679	0,0630	0,0583	0,0540	0,0500	0,0462	0,0427	0,0395	0,0365	0,0337
	2	0,1393	0,1323	0,1254	0,1188	0,1125	0,1063	0,1005	0,0948	0,0894	0,0842
	3	0,1904	0,1852	0,1798	0,1743	0,1687	0,1631	0,1574	0,1517	0,1460	0,1404
	4	0,1951	0,1944	0,1933	0,1917	0,1898	0,1875	0,1849	0,1820	0,1789	0,1755
	5	0,1600	0,1633	0,1662	0,1687	0,1708	0,1725	0,1738	0,1747	0,1753	0,1755
	6	0,1093	0,1143	0,1191	0,1237	0,1281	0,1323	0,1362	0,1398	0,1432	0,1462
	7	0,0640	0,0686	0,0732	0,0778	0,0824	0,0869	0,0914	0,0959	0,1002	0,1044
	8	0,0328	0,0360	0,0393	0,0428	0,0463	0,0500	0,0537	0,0575	0,0614	0,0653
	9	0,0150	0,0168	0,0188	0,0209	0,0232	0,0255	0,0281	0,0307	0,0334	0,0363
	10	0,0061	0,0071	0,0081	0,0092	0,0104	0,0118	0,0132	0,0147	0,0164	0,0181
	11	0,0023	0,0027	0,0032	0,0037	0,0043	0,0049	0,0056	0,0064	0,0073	0,0082
	12	0,0008	0,0009	0,0011	0,0013	0,0016	0,0019	0,0022	0,0026	0,0030	0,0034
	13	0,0002	0,0003	0,0004	0,0005	0,0006	0,0007	0,0008	0,0009	0,0011	0,0013
	14	0,0001	0,0001	0,0001	0,0001	0,0002	0,0002	0,0003	0,0003	0,0004	0,0005
	15	0,0000	0,0000	0,0000	0,0000	0,0001	0,0001	0,0001	0,0001	0,0001	0,0002
	16	0,0000	0,0000	0,0000	0,0000	0,0000	0,0000	0,0000	0,0000	0,0000	0,0000
μ		5,2	5,4	5,6	5,8	6	6,2	6,4	6,6	6,8	7
x	0	0,0055	0,0045	0,0037	0,0030	0,0025	0,0020	0,0017	0,0014	0,0011	0,0009
	1	0,0287	0,0244	0,0207	0,0176	0,0149	0,0126	0,0106	0,0090	0,0076	0,0064
	2	0,0746	0,0659	0,0580	0,0509	0,0446	0,0390	0,0340	0,0296	0,0258	0,0223
	3	0,1293	0,1185	0,1082	0,0985	0,0892	0,0806	0,0726	0,0652	0,0584	0,0521
	4	0,1681	0,1600	0,1515	0,1428	0,1339	0,1249	0,1162	0,1076	0,0992	0,0912
	5	0,1748	0,1728	0,1697	0,1656	0,1606	0,1549	0,1487	0,1420	0,1349	0,1277
	6	0,1515	0,1555	0,1584	0,1601	0,1606	0,1601	0,1586	0,1562	0,1529	0,1490
	7	0,1125	0,1200	0,1267	0,1326	0,1377	0,1418	0,1450	0,1472	0,1486	0,1490
	8	0,0731	0,0810	0,0887	0,0962	0,1033	0,1099	0,1160	0,1215	0,1263	0,1304
	9	0,0423	0,0486	0,0552	0,0620	0,0688	0,0757	0,0825	0,0891	0,0954	0,1014
	10	0,0220	0,0262	0,0309	0,0359	0,0413	0,0469	0,0528	0,0588	0,0649	0,0710
	11	0,0104	0,0129	0,0157	0,0190	0,0225	0,0265	0,0307	0,0353	0,0401	0,0452
	12	0,0045	0,0058	0,0073	0,0092	0,0113	0,0137	0,0164	0,0194	0,0227	0,0263
	13	0,0018	0,0024	0,0032	0,0041	0,0052	0,0065	0,0081	0,0099	0,0119	0,0142
	14	0,0007	0,0009	0,0013	0,0017	0,0022	0,0029	0,0037	0,0046	0,0058	0,0071
	15	0,0002	0,0003	0,0005	0,0007	0,0009	0,0012	0,0016	0,0020	0,0026	0,0033
	16	0,0001	0,0001	0,0002	0,0002	0,0003	0,0005	0,0006	0,0008	0,0011	0,0014
	17	0,0000	0,0000	0,0001	0,0001	0,0001	0,0002	0,0002	0,0003	0,0004	0,0006
	18	0,0000	0,0000	0,0000	0,0000	0,0000	0,0001	0,0001	0,0001	0,0002	0,0002

Tabelle 2a: Poissonverteilung $f_P(x)$, Fortsetzung

μ \ x	7,2	7,4	7,6	7,8	8,0	8,2	8,4	8,6	8,8	9,0
0	0,0007	0,0006	0,0005	0,0004	0,0003	0,0003	0,0002	0,0002	0,0002	0,0001
1	0,0054	0,0045	0,0038	0,0032	0,0027	0,0023	0,0019	0,0016	0,0013	0,0011
2	0,0194	0,0167	0,0145	0,0125	0,0107	0,0092	0,0079	0,0068	0,0058	0,0050
3	0,0464	0,0413	0,0366	0,0324	0,0286	0,0252	0,0222	0,0195	0,0171	0,0150
4	0,0836	0,0764	0,0696	0,0632	0,0573	0,0517	0,0466	0,0420	0,0377	0,0337
5	0,1204	0,1130	0,1057	0,0986	0,0916	0,0849	0,0784	0,0722	0,0663	0,0607
6	0,1445	0,1394	0,1339	0,1282	0,1221	0,1160	0,1097	0,1034	0,0972	0,0911
7	0,1486	0,1474	0,1454	0,1428	0,1396	0,1358	0,1317	0,1271	0,1222	0,1171
8	0,1337	0,1363	0,1381	0,1392	0,1396	0,1392	0,1382	0,1366	0,1344	0,1318
9	0,1070	0,1121	0,1167	0,1207	0,1241	0,1269	0,1290	0,1306	0,1315	0,1318
10	0,0770	0,0829	0,0887	0,0941	0,0993	0,1040	0,1084	0,1123	0,1157	0,1186
11	0,0504	0,0558	0,0613	0,0667	0,0722	0,0776	0,0828	0,0878	0,0925	0,0970
12	0,0303	0,0344	0,0388	0,0434	0,0481	0,0530	0,0579	0,0629	0,0679	0,0728
13	0,0168	0,0196	0,0227	0,0260	0,0296	0,0334	0,0374	0,0416	0,0459	0,0504
14	0,0086	0,0104	0,0123	0,0145	0,0169	0,0196	0,0225	0,0256	0,0289	0,0324
15	0,0041	0,0051	0,0062	0,0075	0,0090	0,0107	0,0126	0,0147	0,0169	0,0194
16	0,0019	0,0024	0,0030	0,0037	0,0045	0,0055	0,0066	0,0079	0,0093	0,0109
17	0,0008	0,0010	0,0013	0,0017	0,0021	0,0026	0,0033	0,0040	0,0048	0,0058
18	0,0003	0,0004	0,0006	0,0007	0,0009	0,0012	0,0015	0,0019	0,0024	0,0029
19	0,0001	0,0002	0,0002	0,0003	0,0004	0,0005	0,0007	0,0009	0,0011	0,0014
20	0,0000	0,0001	0,0001	0,0001	0,0002	0,0002	0,0003	0,0004	0,0005	0,0006
21	0,0000	0,0000	0,0000	0,0000	0,0001	0,0001	0,0001	0,0002	0,0002	0,0003
22	0,0000	0,0000	0,0000	0,0000	0,0000	0,0000	0,0000	0,0001	0,0001	0,0001

Tabelle 2b: Poissonverteilung; Verteilungsfunktion $F_P(x)$

μ \ x	0,01	0,02	0,03	0,04	0,05	0,06	0,07	0,08	0,09	0,1
0	0,9900	0,9802	0,9704	0,9608	0,9512	0,9418	0,9324	0,9231	0,9139	0,9048
1	1,0000	0,9998	0,9996	0,9992	0,9988	0,9983	0,9977	0,9970	0,9962	0,9953
2	1,0000	1,0000	1,0000	1,0000	1,0000	1,0000	0,9999	0,9999	0,9999	0,9998
3	1,0000	1,0000	1,0000	1,0000	1,0000	1,0000	1,0000	1,0000	1,0000	1,0000

μ \ x	0,1	0,2	0,3	0,4	0,5	0,6	0,7	0,8	0,9	1
0	0,9048	0,8187	0,7408	0,6703	0,6065	0,5488	0,4966	0,4493	0,4066	0,3679
1	0,9953	0,9825	0,9631	0,9384	0,9098	0,8781	0,8442	0,8088	0,7725	0,7358
2	0,9998	0,9989	0,9964	0,9921	0,9856	0,9769	0,9659	0,9526	0,9371	0,9197
3	1,0000	0,9999	0,9997	0,9992	0,9982	0,9966	0,9942	0,9909	0,9865	0,9810
4	1,0000	1,0000	1,0000	0,9999	0,9998	0,9996	0,9992	0,9986	0,9977	0,9963
5	1,0000	1,0000	1,0000	1,0000	1,0000	1,0000	0,9999	0,9998	0,9997	0,9994
6	1,0000	1,0000	1,0000	1,0000	1,0000	1,0000	1,0000	1,0000	1,0000	0,9999
7	1,0000	1,0000	1,0000	1,0000	1,0000	1,0000	1,0000	1,0000	1,0000	1,0000

Tabelle 2b: Poissonverteilung $F_P(x)$, Fortsetzung

μ		1,1	1,2	1,3	1,4	1,5	1,6	1,7	1,8	1,9	2,0
x	0	0,3329	0,3012	0,2725	0,2466	0,2231	0,2019	0,1827	0,1653	0,1496	0,1353
	1	0,6990	0,6626	0,6268	0,5918	0,5578	0,5249	0,4932	0,4628	0,4337	0,4060
	2	0,9004	0,8795	0,8571	0,8335	0,8088	0,7834	0,7572	0,7306	0,7037	0,6767
	3	0,9743	0,9662	0,9569	0,9463	0,9344	0,9212	0,9068	0,8913	0,8747	0,8571
	4	0,9946	0,9923	0,9893	0,9857	0,9814	0,9763	0,9704	0,9636	0,9559	0,9473
	5	0,9990	0,9985	0,9978	0,9968	0,9955	0,9940	0,9920	0,9896	0,9868	0,9834
	6	0,9999	0,9997	0,9996	0,9994	0,9991	0,9987	0,9981	0,9974	0,9966	0,9955
	7	1,0000	1,0000	0,9999	0,9999	0,9998	0,9997	0,9996	0,9994	0,9992	0,9989
	8	1,0000	1,0000	1,0000	1,0000	1,0000	1,0000	0,9999	0,9999	0,9998	0,9998
	9	1,0000	1,0000	1,0000	1,0000	1,0000	1,0000	1,0000	1,0000	1,0000	1,0000
μ		2,1	2,2	2,3	2,4	2,5	2,6	2,7	2,8	2,9	3,0
x	0	0,1225	0,1108	0,1003	0,0907	0,0821	0,0743	0,0672	0,0608	0,0550	0,0498
	1	0,3796	0,3546	0,3309	0,3084	0,2873	0,2674	0,2487	0,2311	0,2146	0,1991
	2	0,6496	0,6227	0,5960	0,5697	0,5438	0,5184	0,4936	0,4695	0,4460	0,4232
	3	0,8386	0,8194	0,7993	0,7787	0,7576	0,7360	0,7141	0,6919	0,6696	0,6472
	4	0,9379	0,9275	0,9162	0,9041	0,8912	0,8774	0,8629	0,8477	0,8318	0,8153
	5	0,9796	0,9751	0,9700	0,9643	0,9580	0,9510	0,9433	0,9349	0,9258	0,9161
	6	0,9941	0,9925	0,9906	0,9884	0,9858	0,9828	0,9794	0,9756	0,9713	0,9665
	7	0,9985	0,9980	0,9974	0,9967	0,9958	0,9947	0,9934	0,9919	0,9901	0,9881
	8	0,9997	0,9995	0,9994	0,9991	0,9989	0,9985	0,9981	0,9976	0,9969	0,9962
	9	0,9999	0,9999	0,9999	0,9998	0,9997	0,9996	0,9995	0,9993	0,9991	0,9989
	10	1,0000	1,0000	1,0000	1,0000	0,9999	0,9999	0,9999	0,9998	0,9998	0,9997
	11	1,0000	1,0000	1,0000	1,0000	1,0000	1,0000	1,0000	1,0000	0,9999	0,9999
	12	1,0000	1,0000	1,0000	1,0000	1,0000	1,0000	1,0000	1,0000	1,0000	1,0000
μ		3,1	3,2	3,3	3,4	3,5	3,6	3,7	3,8	3,9	4,0
x	0	0,0450	0,0408	0,0369	0,0334	0,0302	0,0273	0,0247	0,0224	0,0202	0,0183
	1	0,1847	0,1712	0,1586	0,1468	0,1359	0,1257	0,1162	0,1074	0,0992	0,0916
	2	0,4012	0,3799	0,3594	0,3397	0,3208	0,3027	0,2854	0,2689	0,2531	0,2381
	3	0,6248	0,6025	0,5803	0,5584	0,5366	0,5152	0,4942	0,4735	0,4532	0,4335
	4	0,7982	0,7806	0,7626	0,7442	0,7254	0,7064	0,6872	0,6678	0,6484	0,6288
	5	0,9057	0,8946	0,8829	0,8705	0,8576	0,8441	0,8301	0,8156	0,8006	0,7851
	6	0,9612	0,9554	0,9490	0,9421	0,9347	0,9267	0,9182	0,9091	0,8995	0,8893
	7	0,9858	0,9832	0,9802	0,9769	0,9733	0,9692	0,9648	0,9599	0,9546	0,9489
	8	0,9953	0,9943	0,9931	0,9917	0,9901	0,9883	0,9863	0,9840	0,9815	0,9786
	9	0,9986	0,9982	0,9978	0,9973	0,9967	0,9960	0,9952	0,9942	0,9931	0,9919
	10	0,9996	0,9995	0,9994	0,9992	0,9990	0,9987	0,9984	0,9981	0,9977	0,9972
	11	0,9999	0,9999	0,9998	0,9998	0,9997	0,9996	0,9995	0,9994	0,9993	0,9991
	12	1,0000	1,0000	1,0000	0,9999	0,9999	0,9999	0,9999	0,9998	0,9998	0,9997
	13	1,0000	1,0000	1,0000	1,0000	1,0000	1,0000	1,0000	1,0000	0,9999	0,9999
	14	1,0000	1,0000	1,0000	1,0000	1,0000	1,0000	1,0000	1,0000	1,0000	1,0000

Tabelle 2b: Poissonverteilung $F_P(x)$, Fortsetzung

μ		4,1	4,2	4,3	4,4	4,5	4,6	4,7	4,8	4,9	5
x	0	0,0166	0,0150	0,0136	0,0123	0,0111	0,0101	0,0091	0,0082	0,0074	0,0067
	1	0,0845	0,0780	0,0719	0,0663	0,0611	0,0563	0,0518	0,0477	0,0439	0,0404
	2	0,2238	0,2102	0,1974	0,1851	0,1736	0,1626	0,1523	0,1425	0,1333	0,1247
	3	0,4142	0,3954	0,3772	0,3594	0,3423	0,3257	0,3097	0,2942	0,2793	0,2650
	4	0,6093	0,5898	0,5704	0,5512	0,5321	0,5132	0,4946	0,4763	0,4582	0,4405
	5	0,7693	0,7531	0,7367	0,7199	0,7029	0,6858	0,6684	0,6510	0,6335	0,6160
	6	0,8786	0,8675	0,8558	0,8436	0,8311	0,8180	0,8046	0,7908	0,7767	0,7622
	7	0,9427	0,9361	0,9290	0,9214	0,9134	0,9049	0,8960	0,8867	0,8769	0,8666
	8	0,9755	0,9721	0,9683	0,9642	0,9597	0,9549	0,9497	0,9442	0,9382	0,9319
	9	0,9905	0,9889	0,9871	0,9851	0,9829	0,9805	0,9778	0,9749	0,9717	0,9682
	10	0,9966	0,9959	0,9952	0,9943	0,9933	0,9922	0,9910	0,9896	0,9880	0,9863
	11	0,9989	0,9986	0,9983	0,9980	0,9976	0,9971	0,9966	0,9960	0,9953	0,9945
	12	0,9997	0,9996	0,9995	0,9993	0,9992	0,9990	0,9988	0,9986	0,9983	0,9980
	13	0,9999	0,9999	0,9998	0,9998	0,9997	0,9997	0,9996	0,9995	0,9994	0,9993
	14	1,0000	1,0000	1,0000	0,9999	0,9999	0,9999	0,9999	0,9999	0,9998	0,9998
	15	1,0000	1,0000	1,0000	1,0000	1,0000	1,0000	1,0000	1,0000	0,9999	0,9999
	16	1,0000	1,0000	1,0000	1,0000	1,0000	1,0000	1,0000	1,0000	1,0000	1,0000

μ		5,2	5,4	5,6	5,8	6,0	6,2	6,4	6,6	6,8	7,0
x	0	0,0055	0,0045	0,0037	0,0030	0,0025	0,0020	0,0017	0,0014	0,0011	0,0009
	1	0,0342	0,0289	0,0244	0,0206	0,0174	0,0146	0,0123	0,0103	0,0087	0,0073
	2	0,1088	0,0948	0,0824	0,0715	0,0620	0,0536	0,0463	0,0400	0,0344	0,0296
	3	0,2381	0,2133	0,1906	0,1700	0,1512	0,1342	0,1189	0,1052	0,0928	0,0818
	4	0,4061	0,3733	0,3422	0,3127	0,2851	0,2592	0,2351	0,2127	0,1920	0,1730
	5	0,5809	0,5461	0,5119	0,4783	0,4457	0,4141	0,3837	0,3547	0,3270	0,3007
	6	0,7324	0,7017	0,6703	0,6384	0,6063	0,5742	0,5423	0,5108	0,4799	0,4497
	7	0,8449	0,8217	0,7970	0,7710	0,7440	0,7160	0,6873	0,6581	0,6285	0,5987
	8	0,9181	0,9027	0,8857	0,8672	0,8472	0,8259	0,8033	0,7796	0,7548	0,7291
	9	0,9603	0,9512	0,9409	0,9292	0,9161	0,9016	0,8858	0,8686	0,8502	0,8305
	10	0,9823	0,9775	0,9718	0,9651	0,9574	0,9486	0,9386	0,9274	0,9151	0,9015
	11	0,9927	0,9904	0,9875	0,9841	0,9799	0,9750	0,9693	0,9627	0,9552	0,9467
	12	0,9972	0,9962	0,9949	0,9932	0,9912	0,9887	0,9857	0,9821	0,9779	0,9730
	13	0,9990	0,9986	0,9980	0,9973	0,9964	0,9952	0,9937	0,9920	0,9898	0,9872
	14	0,9997	0,9995	0,9993	0,9990	0,9986	0,9981	0,9974	0,9966	0,9956	0,9943
	15	0,9999	0,9998	0,9998	0,9996	0,9995	0,9993	0,9990	0,9986	0,9982	0,9976
	16	1,0000	0,9999	0,9999	0,9999	0,9998	0,9997	0,9996	0,9995	0,9993	0,9990
	17	1,0000	1,0000	1,0000	1,0000	0,9999	0,9999	0,9999	0,9998	0,9997	0,9996
	18	1,0000	1,0000	1,0000	1,0000	1,0000	1,0000	1,0000	0,9999	0,9999	0,9999
	19	1,0000	1,0000	1,0000	1,0000	1,0000	1,0000	1,0000	1,0000	1,0000	1,0000

Tabelle 2b: Poissonverteilung $F_P(x)$, Fortsetzung

μ		7,2	7,4	7,6	7,8	8,0	8,2	8,4	8,6	8,8	9,0
x	0	0,0007	0,0006	0,0005	0,0004	0,0003	0,0003	0,0002	0,0002	0,0002	0,0001
	1	0,0061	0,0051	0,0043	0,0036	0,0030	0,0025	0,0021	0,0018	0,0015	0,0012
	2	0,0255	0,0219	0,0188	0,0161	0,0138	0,0118	0,0100	0,0086	0,0073	0,0062
	3	0,0719	0,0632	0,0554	0,0485	0,0424	0,0370	0,0323	0,0281	0,0244	0,0212
	4	0,1555	0,1395	0,1249	0,1117	0,0996	0,0887	0,0789	0,0701	0,0621	0,0550
	5	0,2759	0,2526	0,2307	0,2103	0,1912	0,1736	0,1573	0,1422	0,1284	0,1157
	6	0,4204	0,3920	0,3646	0,3384	0,3134	0,2896	0,2670	0,2457	0,2256	0,2068
	7	0,5689	0,5393	0,5100	0,4812	0,4530	0,4254	0,3987	0,3728	0,3478	0,3239
	8	0,7027	0,6757	0,6482	0,6204	0,5925	0,5647	0,5369	0,5094	0,4823	0,4557
	9	0,8096	0,7877	0,7649	0,7411	0,7166	0,6915	0,6659	0,6400	0,6137	0,5874
	10	0,8867	0,8707	0,8535	0,8352	0,8159	0,7955	0,7743	0,7522	0,7294	0,7060
	11	0,9371	0,9265	0,9148	0,9020	0,8881	0,8731	0,8571	0,8400	0,8220	0,8030
	12	0,9673	0,9609	0,9536	0,9454	0,9362	0,9261	0,9150	0,9029	0,8898	0,8758
	13	0,9841	0,9805	0,9762	0,9714	0,9658	0,9595	0,9524	0,9445	0,9358	0,9261
	14	0,9927	0,9908	0,9886	0,9859	0,9827	0,9791	0,9749	0,9701	0,9647	0,9585
	15	0,9969	0,9959	0,9948	0,9934	0,9918	0,9898	0,9875	0,9848	0,9816	0,9780
	16	0,9987	0,9983	0,9978	0,9971	0,9963	0,9953	0,9941	0,9926	0,9909	0,9889
	17	0,9995	0,9993	0,9991	0,9988	0,9984	0,9979	0,9973	0,9966	0,9957	0,9947
	18	0,9998	0,9997	0,9996	0,9995	0,9993	0,9991	0,9989	0,9985	0,9981	0,9976
	19	0,9999	0,9999	0,9999	0,9998	0,9997	0,9997	0,9995	0,9994	0,9992	0,9989
	20	1,0000	1,0000	1,0000	0,9999	0,9999	0,9999	0,9998	0,9998	0,9997	0,9996
	21	1,0000	1,0000	1,0000	1,0000	1,0000	1,0000	0,9999	0,9999	0,9999	0,9998
	22	1,0000	1,0000	1,0000	1,0000	1,0000	1,0000	1,0000	1,0000	1,0000	0,9999
	23	1,0000	1,0000	1,0000	1,0000	1,0000	1,0000	1,0000	1,0000	1,0000	1,0000

Tabelle 3a: Standardnormalverteilung; $F_{SN}(z) = W(-\infty \leq Z \leq z)$

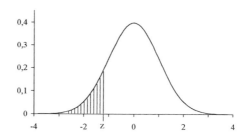

z	-0,09	-0,08	-0,07	-0,06	-0,05	-0,04	-0,03	-0,02	-0,01	0,00
-3,2	0,0005	0,0005	0,0005	0,0006	0,0006	0,0006	0,0006	0,0006	0,0007	0,0007
-3,1	0,0007	0,0007	0,0008	0,0008	0,0008	0,0008	0,0009	0,0009	0,0009	0,0010
-3,0	0,0010	0,0010	0,0011	0,0011	0,0011	0,0012	0,0012	0,0013	0,0013	0,0013
-2,9	0,0014	0,0014	0,0015	0,0015	0,0016	0,0016	0,0017	0,0018	0,0018	0,0019
-2,8	0,0019	0,0020	0,0021	0,0021	0,0022	0,0023	0,0023	0,0024	0,0025	0,0026
-2,7	0,0026	0,0027	0,0028	0,0029	0,0030	0,0031	0,0032	0,0033	0,0034	0,0035
-2,6	0,0036	0,0037	0,0038	0,0039	0,0040	0,0041	0,0043	0,0044	0,0045	0,0047
-2,5	0,0048	0,0049	0,0051	0,0052	0,0054	0,0055	0,0057	0,0059	0,0060	0,0062
-2,4	0,0064	0,0066	0,0068	0,0069	0,0071	0,0073	0,0075	0,0078	0,0080	0,0082
-2,3	0,0084	0,0087	0,0089	0,0091	0,0094	0,0096	0,0099	0,0102	0,0104	0,0107
-2,2	0,0110	0,0113	0,0116	0,0119	0,0122	0,0125	0,0129	0,0132	0,0136	0,0139
-2,1	0,0143	0,0146	0,0150	0,0154	0,0158	0,0162	0,0166	0,0170	0,0174	0,0179
-2,0	0,0183	0,0188	0,0192	0,0197	0,0202	0,0207	0,0212	0,0217	0,0222	0,0228
-1,9	0,0233	0,0239	0,0244	0,0250	0,0256	0,0262	0,0268	0,0274	0,0281	0,0287
-1,8	0,0294	0,0301	0,0307	0,0314	0,0322	0,0329	0,0336	0,0344	0,0351	0,0359
-1,7	0,0367	0,0375	0,0384	0,0392	0,0401	0,0409	0,0418	0,0427	0,0436	0,0446
-1,6	0,0455	0,0465	0,0475	0,0485	0,0495	0,0505	0,0516	0,0526	0,0537	0,0548
-1,5	0,0559	0,0571	0,0582	0,0594	0,0606	0,0618	0,0630	0,0643	0,0655	0,0668
-1,4	0,0681	0,0694	0,0708	0,0721	0,0735	0,0749	0,0764	0,0778	0,0793	0,0808
-1,3	0,0823	0,0838	0,0853	0,0869	0,0885	0,0901	0,0918	0,0934	0,0951	0,0968
-1,2	0,0985	0,1003	0,1020	0,1038	0,1056	0,1075	0,1093	0,1112	0,1131	0,1151
-1,1	0,1170	0,1190	0,1210	0,1230	0,1251	0,1271	0,1292	0,1314	0,1335	0,1357
-1,0	0,1379	0,1401	0,1423	0,1446	0,1469	0,1492	0,1515	0,1539	0,1562	0,1587
-0,9	0,1611	0,1635	0,1660	0,1685	0,1711	0,1736	0,1762	0,1788	0,1814	0,1841
-0,8	0,1867	0,1894	0,1922	0,1949	0,1977	0,2005	0,2033	0,2061	0,2090	0,2119
-0,7	0,2148	0,2177	0,2206	0,2236	0,2266	0,2296	0,2327	0,2358	0,2389	0,2420
-0,6	0,2451	0,2483	0,2514	0,2546	0,2578	0,2611	0,2643	0,2676	0,2709	0,2743
-0,5	0,2776	0,2810	0,2843	0,2877	0,2912	0,2946	0,2981	0,3015	0,3050	0,3085
-0,4	0,3121	0,3156	0,3192	0,3228	0,3264	0,3300	0,3336	0,3372	0,3409	0,3446
-0,3	0,3483	0,3520	0,3557	0,3594	0,3632	0,3669	0,3707	0,3745	0,3783	0,3821
-0,2	0,3859	0,3897	0,3936	0,3974	0,4013	0,4052	0,4090	0,4129	0,4168	0,4207
-0,1	0,4247	0,4286	0,4325	0,4364	0,4404	0,4443	0,4483	0,4522	0,4562	0,4602
0,0	0,4641	0,4681	0,4721	0,4761	0,4801	0,4840	0,4880	0,4920	0,4960	0,5000

Tabelle 3a: Standardnormalverteilung; $F_{SN}(z) = W(-\infty \leq Z \leq z)$

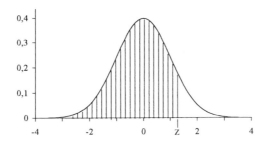

z	0,00	0,01	0,02	0,03	0,04	0,05	0,06	0,07	0,08	0,09
0,0	0,5000	0,5040	0,5080	0,5120	0,5160	0,5199	0,5239	0,5279	0,5319	0,5359
0,1	0,5398	0,5438	0,5478	0,5517	0,5557	0,5596	0,5636	0,5675	0,5714	0,5753
0,2	0,5793	0,5832	0,5871	0,5910	0,5948	0,5987	0,6026	0,6064	0,6103	0,6141
0,3	0,6179	0,6217	0,6255	0,6293	0,6331	0,6368	0,6406	0,6443	0,6480	0,6517
0,4	0,6554	0,6591	0,6628	0,6664	0,6700	0,6736	0,6772	0,6808	0,6844	0,6879
0,5	0,6915	0,6950	0,6985	0,7019	0,7054	0,7088	0,7123	0,7157	0,7190	0,7224
0,6	0,7257	0,7291	0,7324	0,7357	0,7389	0,7422	0,7454	0,7486	0,7517	0,7549
0,7	0,7580	0,7611	0,7642	0,7673	0,7704	0,7734	0,7764	0,7794	0,7823	0,7852
0,8	0,7881	0,7910	0,7939	0,7967	0,7995	0,8023	0,8051	0,8078	0,8106	0,8133
0,9	0,8159	0,8186	0,8212	0,8238	0,8264	0,8289	0,8315	0,8340	0,8365	0,8389
1,0	0,8413	0,8438	0,8461	0,8485	0,8508	0,8531	0,8554	0,8577	0,8599	0,8621
1,1	0,8643	0,8665	0,8686	0,8708	0,8729	0,8749	0,8770	0,8790	0,8810	0,8830
1,2	0,8849	0,8869	0,8888	0,8907	0,8925	0,8944	0,8962	0,8980	0,8997	0,9015
1,3	0,9032	0,9049	0,9066	0,9082	0,9099	0,9115	0,9131	0,9147	0,9162	0,9177
1,4	0,9192	0,9207	0,9222	0,9236	0,9251	0,9265	0,9279	0,9292	0,9306	0,9319
1,5	0,9332	0,9345	0,9357	0,9370	0,9382	0,9394	0,9406	0,9418	0,9429	0,9441
1,6	0,9452	0,9463	0,9474	0,9484	0,9495	0,9505	0,9515	0,9525	0,9535	0,9545
1,7	0,9554	0,9564	0,9573	0,9582	0,9591	0,9599	0,9608	0,9616	0,9625	0,9633
1,8	0,9641	0,9649	0,9656	0,9664	0,9671	0,9678	0,9686	0,9693	0,9699	0,9706
1,9	0,9713	0,9719	0,9726	0,9732	0,9738	0,9744	0,9750	0,9756	0,9761	0,9767
2,0	0,9772	0,9778	0,9783	0,9788	0,9793	0,9798	0,9803	0,9808	0,9812	0,9817
2,1	0,9821	0,9826	0,9830	0,9834	0,9838	0,9842	0,9846	0,9850	0,9854	0,9857
2,2	0,9861	0,9864	0,9868	0,9871	0,9875	0,9878	0,9881	0,9884	0,9887	0,9890
2,3	0,9893	0,9896	0,9898	0,9901	0,9904	0,9906	0,9909	0,9911	0,9913	0,9916
2,4	0,9918	0,9920	0,9922	0,9925	0,9927	0,9929	0,9931	0,9932	0,9934	0,9936
2,5	0,9938	0,9940	0,9941	0,9943	0,9945	0,9946	0,9948	0,9949	0,9951	0,9952
2,6	0,9953	0,9955	0,9956	0,9957	0,9959	0,9960	0,9961	0,9962	0,9963	0,9964
2,7	0,9965	0,9966	0,9967	0,9968	0,9969	0,9970	0,9971	0,9972	0,9973	0,9974
2,8	0,9974	0,9975	0,9976	0,9977	0,9977	0,9978	0,9979	0,9979	0,9980	0,9981
2,9	0,9981	0,9982	0,9982	0,9983	0,9984	0,9984	0,9985	0,9985	0,9986	0,9986
3,0	0,9987	0,9987	0,9987	0,9988	0,9988	0,9989	0,9989	0,9989	0,9990	0,9990
3,1	0,9990	0,9991	0,9991	0,9991	0,9992	0,9992	0,9992	0,9992	0,9993	0,9993
3,2	0,9993	0,9993	0,9994	0,9994	0,9994	0,9994	0,9994	0,9995	0,9995	0,9995

Tabelle 3b: Standardnormalverteilung; $F^*_{SN}(z) = W(-z \leq Z \leq +z)$

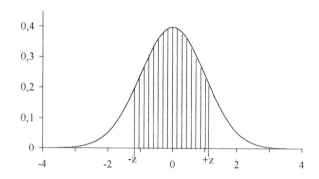

z	0,00	0,01	0,02	0,03	0,04	0,05	0,06	0,07	0,08	0,09
0,0	0,0000	0,0080	0,0160	0,0239	0,0319	0,0399	0,0478	0,0558	0,0638	0,0717
0,1	0,0797	0,0876	0,0955	0,1034	0,1113	0,1192	0,1271	0,1350	0,1428	0,1507
0,2	0,1585	0,1663	0,1741	0,1819	0,1897	0,1974	0,2051	0,2128	0,2205	0,2282
0,3	0,2358	0,2434	0,2510	0,2586	0,2661	0,2737	0,2812	0,2886	0,2961	0,3035
0,4	0,3108	0,3182	0,3255	0,3328	0,3401	0,3473	0,3545	0,3616	0,3688	0,3759
0,5	0,3829	0,3899	0,3969	0,4039	0,4108	0,4177	0,4245	0,4313	0,4381	0,4448
0,6	0,4515	0,4581	0,4647	0,4713	0,4778	0,4843	0,4907	0,4971	0,5035	0,5098
0,7	0,5161	0,5223	0,5285	0,5346	0,5407	0,5467	0,5527	0,5587	0,5646	0,5705
0,8	0,5763	0,5821	0,5878	0,5935	0,5991	0,6047	0,6102	0,6157	0,6211	0,6265
0,9	0,6319	0,6372	0,6424	0,6476	0,6528	0,6579	0,6629	0,6680	0,6729	0,6778
1,0	0,6827	0,6875	0,6923	0,6970	0,7017	0,7063	0,7109	0,7154	0,7199	0,7243
1,1	0,7287	0,7330	0,7373	0,7415	0,7457	0,7499	0,7540	0,7580	0,7620	0,7660
1,2	0,7699	0,7737	0,7775	0,7813	0,7850	0,7887	0,7923	0,7959	0,7995	0,8029
1,3	0,8064	0,8098	0,8132	0,8165	0,8198	0,8230	0,8262	0,8293	0,8324	0,8355
1,4	0,8385	0,8415	0,8444	0,8473	0,8501	0,8529	0,8557	0,8584	0,8611	0,8638
1,5	0,8664	0,8690	0,8715	0,8740	0,8764	0,8789	0,8812	0,8836	0,8859	0,8882
1,6	0,8904	0,8926	0,8948	0,8969	0,8990	0,9011	0,9031	0,9051	0,9070	0,9090
1,7	0,9109	0,9127	0,9146	0,9164	0,9181	0,9199	0,9216	0,9233	0,9249	0,9265
1,8	0,9281	0,9297	0,9312	0,9328	0,9342	0,9357	0,9371	0,9385	0,9399	0,9412
1,9	0,9426	0,9439	0,9451	0,9464	0,9476	0,9488	0,9500	0,9512	0,9523	0,9534
2,0	0,9545	0,9556	0,9566	0,9576	0,9586	0,9596	0,9606	0,9615	0,9625	0,9634
2,1	0,9643	0,9651	0,9660	0,9668	0,9676	0,9684	0,9692	0,9700	0,9707	0,9715
2,2	0,9722	0,9729	0,9736	0,9743	0,9749	0,9756	0,9762	0,9768	0,9774	0,9780
2,3	0,9786	0,9791	0,9797	0,9802	0,9807	0,9812	0,9817	0,9822	0,9827	0,9832
2,4	0,9836	0,9840	0,9845	0,9849	0,9853	0,9857	0,9861	0,9865	0,9869	0,9872
2,5	0,9876	0,9879	0,9883	0,9886	0,9889	0,9892	0,9895	0,9898	0,9901	0,9904
2,6	0,9907	0,9909	0,9912	0,9915	0,9917	0,9920	0,9922	0,9924	0,9926	0,9929
2,7	0,9931	0,9933	0,9935	0,9937	0,9939	0,9940	0,9942	0,9944	0,9946	0,9947
2,8	0,9949	0,9950	0,9952	0,9953	0,9955	0,9956	0,9958	0,9959	0,9960	0,9961
2,9	0,9963	0,9964	0,9965	0,9966	0,9967	0,9968	0,9969	0,9970	0,9971	0,9972
3,0	0,9973	0,9974	0,9975	0,9976	0,9976	0,9977	0,9978	0,9979	0,9979	0,9980
3,1	0,9981	0,9981	0,9982	0,9983	0,9983	0,9984	0,9984	0,9985	0,9985	0,9986
3,2	0,9986	0,9987	0,9987	0,9988	0,9988	0,9988	0,9989	0,9989	0,9990	0,9990
3,3	0,9990	0,9991	0,9991	0,9991	0,9992	0,9992	0,9992	0,9992	0,9993	0,9993

Tabelle 4: Quantile der Chi-Quadrat-Verteilung

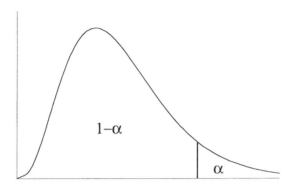

$1-\alpha$	0,010	0,020	0,025	0,050	0,900	0,950	0,975	0,980	0,990
k									
1	0,0002	0,0006	0,0010	0,0039	2,7055	3,8415	5,0239	5,4119	6,6349
2	0,0201	0,0404	0,0506	0,1026	4,6052	5,9915	7,3778	7,8241	9,2104
3	0,1148	0,1848	0,2158	0,3518	6,2514	7,8147	9,3484	9,8374	11,3449
4	0,2971	0,4294	0,4844	0,7107	7,7794	9,4877	11,1433	11,6678	13,2767
5	0,5543	0,7519	0,8312	1,1455	9,2363	11,0705	12,8325	13,3882	15,0863
6	0,8721	1,1344	1,2373	1,6354	10,6446	12,5916	14,4494	15,0332	16,8119
7	1,2390	1,5643	1,6899	2,1673	12,0170	14,0671	16,0128	16,6224	18,4753
8	1,6465	2,0325	2,1797	2,7326	13,3616	15,5073	17,5345	18,1682	20,0902
9	2,0879	2,5324	2,7004	3,3251	14,6837	16,9190	19,0228	19,6790	21,6660
10	2,5582	3,0591	3,2470	3,9403	15,9872	18,3070	20,4832	21,1608	23,2093
11	3,0535	3,6087	3,8157	4,5748	17,2750	19,6752	21,9200	22,6179	24,7250
12	3,5706	4,1783	4,4038	5,2260	18,5493	21,0261	23,3367	24,0539	26,2170
13	4,1069	4,7654	5,0087	5,8919	19,8119	22,3620	24,7356	25,4715	27,6882
14	4,6604	5,3682	5,6287	6,5706	21,0641	23,6848	26,1189	26,8727	29,1412
15	5,2294	5,9849	6,2621	7,2609	22,3071	24,9958	27,4884	28,2595	30,5780
16	5,8122	6,6142	6,9077	7,9616	23,5418	26,2962	28,8453	29,6332	31,9999
17	6,4077	7,2550	7,5642	8,6718	24,7690	27,5871	30,1910	30,9950	33,4087
18	7,0149	7,9062	8,2307	9,3904	25,9894	28,8693	31,5264	32,3462	34,8052
19	7,6327	8,5670	8,9065	10,1170	27,2036	30,1435	32,8523	33,6874	36,1908
20	8,2604	9,2367	9,5908	10,8508	28,4120	31,4104	34,1696	35,0196	37,5663
21	8,8972	9,9145	10,2829	11,5913	29,6151	32,6706	35,4789	36,3434	38,9322
22	9,5425	10,6000	10,9823	12,3380	30,8133	33,9245	36,7807	37,6595	40,2894
23	10,1957	11,2926	11,6885	13,0905	32,0069	35,1725	38,0756	38,9683	41,6383
24	10,8563	11,9918	12,4011	13,8484	33,1962	36,4150	39,3641	40,2703	42,9798
25	11,5240	12,6973	13,1197	14,6114	34,3816	37,6525	40,6465	41,5660	44,3140
26	12,1982	13,4086	13,8439	15,3792	35,5632	38,8851	41,9231	42,8558	45,6416
27	12,8785	14,1254	14,5734	16,1514	36,7412	40,1133	43,1945	44,1399	46,9628
28	13,5647	14,8475	15,3079	16,9279	37,9159	41,3372	44,4608	45,4188	48,2782
29	14,2564	15,5745	16,0471	17,7084	39,0875	42,5569	45,7223	46,6926	49,5878
30	14,9535	16,3062	16,7908	18,4927	40,2560	43,7730	46,9792	47,9618	50,8922

Tabelle 5a: Quantile der t-Verteilung; einseitiges Intervall

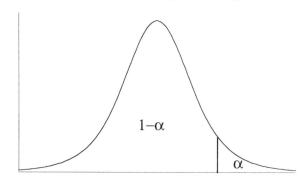

1 - α		0,700	0,750	0,800	0,850	0,900	0,950	0,975	0,980	0,990
k	1	0,727	1,000	1,376	1,963	3,078	6,314	12,706	15,894	31,821
	2	0,617	0,816	1,061	1,386	1,886	2,920	4,303	4,849	6,965
	3	0,584	0,765	0,978	1,250	1,638	2,353	3,182	3,482	4,541
	4	0,569	0,741	0,941	1,190	1,533	2,132	2,776	2,999	3,747
	5	0,559	0,727	0,920	1,156	1,476	2,015	2,571	2,757	3,365
	6	0,553	0,718	0,906	1,134	1,440	1,943	2,447	2,612	3,143
	7	0,549	0,711	0,896	1,119	1,415	1,895	2,365	2,517	2,998
	8	0,546	0,706	0,889	1,108	1,397	1,860	2,306	2,449	2,896
	9	0,543	0,703	0,883	1,100	1,383	1,833	2,262	2,398	2,821
	10	0,542	0,700	0,879	1,093	1,372	1,812	2,228	2,359	2,764
	11	0,540	0,697	0,876	1,088	1,363	1,796	2,201	2,328	2,718
	12	0,539	0,695	0,873	1,083	1,356	1,782	2,179	2,303	2,681
	13	0,538	0,694	0,870	1,079	1,350	1,771	2,160	2,282	2,650
	14	0,537	0,692	0,868	1,076	1,345	1,761	2,145	2,264	2,624
	15	0,536	0,691	0,866	1,074	1,341	1,753	2,131	2,249	2,602
	16	0,535	0,690	0,865	1,071	1,337	1,746	2,120	2,235	2,583
	17	0,534	0,689	0,863	1,069	1,333	1,740	2,110	2,224	2,567
	18	0,534	0,688	0,862	1,067	1,330	1,734	2,101	2,214	2,552
	19	0,533	0,688	0,861	1,066	1,328	1,729	2,093	2,205	2,539
	20	0,533	0,687	0,860	1,064	1,325	1,725	2,086	2,197	2,528
	21	0,532	0,686	0,859	1,063	1,323	1,721	2,080	2,189	2,518
	22	0,532	0,686	0,858	1,061	1,321	1,717	2,074	2,183	2,508
	23	0,532	0,685	0,858	1,060	1,319	1,714	2,069	2,177	2,500
	24	0,531	0,685	0,857	1,059	1,318	1,711	2,064	2,172	2,492
	25	0,531	0,684	0,856	1,058	1,316	1,708	2,060	2,167	2,485
	26	0,531	0,684	0,856	1,058	1,315	1,706	2,056	2,162	2,479
	27	0,531	0,684	0,855	1,057	1,314	1,703	2,052	2,158	2,473
	28	0,530	0,683	0,855	1,056	1,313	1,701	2,048	2,154	2,467
	29	0,530	0,683	0,854	1,055	1,311	1,699	2,045	2,150	2,462
	30	0,530	0,683	0,854	1,055	1,310	1,697	2,042	2,147	2,457
	40	0,529	0,681	0,851	1,050	1,303	1,684	2,021	2,123	2,423
	50	0,528	0,679	0,849	1,047	1,299	1,676	2,009	2,109	2,403
	100	0,526	0,677	0,845	1,042	1,290	1,660	1,984	2,081	2,364
	200	0,525	0,676	0,843	1,039	1,286	1,653	1,972	2,067	2,345

Tabelle 5b: Quantile der t-Verteilung; zentrales Intervall

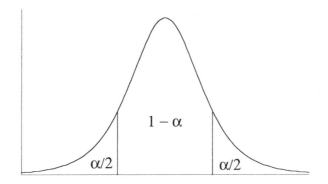

1 - α		0,700	0,750	0,800	0,850	0,900	0,950	0,975	0,980	0,990
k	1	1,963	2,414	3,078	4,165	6,314	12,706	25,452	31,821	63,656
	2	1,386	1,604	1,886	2,282	2,920	4,303	6,205	6,965	9,925
	3	1,250	1,423	1,638	1,924	2,353	3,182	4,177	4,541	5,841
	4	1,190	1,344	1,533	1,778	2,132	2,776	3,495	3,747	4,604
	5	1,156	1,301	1,476	1,699	2,015	2,571	3,163	3,365	4,032
	6	1,134	1,273	1,440	1,650	1,943	2,447	2,969	3,143	3,707
	7	1,119	1,254	1,415	1,617	1,895	2,365	2,841	2,998	3,499
	8	1,108	1,240	1,397	1,592	1,860	2,306	2,752	2,896	3,355
	9	1,100	1,230	1,383	1,574	1,833	2,262	2,685	2,821	3,250
	10	1,093	1,221	1,372	1,559	1,812	2,228	2,634	2,764	3,169
	11	1,088	1,214	1,363	1,548	1,796	2,201	2,593	2,718	3,106
	12	1,083	1,209	1,356	1,538	1,782	2,179	2,560	2,681	3,055
	13	1,079	1,204	1,350	1,530	1,771	2,160	2,533	2,650	3,012
	14	1,076	1,200	1,345	1,523	1,761	2,145	2,510	2,624	2,977
	15	1,074	1,197	1,341	1,517	1,753	2,131	2,490	2,602	2,947
	16	1,071	1,194	1,337	1,512	1,746	2,120	2,473	2,583	2,921
	17	1,069	1,191	1,333	1,508	1,740	2,110	2,458	2,567	2,898
	18	1,067	1,189	1,330	1,504	1,734	2,101	2,445	2,552	2,878
	19	1,066	1,187	1,328	1,500	1,729	2,093	2,433	2,539	2,861
	20	1,064	1,185	1,325	1,497	1,725	2,086	2,423	2,528	2,845
	21	1,063	1,183	1,323	1,494	1,721	2,080	2,414	2,518	2,831
	22	1,061	1,182	1,321	1,492	1,717	2,074	2,405	2,508	2,819
	23	1,060	1,180	1,319	1,489	1,714	2,069	2,398	2,500	2,807
	24	1,059	1,179	1,318	1,487	1,711	2,064	2,391	2,492	2,797
	25	1,058	1,178	1,316	1,485	1,708	2,060	2,385	2,485	2,787
	26	1,058	1,177	1,315	1,483	1,706	2,056	2,379	2,479	2,779
	27	1,057	1,176	1,314	1,482	1,703	2,052	2,373	2,473	2,771
	28	1,056	1,175	1,313	1,480	1,701	2,048	2,368	2,467	2,763
	29	1,055	1,174	1,311	1,479	1,699	2,045	2,364	2,462	2,756
	30	1,055	1,173	1,310	1,477	1,697	2,042	2,360	2,457	2,750
	40	1,050	1,167	1,303	1,468	1,684	2,021	2,329	2,423	2,704
	50	1,047	1,164	1,299	1,462	1,676	2,009	2,311	2,403	2,678
	100	1,042	1,157	1,290	1,451	1,660	1,984	2,276	2,364	2,626
	200	1,039	1,154	1,286	1,445	1,653	1,972	2,258	2,345	2,601

Tabelle 6: Verteilungsform und Varianz des Stichprobenmittels $\overline{X}$

Varianz σ^2 \ Verteilung des Merkmals X	bekannt	unbekannt
bekannt und normalverteilt	$\overline{X}$ ist normalverteilt	$\overline{X}$ ist t-verteilt mit $k = n-1$ Freiheitsgraden Wenn $n > 30$: $\overline{X}$ ist approximativ normalverteilt
bekannt und nicht normalverteilt ($n > 30$)	$\overline{X}$ ist approximativ normalverteilt	
unbekannt ($n > 30$)		

Varianz σ^2 \ Stichprobe		bekannt	unbekannt
mit Zurücklegen		$\sigma_{\overline{X}}^2 = \dfrac{\sigma^2}{n}$	$\hat{\sigma}_{\overline{X}}^2 = \dfrac{s^2}{n-1}$
ohne Zurücklegen	$\dfrac{n}{N} < 0{,}05$	$\sigma_{\overline{X}}^2 \approx \dfrac{\sigma^2}{n}$	
	$\dfrac{n}{N} \geq 0{,}05$	$\sigma_{\overline{X}}^2 = \dfrac{\sigma^2}{n} \cdot \dfrac{N-n}{N-1}$	$\hat{\sigma}_{\overline{X}}^2 = \dfrac{s^2}{n-1} \cdot \left(1 - \dfrac{n}{N}\right)$

Tabelle 7: Varianz und Verteilungsform der Schätzfunktion P

Varianz σ^2 / Stichprobe	bekannt	unbekannt
mit Zurücklegen	$\sigma_P^2 = \dfrac{\Theta \cdot (1-\Theta)}{n}$	$\hat{\sigma}_P^2 = \dfrac{P \cdot (1-P)}{n-1}$
ohne Zurücklegen, $\dfrac{n}{N} < 0{,}05$	$\sigma_P^2 \approx \dfrac{\Theta \cdot (1-\Theta)}{n}$	$\hat{\sigma}_P^2 = \dfrac{P \cdot (1-P)}{n-1}$
ohne Zurücklegen, $\dfrac{n}{N} \geq 0{,}05$	$\sigma_P^2 = \dfrac{\Theta \cdot (1-\Theta)}{n} \cdot \dfrac{N-n}{N-1}$	$\hat{\sigma}_P^2 = \dfrac{P \cdot (1-P)}{n-1} \cdot (1 - \dfrac{n}{N})$

Die Schätzfunktion P ist approximativ normalverteilt bzw. in ihrer standardisierten Form standardnormalverteilt, wenn

$n \cdot P \cdot (1 - P) > 9$

Tabelle 8: Approximationsbedingungen

Ausgangs-verteilung	Approximations-bedingungen	Approximations-verteilung	Parameter der Approximationsverteilung
$f_H(x\mid N; M; n)$	$0,1 < \frac{M}{N} < 0,9$ $\frac{n}{N} < 0,05$	$f_B(x\mid n; \Theta)$	$\Theta = \frac{M}{N}$
	$n \geq 30$ $\frac{M}{N} \leq 0,1$ oder $\frac{M}{N} \geq 0,9$ $\frac{n}{N} < 0,05$	$f_P(x\mid \mu)$	$\mu = \frac{M}{N}$
	$n \geq 30$ $0,1 < \frac{M}{N} < 0,9$ $n \cdot \frac{M}{N}(1-\frac{M}{N}) \geq 9$	$f_N(x\mid \mu; \sigma)$	$\mu = n \cdot \frac{M}{N}$ $\sigma = \sqrt{n \cdot \frac{M}{N}(1-\frac{M}{N}) \cdot \frac{N-n}{N-1}}$
$f_B(x\mid n; \Theta)$	$n \geq 30$ $\Theta \leq 0,1$ oder $\Theta \geq 0,9$	$f_P(x\mid \mu)$	$\mu = n \cdot \Theta$
	$n \cdot \Theta \cdot (1-\Theta) \geq 9$ $0,1 < \Theta < 0,9$	$f_N(x\mid \mu; \sigma)$	$\mu = n \cdot \Theta$ $\sigma = \sqrt{n \cdot \Theta \cdot (1-\Theta)}$
$f_P(x\mid \mu)$	$\mu \geq 9$	$f_N(x\mid \mu; \sigma)$	$\mu = \mu$ $\sigma = \sqrt{\mu}$

Mehr wissen – weiter kommen

Statistik – Einführung und Anwendung

Statistische Grundbegriffe – Datenerhebung – Datenaufbereitung – Datenanalyse und -interpretation – Häufigkeitsverteilungen – Verhältniszahlen – Zeitreihenanalyse – Regressionsanalyse – Korrelationsanalyse

Dieses einführende Lehrbuch zeigt den gesamten Ablauf einer statistischen Untersuchung, ausgehend von der Datenerhebung über die Aufbereitung und Analyse der Daten bis hin zur Interpretation der Ergebnisse, fundiert auf. Im Vordergrund stehen die Anwendung und praktische Umsetzung statistischer Methoden.

Der Autor legt besonderen Wert auf eine anschauliche, verständliche und nachvollziehbare Beschreibung. Zu diesem Zweck werden alle Methoden in klar strukturierter Form, Schritt für Schritt und detailliert dargestellt. Übungsaufgaben und Kontrollfragen zu allen Kapiteln vertiefen den Stoff.
Die 8. Auflage wurde überarbeitet und um neue Beispiele ergänzt.

Günther Bourier
Beschreibende Statistik
Praxisorientierte Einführung.
Mit Aufgaben und Lösungen
8. Aufl. 2010. XII, 279 S.
Br. EUR 29,90
ISBN 978-3-8349-1945-8

Änderungen vorbehalten. Stand: April 2010.
Erhältlich im Buchhandel oder beim Verlag

Gabler Verlag . Abraham-Lincoln-Str. 46 . 65189 Wiesbaden . www.gabler.de

Mehr wissen – weiter kommen

Statistik Schritt für Schritt

Grundbegriffe der Wahrscheinlichkeitsrechnung – Ermittlung von Wahrscheinlichkeiten – Kombinatorik – Zufallsvariable – Grundlagen der schließenden Statistik – Schätzverfahren – Testverfahren

Dieses einführende Lehrbuch zeigt den gesamten Weg von der elementaren Ermittlung von Wahrscheinlichkeiten bis zur Erstellung theoretischer Wahrscheinlichkeitsverteilungen auf. Es erklärt außerdem detailliert den Ablauf des statistischen Schließens, ausgehend von der Stichprobenauswahl über die Stichprobenauswertung bis zur Parameterschätzung und Hypothesenprüfung.

Im Vordergrund stehen die Anwendung und praktische Umsetzung statistischer Methoden. Der Autor legt besonderen Wert auf eine anschauliche, verständliche und nachvollziehbare Beschreibung. Zu diesem Zweck werden alle Methoden in klar strukturierter Form, Schritt für Schritt und detailliert dargestellt.

Übungsaufgaben und Kontrollfragen zu allen Kapiteln vertiefen den Stoff. Für alle rechnerisch zu lösenden Aufgaben ist eine ausführliche Lösung angegeben.

Günther Bourier
Wahrscheinlichkeitsrechnung und schließende Statistik
Praxisorientierte Einführung.
Mit Aufgaben und Lösungen
6. Aufl. 2009. XII, 382 S.
Br. EUR 29,90
ISBN 978-3-8349-1500-9

Änderungen vorbehalten. Stand: April 2010.
Erhältlich im Buchhandel oder beim Verlag
Gabler Verlag . Abraham-Lincoln-Str. 46 . 65189 Wiesbaden . www.gabler.de